きものとデザイン

つくり手・売り手の一五〇年

◆島田昌和 編著

ミネルヴァ書房

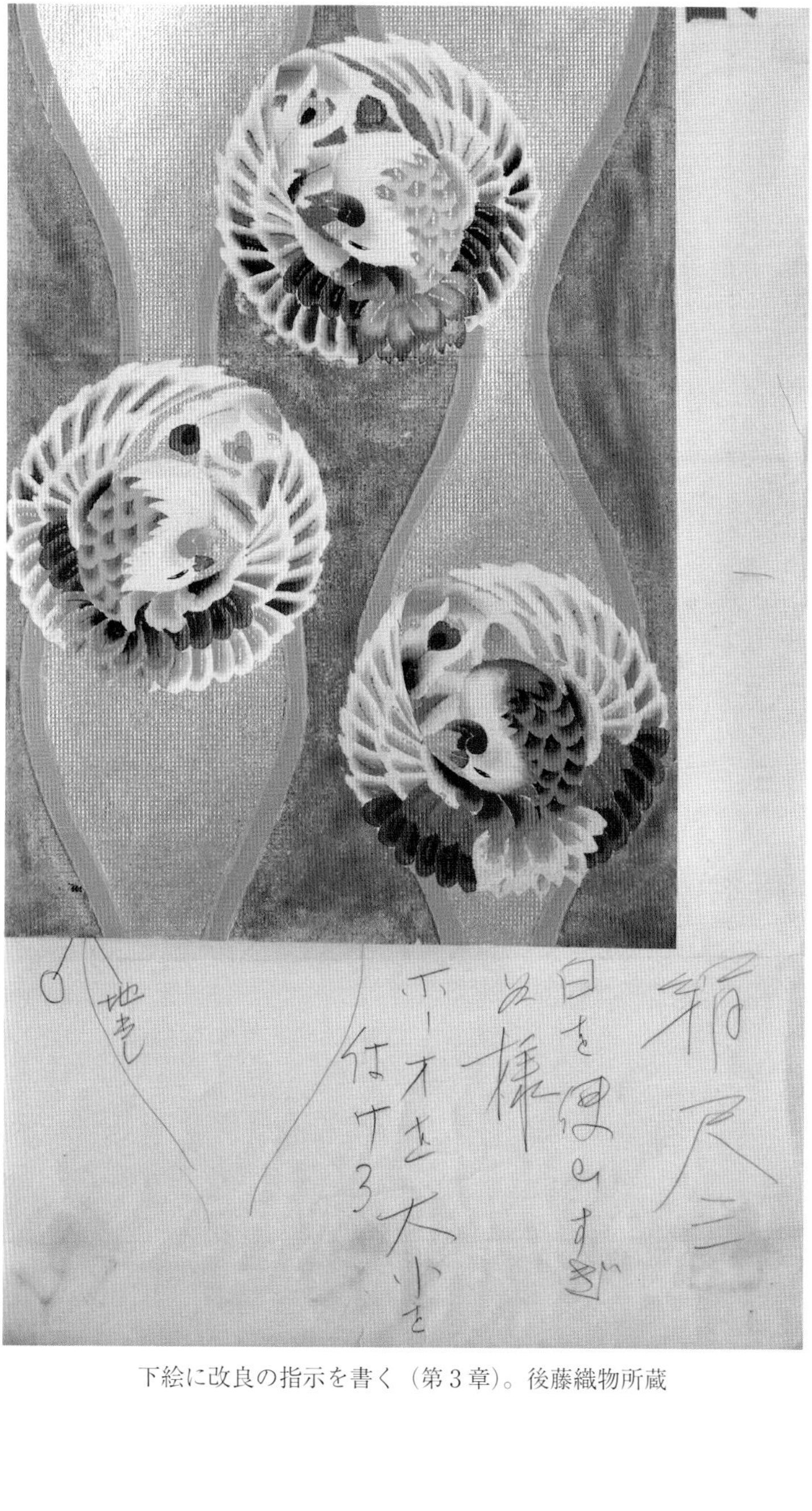

下絵に改良の指示を書く（第３章）。後藤織物所蔵

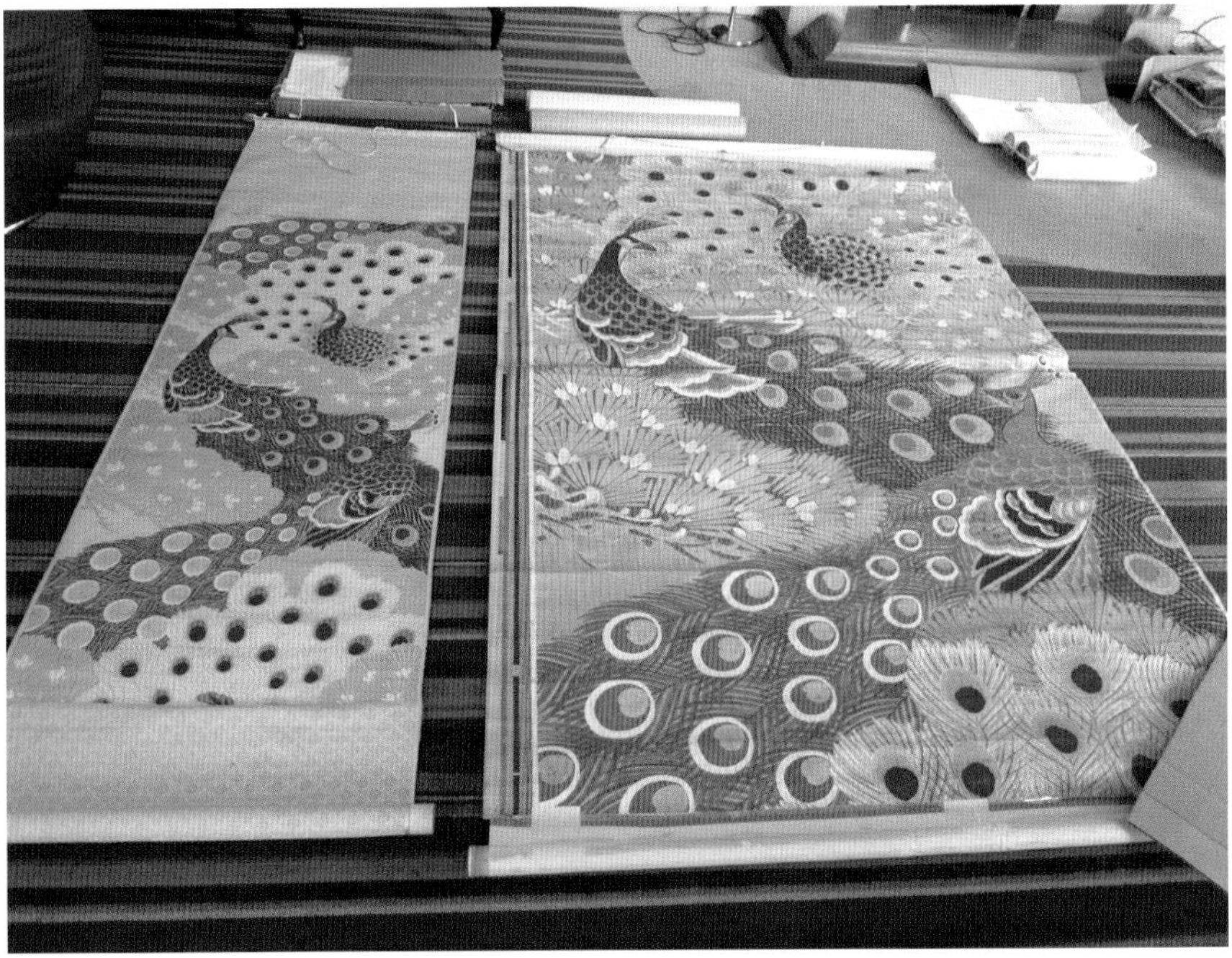

星絵（右）と帯（左）　孔雀（第３章）。後藤織物所蔵

友禅協会図案公募作品（第１章）。一般財団法人京染会所蔵
右上より時計回りに，第18回，第31回，第35回，第25回応募図案。

備後絣（福山）の伝統を生かす（第５章）。
大正14年，備後藍絣株式会社（現山陽染工株式会社）は綿布をローラー捺染機で地染めし，その後抜染する，当時国内唯一の「正藍抜染絣」を始めた。山陽染工株式会社所蔵

銅製ローラーを用いた機械捺染（第5章）。
1960年代のローラー捺染。大同マルタ会所蔵
（出所） 大同染工株式会社 1962 P44

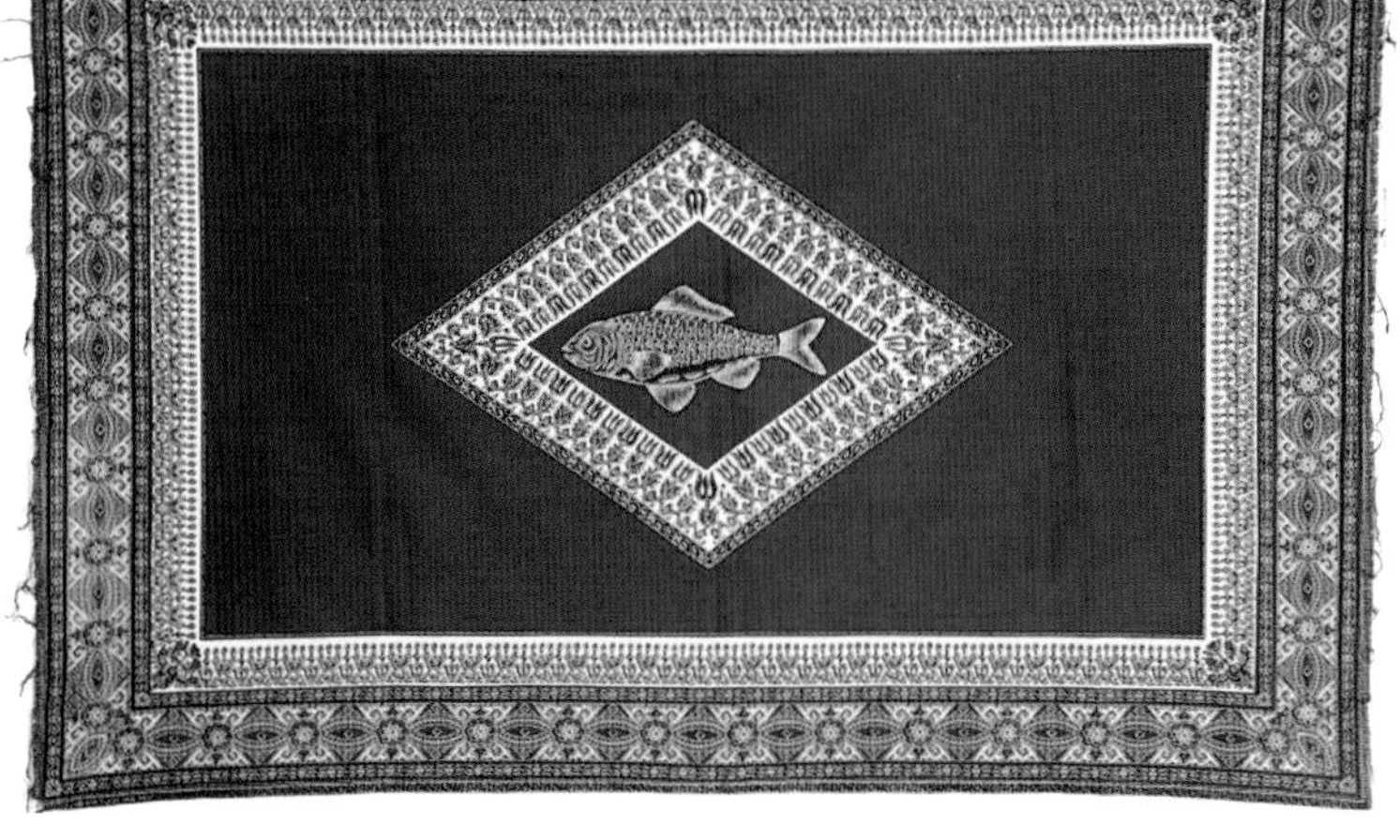

「グリーンワックス」1965～77年，大同染工製　1,098 x 1,610（第5章）。
（出所） 並木ほか 2019 P74　京都工芸繊維大学 美術工芸資料館所蔵

縞絣図案（第２章）。
『埼玉県立川越染織学校生徒図案』1910年，埼玉県立川越工業高等学校所蔵

新銘仙（新湖月，湖月）長着（右，中），新銘仙（湖月明石）長着（左）（第２章）。
越阪部三郎氏寄贈資料，所沢市生涯学習推進センター所蔵

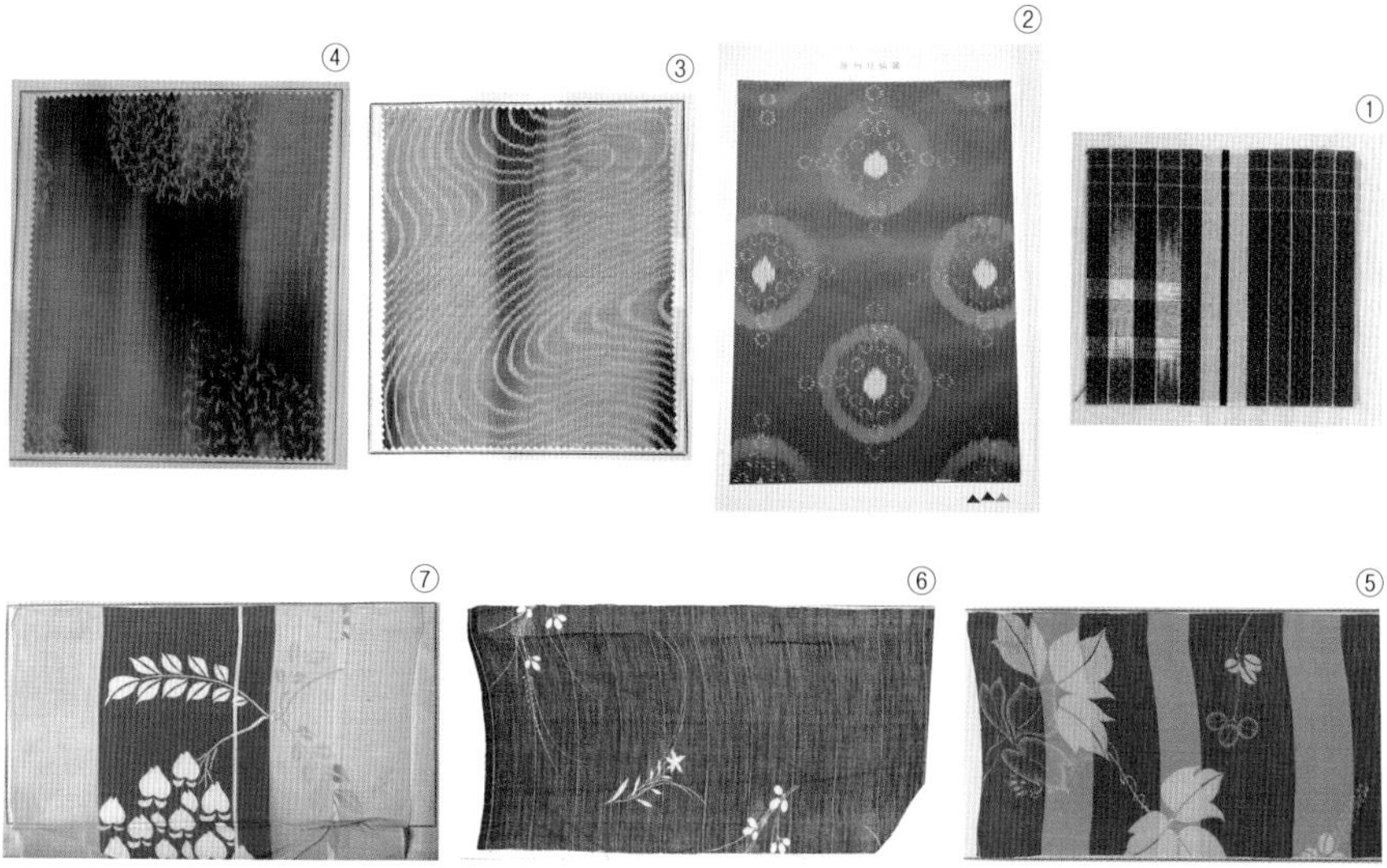

①瓦斯絣　第５回内国博，埼玉織物同業組合出品，浦和町，1907年（第２章，以下同）。
②銘仙図案　『埼玉県立川越染織学校生徒図案』，1910年。埼玉県立川越工業高等学校所蔵
③④⑤⑥新銘仙（湖月，湖月明石）『昭和４年３月 所沢織物競技会』（作品集）所収，1929年，所沢織物商工協同組合所蔵・入間市博物館寄託資料
⑦新銘仙（湖月明石）『昭和７年３月 所沢織物競技会』（作品集）所収，1932年，所沢織物商工協同組合所蔵・入間市博物館寄託資料

新市場創造の試み（第８章）。株式会社やまとは，2015年「きものテーラー」をコンセプトに帽子や革靴，財布といった用品と組み合わせたきものコーディネートを提供する男性ブランド「Y. &SONS（ワイ・アンド・サンズ）」を立ち上げた。
株式会社やまと提供

はしがき

この本を編もうと思ったきっかけは若干複雑で意外な発見からスタートしている。島田が所属する文京学院大学は二〇一五年頃から新たなチャレンジとして本学と異分野の海外大学との共同プログラム構築を模索し始めた。具体的にはロンドン芸術大学のＣＷ（チェルシー校、キャンバーウエル校、ウインブルドン校）とともに両大学の教員・学生による教育実践プログラムを組んで日本の伝統的な織物産地の復興に寄与しようという試みであった。

チェルシー校のローナ・バーチャム（Lorna Bircham）教授（当時、テキスタイルデザインの学科長）が先方大学の学生を連れて来日し、桐生の老舗織元・後藤を訪問した。そこで見せられた大量の帯の下絵に対して、彼女が目を見張ったのである。これらの下絵は高い美術的な価値があり、世界の人々が鑑賞できるよう有名美術館に収蔵展示されるべきものであると評されたのである。帯の織元にとってそれらはあくまでも製品を作り出すための原画であり、衣装仕様図のように書き込みがなされた使用済みのものであった。それそのものに美術的とも言える価値があることを始めて知ったのであった。私にとってはそれが巡り巡って日本の伝統デザインの持つ価値そのものに着目しようと考えたきっかけである。

そのプロジェクトは大きな成果を残してくれた。桐生という長い歴史を持つ織物産地のポテンシャルを改めて確認できたが、その後に具体的な成果物に結びついていったのは同時に取り組まれた埼玉県岩槻市の人形産地の方であった。伝統的な人形づくりの製法を習ったロンドン芸大生によってまったく斬新な活用が施され、人形職人の意識を変え、さらに本学学生の企画・デザイン提案によってまったく新しい商品開発と販売に結実した。だが、織物での新商品開発はコスト面や機能面の制約などですぐには形にならなかったのである。

そこでさまざまな伝統織物とその多様な産地、複雑な流通と販売のチャネルの変化などを通じた織物のデザインの長期的なスパンでの専門研究に取り組むべきと考えた。

私の携わる経済史や経営史領域に織物研究者は多数存在する。しかし、その研究にデザインを強く意識されている方は意外なほど少ない。デザインから織物を扱おうという研究者探しは、まさに人伝手に賛同者を訪ね歩く旅であった。ありがたいことに研究会に参加し本書に原稿を執筆してくださった素晴らしいメンバーがそろった。以上の経緯から本書の刊行に島田の所属する文京学院大学学長裁量経費からの助成をいただくことができた。

織物のデザインという言葉を聞くと、すぐに絵柄や裁断など、モノとしての織物の色やカタチに関する物性をイメージする読者が多いと思われる。そして、その良し悪しを問題するということは、審美性が本書の主眼になるだろう、と思われることだろう。審美性というのは深く人に依存する要素であり、それゆえ厳に科学的な議論を好む読者には、題材自体として受け入れがたいものに見えるかもしれない。あるいは逆に美術関連の研究をしている読者にとっては、審美性が主題だと思って本書を手にしたのに、期待を裏切られた、という印象を持つかもしれない。しかし、本書の主題は、織物の色やカタチの審美性ではない。デザインという言葉をタイトルに掲げているにもかかわらず、である。

では本書の中心課題は何なのか。一言で言えば、織物のデザインという概念を、物性的な色やカタチだけではなく、その時代背景、生産技術、顧客の動向、商流の在り方、価格など、現代ふうにいえば織物に関する「顧客体験」のすべてにまで拡大し、かつ、そのような拡大されたデザインという概念の存在自体が、織物産業全体のイノベーションを伝搬する「器」として機能したという姿を捉え、そのメカニズムを解明し検証するというものである。このような中心課題を置くため、本書内では、何が「良いデザイン」なのか、という、意匠の良し悪しに関する一切の操作的・固定的な定義を置かないことにした。それに替えて、時代ごとに「良いデザイン（図案・柄）」というキーワードのもとに人・モノ・カネ・情報が流通されたという事実自体を中心的に取り扱うことにした。本文を読み進めるにあたって、その点を最初に留意されたい。

最後にまた素晴らしいタイミングで出会うことのできたミネルヴァ書房の編集・本田康広氏の多大な労苦でこの本ができあがったことをこの場を借りて御礼申し上げる。

（島田昌和・鷲田祐一）

きものとデザイン――つくり手・売り手の一五〇年　目次

カバー写真　小袖　白縮緬地石畳に賀茂競馬文様
京都国立博物館所蔵

産地マップ

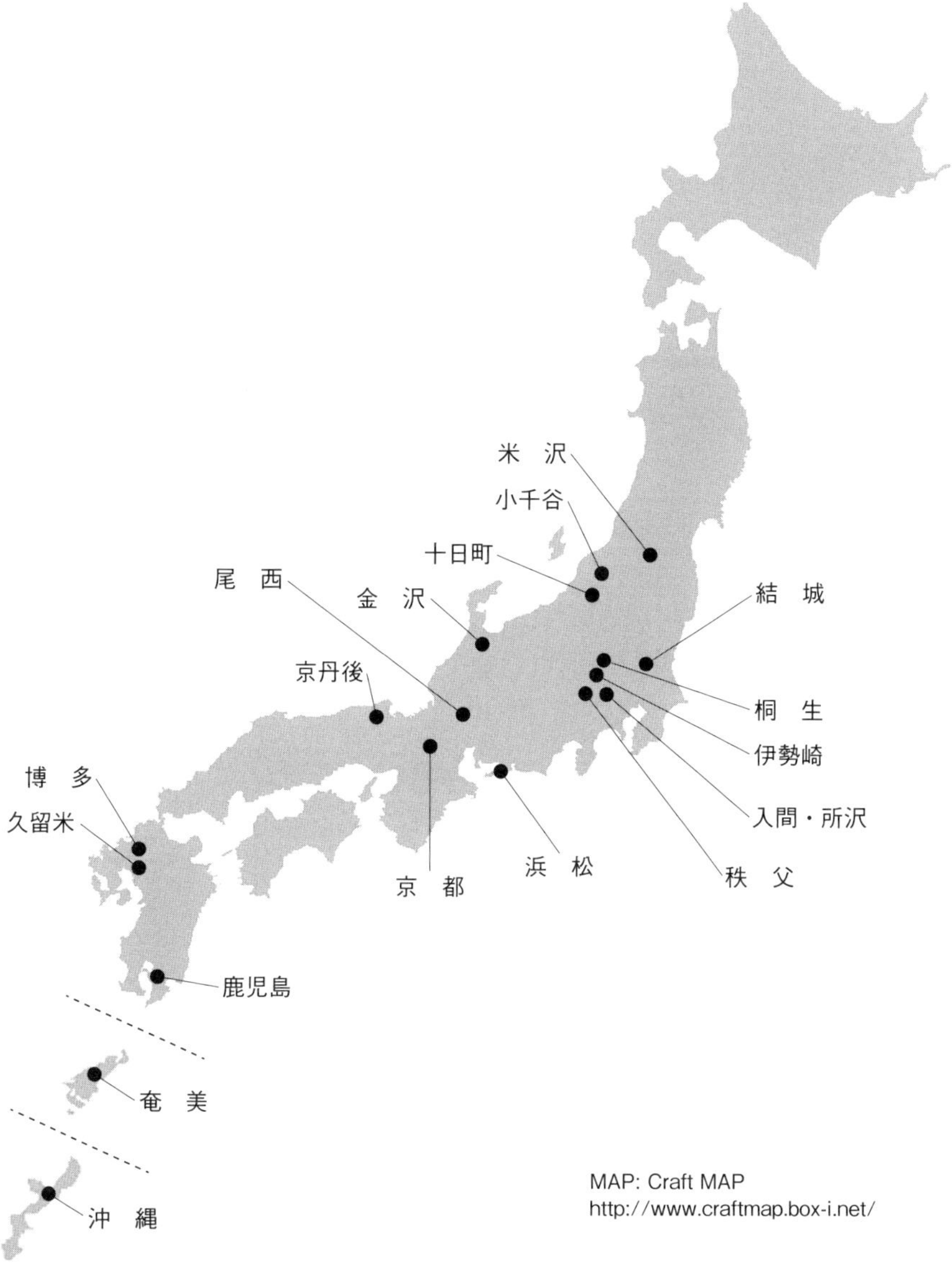

MAP: Craft MAP
http://www.craftmap.box-i.net/

序　章　なぜ着物のデザインか――目的・基礎知識・構成

本書の目的

消費者が商品選択をするにあたり、その商品の機能、品質、価格が要素であり、それを生産体制や技術・製法の組み合わせなどによって実現しているだろう。しかし、同時にデザインも重要な要素である。一般消費者としては当たり前すぎるが、経営学では前者よりも軽視されてきた（鷲田 二〇一四の指摘など）。

現代だけでなく過去、つまり歴史研究においても同様のことが言える。経済史や経営史において商品のデザインの重要性への言及は増えてきているが、実際の商品・製品デザインが企業経営上どのような連関をもって意味したかを取り上げた研究はほとんどない（粕谷 二〇一二、中林 二〇〇六、など。例外として内田 一九九三、田村 二〇〇八、山内 二〇〇九）。

本書では、商品のデザインの変化が消費者の購買にどのような変化を与えてきたか、それによって生産者や流通従事者がどのように企業行動を変化させてきたかを取り上げたい。そのためにほぼ単一商品と考えられる商品群を選び、同一の形態の商品におけるデザインの変化を追える商品群を選択することが目的に適っているだろう。ここで着目した商品群が着物または和装・呉服と呼ばれる商品群である。着物・和装・呉服・和服の用語はその語源では意味合いの違いを持つが現代においてはほぼ同義語として使用されており、以下、原則として着物で統一する。

着物の主要アイテムは幅が三五～四〇センチ、長さが一二～一三メートル（一反）の反物と呼ばれる形で供給され、この狭い幅の布一枚によって着物一着を作ることができる。帯は男女で形状が違い、女性用の帯もいくつかのタイプがあるが、それでも大よその規格は決まっている。着物のスタイルにもいくつかあるが、女性の場合、現代

表序－1　産業別名目 GDP　（単位　百万円）

	総　　計	製 造 業	繊維・衣服	製造業内比率
1874	716.76	61.09	18.89	0.309
1890	1244.01	169.31	65.66	0.388
1909	4072.79	711.38	223.82	0.315
1925	18253.34	3585.64	1152.14	0.321
1935	19381.56	5340.52	1218.19	0.228
1940	39258.79	13249.75	1794.73	0.135

（出所）深尾他編（2017a，b）巻末付表1より筆者作成

の着物の原型の小袖を着て、現代の幅の帯を後ろで結ぶようになったのが江戸時代中期以降である。

明治以降、日本が近代化・西欧化に舵を切っても男性の普段着、女性の着衣全般は着物であり続けた。[1] その意味では一七〇〇年代から一九〇〇年代半ばくらいまで日本人の日常着は着物であった（小池・野口・吉村 二〇〇〇）。その点で形態が変わらない商品であり、その中で材質の多様化や製法の機械化と色や文様の変化によって生きながらえてきた商品と言える。[2]

近代日本の織物業そのものがどのような位置づけであったのかを簡単に紹介しておきたい。一言で言って織物業は戦前日本の最大産業であった。その証左を一つ紹介すると「織物業は、明治期を通じてわが国産業中きわめて大きなウエイトを占める重要な産業であった。いまこれを生産額から見ると、明治七年には全工業生産額中の一四・五％、四二年には全『工場』（職工五人以上の作業場）生産額中の一六・七％、大正八年には同じく一八・九％を占めており、『工場』産額からからみる明治四二年以降においては、個別産業部門で最大のものとなっている」との記述からもよくわかるであろう（神立 一九七四 七頁）。最新の研究をもとに名目ＧＤＰの推計値で表したのが**表序－1**である。明治初期から製造業内で「繊維・衣服」分類が三〇％以上の比率を保ち続けていることが見て取れる。そしてそれは製造業全体が増大する中でも大きく変化しないことも表れている。

このように、織物業が中心産業であり続けたのは輸出産業として成長したからであった。「輸出・生産比率は同時期（一八七四年から一九二〇年代半ば）に、

二％から一八％へと上昇した」のであって、それは「日本の財輸出の五―六割を繊維品（生糸を含む）が占めていた」のであった（深尾他 二〇一七b 一一頁）。なかでも綿布輸出がその中心をなし、「一九三三年には日本は世界市場でイギリスを抜いて第一位の綿布輸出国となった」とあるように、海外向けの主力は大規模紡績工場の兼営の織布工場で織り出された広幅の布地であった（阿部 一九八九 四頁）。

他方、紡績織布兼営工場以外の各地の綿織物産地の「産地綿織物業は総体としては戦間期に顕著な発展を遂げ」「輸出に貢献していった。それ以前である「第一次大戦以前に産地綿織物業は、朝鮮向小幅白木綿製織などを例外としてもっぱら内需に依存していた」のであって国内向けの小幅織物中心に発展を見せていたのである（阿部 一九八九 三頁）。つまり、小幅絹織物の一九一四年の鉱工業生産額が第九位、五二四九万二〇〇〇円、一九一九年に第六位、三億九六五三万一〇〇〇円であった（阿部 一九八九 三頁。しかし、一九二九年にはトップ一〇から脱落する）。

国内向け製品の重要性も浮かび上がってきたところで、織物業における素材別の内訳比率を見てみよう。明治初期の一八七四年の「当時最も重要な工業品だった織物（計一七一五万九一四一円）の内訳は、綿織物六三・三％、絹織物二六・七％、絹綿交織物八％および麻布其他二・〇％であった」と言われている（橋野知子 二〇〇七 二八頁）。それがその後、絹織物の比率が上がっていき、そのピークは明治三二年で五一・七％を占めるに至った。その後は綿織物が増大し綿織物のピークは大正八年の五一・七％であった。大正期以降毛織物が伸び始め、一三～一五％を占めるようになった（神立 一九七四 八頁）。

絹織物業を牽引したのは、輸出向けの羽二重であった。純白薄手の平織りで洋装用生地として重宝された。「明治一七年の絹織物の輸出総額は一〇〇〇万円であったのが、明治四四年には、一億一〇〇〇万円と、一七年の一一倍に飛躍し」、さらに「大正八年の輸出は、一億六〇〇〇万円の記録を樹立」したのであった（日本絹人絹織物史刊行会 一九五九 一四三頁）。

織物業の数量データが限られる中、以上がおおよその戦前日本の織物業の全体外観となる。発展の中心は輸出向けの幅広綿布や絹の羽二重であったが、一方、小幅の国内向け製品も堅調であった。海外向けが綿布にせよ羽二重にせよ、基本白布で先方での後染めのための素材としての出荷であったが、国内向け織物業は、色や文様がのせられた仕立て前の反物としての供給が中心であった。

着物の文様は織りと染めの多様な組み合わせによって表現され、袂、裾、帯など、洋服以上に文様・デザインを多彩に表現できる衣料である。本書では、一〇〇年以上にわたり基本的に同一の形態を取り続け、庶民の日常着であり続けた着物におけるデザインの役割を検討する。この考察を通じて、現代の着物が抱える伝統的な技法を継承した商品としての継続不可能なほどの状態に何らかの進みゆく道を提示することを密かに目指している。きわめて難しい問いであり、何らかの糸口にたどり着くことを願望している。

以下、本論に入る前に、織物や着物に関する先行研究を整理し、本論で展開する様々な素材や織や染の製法を理解するための全体的な基本知識を提供して、理解の一助としたい。

先行研究での言及

経済史・経営史領域では、戦前日本の主要産業であった織物産業の研究は分厚い歴史がある。しかしながら、これまでの主要な問題関心は問屋による生産支配、西欧機械技術の導入・摂取、工場における労働、製品の販路、製品の品質保証といった視点であり、製品そのもののデザインへの言及はほとんどないと言って過言でない。

経営史領域では粕谷が着物製品の技術革新と製品競合への問題意識をもっている。例えば、輸入毛織物が呉呂、綿毛交織物、モスリン、毛繻子などの製品になっていったこと、綿織物において、更紗や唐桟といった輸入綿布、輸入綿糸漂白剤や化学染料、バッタンと呼ばれた染織装置の積極利用、それでありながら問屋商人主導による農家副業での在来型での性格を指摘している（粕谷 二〇一二 九〇～九一頁）。縞木綿産地の意匠による差別化を指摘しながら、意匠による差別化の意味合いにはそれ以上触れていない。

さらに粕谷は戦間期の織物業について、綿織物は国内消費が伸びずに輸出によって拡大したこと、絹織物は大衆向けの銘仙の増大により拡大し、それはデパート発信の流行づくり、さらに産地がそれを吸収したこと、桐生などでは規模の小さな中小工場が流行への対応が可能だったことを指摘している（粕谷 二〇一二 一八二〜一八四頁）。以上のように、粕谷は織物業における意匠の重要性を指摘しながら、製品間、産地間、産地内の競争関係における意匠・デザインの役割を具体的に描くまでには至っていない。

次に美術史・社会史・文化史等における扱いはどうだろうか。十分な検討ができないが、京都の高島屋が一八九二年「衣装好み陳列会」、一九〇六年、図案意匠会「花くらべ」「懸賞ア・ラ・モード新案染織品募集」「流行品ア・ラ・モード陳列会」、一九一三年には「第一回新柄流行呉服百選品陳列会」が開催され、それ以降、年に二〜三回の頻度でこの会が続いたことを指摘している。あわせて一九一三年以降、高島屋が新柄としての「マルホフ式」図案を発表し始め、爆発的な人気を博するようになったことの指摘がなされている（並木・青木編 二〇一七、一四〜一九頁、並木他編 二〇一二 六六頁）。このメンバーの一連の研究では、図案家の登場や百貨店の主導的役割を描き出している。

着物の発展――素材と商品特性

簡単にこの本で分析対象とする商品としての着物に使用される素材と商品の特性について概観しておこう。先にも記したように現代にも連なる着物のスタイルが確立したのは江戸中期頃と言われている（高田 二〇〇五 九五頁）。都市の町人から武家を中心に日常から晴れの場面に着用された。

使用素材として、まず絹を素材とした上級顧客向けの奢侈品＝単品の完全手工業生産品が存在した。生産技法の進化によってさらなる高級品供給も行われた。江戸時代以前には高級織物の産地としては京都の西陣に職人の座が形成された（増田 二〇一〇 二七三〜二七四頁）。江戸時代に入ると上層階層は絹織物を着用し、高級織物の京都西陣の技術が一八世紀以降丹後地方や桐生地方に伝播していった。その他にも袴地としての仙台平、帯地の博多、着尺地の八丈縞などが成立し、それらの帯は桐生をはじめとする各地で生産されるようになった。

一方で庶民向けの衣類としての着物は綿や麻素材が中心であった。一般庶民の衣類は長らく麻素材が中心であったが、室町時代に木綿栽培が定着し、庶民用素材として一気に広がった。手機によっても経《たて》柄模様は比較的簡単に仕込むことができ、ストライプ柄は庶民の衣類にも用いられた。型染めや注染などによる文様も手作業とはいえ、ある程度の量産供給が可能であった。絹ではあるが縮緬《ちりめん》も庶民が手にすることのできた素材であり、手間はかかっているが絞り染等での文様付が可能であった（増田 二〇一〇 二四四〜二四九頁）。

続いて明治時代以降に移ろう。まず高級生地である絹であるが、織りや染めの新技術の発明等によって縮緬《ちりめん》・綸《りん》子《ず》・御召《おめし》・銘仙《めいせん》などにその種類が増えていった。できあがった生地は染色技術の発達により二次加工され、例えば今までにない友禅文様などが可能になった。絹の小紋染めの流行は、江戸時代から続いていて、伝統的な晴着として大いに人気を集めたが、あらかじめ先染めの糸で文様を織り出した縞や絣も好まれた。一八世紀半ば以降には縦縞模様が流行し、信州上田や結城などで盛んに作られる。

木綿は厚手木綿の小倉織が足利や諏訪に伝播した。縞木綿も一八世紀半ば以降複雑な縞が織られるようになり、唐桟などをはじめとして、濃尾、足利、真岡などに広がった。夏向きの木綿として表面にしぼが入る縮みが岩国や銚子で織られるようになった。文様を織り込む絣も琉球、薩摩、久留米、伊予等で作られた（増田 二〇一〇 二七六〜二七七頁）。

江戸時代後期から明治中期くらいまでに染織技法に染料や技法などの西欧近代的な要素がもたらされ、それによる着物の革新が進んだ。しかし、デザインやモチーフに関しては江戸時代以来の伝統的な柄がそのまま踏襲された（高田 二〇〇五 三八一〜三八五頁）。染織の基本技法が機械化される以前は、手作業をベースとした、どちらかというと庶民向けの着物織技法の複雑進化と、上層向け高級品での手描き友禅などの染めにおける技術進化の両面での進化があった。

このような進化を画期的に変貌させたのが、ジャカード織り機や機械捺染の登場である。ジャカード織り機によって高織手織り機で行っていた作業を紋紙の使用によって多色の緯糸《よこいと》を自動的に掛け替えて複雑な模様を量産できるようになった。また、銘仙というほぐし捺染による織物が北関東を中心に大量に供給された。また機械捺染によって染め作業の自働化が可能になり、両面染めをすることで織り柄と見分けがつきにくいレベルの高度な染柄を実現した。着目すべきは力織機・ほぐし捺染等による模様銘仙を積極開発した伊勢崎などの銘仙産地の動向であろう。当初は捺染によってあえて織り柄を再現することに力点が置かれたが、徐々に織り柄の模倣を脱却していった。西欧の文様の流入摂取（大正モダンなど）、百貨店による新たな流行デザインの創出などが指摘されている（山内 二〇〇九 一八〜二〇頁）。デザイン面でのフランス・アールヌーボーの様式を基にした曲線の美しさに基づく唐草、流水、渦巻きなどの文様が着物に現れるようになる（高田 二〇〇五 三八九頁）。

着物の文様表現とその技法

織物に親しみのない方も多いと思うので、文様表現技法を中心にその製造技法と主要産地についてもう少し詳しく解説しておこう。着物の柄の付け方の手法としてまず大きく先染めと後染めに分かれる。つまり基本として織り上げる前に糸を先染めして織りで文様を表現していくのと白地に織り上げた布に後から染めを施して文様をつける方法とがある。

まず、染めの技法とその産地であるが、もっとも高級なものとして手描き友禅がある。元禄期に京都で創始され、本友禅とも言われる。産地としては、京都、加賀、東京などがあり、京都は染めた後にさらに刺繍や金銀箔を加えるが加賀はほとんどそれをしない。友禅には手描だけでなく型紙を用いる型染技法もある。型染技法としては、江戸小紋や琉球紅型もこれに属する。

絞り染めでは、愛知県の有松・鳴海絞（過去においては綿の手ぬぐいが主流であったが現在は絹製品）、京鹿の子絞り（最高級品）、現在は浴衣に用いられている静岡県浜松の注染染めなども今に続く技法とその産地である。

次に織りの技法とその主要産地を紹介しよう。まず、紬《つむぎ》であるが、くず繭を素材とする真綿糸を織ったもので主要産地は茨城県の結城紬がよく知れている。縮《ちぢみ》とは強く撚《よ》りをかけた糸を用いて表面に皺《しぼ》を生じさせた柔らかな肌合いの織物である。この技法を絹に施したのが京都の丹後縮緬であり、麻では新潟県の小千谷縮などがある。

このような織の新たな技法に様々な染めを施して鮮やかで肌触りのいい着物になっていく。次に織りと染めの組み合わせの技法として絣《かすり》がある。あらかじめ経糸《たていと》に図柄に合わせた染めを施し、織りで柄を表現する手法である。製造は他に比べて激減しているが、主要産地は綿織物で藍染の福岡県の久留米絣などである。江戸時代後期以降、特に庶民層に親しまれた（増田 二〇一〇 二七六～二七七頁）。

比較的新たに発展したものに銘仙がある。もっとも単純な平織で作られた実用的な絹織物であり、先染めの糸によって絣柄《たてがら》を表現する。産地は秩父や桐生・足利・伊勢崎などの北関東であった(3)。着物の主要パーツの一つである帯では京都の西陣と福岡の博多が徐々にそれらに特化していき有名産地となった。

このような織りで文様を織り出したのが、高機《たかばた》と呼ばれた手織り機で、膨大な時間と手間がかかるが、織りで文様を表現できる機構をもった。江戸時代中期に絹や綿織り物産地に普及した。ある程度の自動化を可能にしたのがジャカード織り機である、一九世紀初頭にフランスで開発された。日本への導入は明治初期であった。「紋紙」と呼ばれるパンチカードを使用して複雑な文様を自動的に織ることができた。普及は地域によって差があるが、明治後半から大正期にかけて急速に普及した（一例として清川［一九九五］がある）。準備工程に手間と時間はかかったが、同じデザインを比べ物にならないほど量産できたことで、そのデザイン（紋紙を作成するための指図を含んだ仕様設計図）を描く図案家がジャカードの登場により登場し、織り屋の多くが図案家を抱えて重視したことまでの指摘はあるが、それ以上の考察が行われていない（中岡 二〇〇六 一一九頁）。

染色にも革新がおこり、機械による捺染であるローラー捺染機が導入されるようになった。それは明治後期に普及した銅製凹型円筒捺染機で、小幅両面機の導入により文様の絣、絞り柄を大量生産可能にして安価に供給した。明治後期に「京都図案協会」が設立され、絣や絞り柄に始まり、大正・昭和初期には大手百貨店の主導による多様で複雑かつ斬新な図案を世に出していった（青木 二〇一〇）。

これまで紹介してこなかった素材としてモスリンがある。細い単糸を使った平織を指すが、日本では毛織（ウール）を用いて独自の発展をした。化学染料の使用、友禅加工、機械捺染等の技術を高めていった。薄地で暖かでやわらかなため、普段用の和服や冬物の襦袢、子供用の産着や着物に使われた。

戦後の衰退と生き残り

戦前にあっては次々と技術革新が起こり、量産化や低価格化が進行し、それによって販路も広げた着物であったが、その動向は戦後に大きな衝撃を受けることになった。現代の日本にあって一部の晴れ着としてのみ生き残ることにつながる着物の消費量の劇的な減少である。

いくつかの統計をたどっても生産者数の減少、各生産者の生産規模の縮小が劇的に進行した。すなわち、稼働台数が減少し、それぞれの生産者が零細企業、零細工場へと没落していった。数字で示すと養蚕業は一九七四年以前には　年間一〇～一一万トンの生産量があったのが、一九九一年には一〇〇〇トン規模となり、二〇〇八年にはわずか三八二トンにまで落ち込んだ。製糸業は一九七五年に一二三工場存在したが、二〇〇五年には驚くことにわずか二工場が操業するのみである。織物業で見ると絹織物業のピークは一九七一年で生糸消費量二万七三九四トン、絹織物生産量一億八八五二万九〇〇〇㎡であったものが、二〇〇七年にはわずか一八九八トン、一五四六万六〇〇〇㎡にまで落ち込んでいて、「産業としての存続が危ぶまれるほどの衰退状況」とも表現されている（数納・笵・小野　一三頁）。これらの落ち込みをざっと言うと和服消費である「和服、婦人用着物、婦人用帯の実質支出額の二〇〇五年の水準はいずれも七〇年の一五％程度まで縮小した」と言われている（数納・笵・小野　三一頁）。その理由として「人口的要素、所得水準の上昇、文化・社会・生活環境の変化に伴う洋風化の進行、その中でも特にフォーマル・セミフォーマルウエア市場における洋装の拡大と中高年齢層を含む女性の着物ばなれ」が挙げられている（数納・笵・小野　二三頁）。

それでは着物の産地はいかに対応してきているのだろうか。先染め産地は「和装類全般（着物・服地・小間物等）を多品種少量生産していく総合産地化を指向」した。例えば山形県の米沢であるが、高級品ドレス生地の対米輸出、内需向けウェディングドレスに取り組んだ（数納・笵・小野　九二～九五頁）。栃木県の伊勢崎では銘仙復刻プロジェクトに取り組み、東京都化の八王子ではネクタイ、インテリア、マフラー・ストール、京都西陣ではカーテン地、椅子張り地、壁張り地、敷物、寝具等の室内装飾部門、福岡県の博多は帯地に特化して多品種少量生産に向かった（数納・箈・小野 一一五〜一一六頁、一二九頁、一四〇頁）。

後染め産地は「総合産地化を指向するケースと、単品生産に特化していくケースの二つに分けることができる」と言われている（数納・箈・小野 一二一頁）。数例をあげると石川県の小松はファッション、インテリア部門に進出し、人絹や化合繊素材への移行を行った（数納・箈・小野 一八二頁）。京都の丹後地方は服地、ネクタイ地、スキンケア化粧品や風呂関連商品など精錬工程での副産物の商品化を図った（数納・箈・小野 二〇五頁）。多くの産地の転換例を示したが「これからの製品づくりでは、すでにあるものを提供することでなく、若者に魅力のある独自の製品を開発し、しかも安価に提供していくこと」がその生き残りに欠かせないことであった（数納・箈・小野 二一二頁）。

着物産地の変容を概観してきたが、そもそも日本の繊維産業は一九八五年のプラザ合意以降、国際競争力が弱体化し、大幅な規模縮小になっている。一九九五〜二〇〇五年の一〇年間で規模は半減しており、逆に国内の縫製工場の中国への移転を含め、中国からの輸入急増の状況になっている（経済産業省「繊維（生活）統計年報」）。よく語られる成功事例の福井のセーレン株式会社のように伝統織物産地で自動車シート生地メーカーに転進して成功した例は実にまれなのである（橋野・中村 二〇一七）。その多くは①伝統技術の継承を家業として守るための保守的行動、②既存の設備を用いつつ、素材を合繊や化繊などにも応じて低価格化に対応、③洋装や室内装飾品に販路を広げ、広幅織り機や文様のコンピュータ制御などを導入といった範囲での対応が主流であった。

当然、この程度の対応では、繊維産業そのものが新興国に追い上げられる潮流に応じ切れていない。全体が縮小する中で着物という日本の伝統織物とその産地が着物の作り手としていかに対処してきたかという視点で概観しておこう。着物という和装であるが、一部に高級品への需要があった。それが晴れ着、なかでも女性の成人時の振袖商品という高級品の存在である。一〇〇万円を超えるような高額商品が娘を持った家庭では当たり前のように購入されるというきわめて他に類を見ない商品が縮小するマーケットにも関わらず存在した。伝統産地とその作り手

はこの振り袖へ依存することで命脈を伸ばすことになるが、同時にそれそのものがこの業界の構造的な問題となった。(4)

着物業界は、この振袖商品に依存して存在するようになり、その中で競争を激化させ、ついにはインクジェットによる柄付けや海外生産によって生産コストを抑え、それでいながら「一生に一度」という晴れ着、ステータス性による高額販売を維持してきた。着物という商品を見慣れていない消費者に対し、みせかけの華やかさ、一過性（はやり廃り）のファッション（レンタル利用増も含めて）としてのデザインに寄りかかっている。

すなわち、競争に打ち勝つ販売業者は生き残れているものの、高度な伝統技術に裏づけされた高級品質を理解して購入する消費者は激減して、伝統技法を維持する産地には発注が行かずに衰退する一方という構造になっている。伝統織物産地は、生産者の数を減らしつつ、ポリエステル利用の七五三や入門用（浴衣用）の低価格品で細々と食いつなぐ状態になっている。

一方でごく一部であるが着物の固定客層も存在している。おしゃれ着としてその技法や素材にこだわって高価であっても購入する上層のファンがいる。しかし、百貨店の高マージンをのせた商売（商品回転が悪い等から）をしていて驚くほど高価な商品となり、ごく限られた顧客のみをターゲットにしていて、目先の販売にとらわれていて将来性があるとは決して言えない状態である。

以上の概観をまとめると、基本的な構造は衣料の洋装化が行き渡り、着物の日常性が失われた中、晴れ着や高価なおしゃれ着としての高額商品として販売する小売りサイドの論理が貫徹した商品群となっている。同時に小売りは買い取りをせずに商品回転の低さから売り上げの回収に長い時間がかかり、結果として伝統織物産地の生産者は工場等を維持する規模の生産ができておらず、ごくわずかの生産者のみが細々と高級なおしゃれ着市場で生き残っている状態である。着物が日常から消え失せることで、着物に関する知識の乏しい消費者を食い物にするビジネスが横行している。品質に見合わない高価格が維持され、割賦販売などでのトラブルからの信用失墜が表面化するという悪循環に陥っている。

株式会社やまとのような革新的な着物企業がこれらにチャレンジをしているが、近代以降、洋装の広まる中で着物の歴史、特にデザイン表現の歴史に着目し、生産とデザインの関係性を明らかにすることで死滅寸前とも言われる日本の着物の伝統産地・生産が生き残るヒントを見いだすことを目指したい（矢嶋 二〇一五、伊藤・矢嶋 二〇一六）。

本書の構成

本書では近世後期から戦後期に至る長いスパンの中で、まず生産サイドにおけるデザインの役割にスポットを当てる。基本的な基調としては、ある程度複雑なデザインを施された着物は奢侈品としてごく一部の上流層のものであった。手描きの一品物から型染めの導入によって単品生産から同一デザインの再現またはある程度まとまったボリュームに展開できるようになり、供給量の増大によって販売層を拡張していった。明治期以降に欧米を通じて安い原綿や化学染料の流入によって庶民向けの綿着物にも以前よりもカラフルで複雑な縞模様を施した製品の開発・供給を実現していった。さらに織元では機械織機とジャカードの導入によってある程度の量産品として織り柄での複雑なデザインが実現されていった。

このように複雑なデザインを施された製品群は以前には膨大な時間と手間とコストを要する手作業であったものが、ある程度の量産化によって庶民向け製品へよくデザインされたものが供給され、大衆市場品として着物のバラエティを広げていった。

さらにその流れに拍車をかけたのが機械捺染機の導入であった。まだまだ細かな手作業工程を含むものであったが、先染めである織り模様さえも機械による後染めで表現してしまった。この機械捺染は技法の制約によって差別化されていた染織の常識を変えるものであり、現代のコンピュータを利用したインクジェットプリンタでの晴着生産に繋がっていくものである。

以下のような構成でここに示した問題意識を実際に検討していく。

序章　島田昌和「なぜ着物のデザインか――目的・基礎知識・構成」
第Ⅰ部　つくり手とデザイン
第一章　加茂瑞穂「染色デザインの近代化――京都における友禅図案募集をめぐって」
第二章　田村　均「縞木綿の脱ストライプとデザイン戦略」
第三章　川越仁恵「桐生における図案業界の成立――徒弟的紋工から職業的図案家へ」
第四章　杉山里枝「ウール織物のデザイン――日本におけるウール織物の展開と和洋の融合」
第五章　鈴木桂子「機械捺染とデザインに見る越境性」
第Ⅱ部　売り手とデザイン
第六章　鷲田祐一「消費市場の発達と技術・価格・デザイン」
第七章　藤岡里圭・二宮麻里「着物の流行と百貨店の役割」
第八章　吉田満梨「戦後〜現代のものづくりと市場創造に流通事業者が果たした役割」
あとがきにかえて　鷲田祐一「着物市場のイノベーションの歴史とデザイン」

第Ⅰ部は製造側の視点にもとづくデザインの利用の意味に焦点を当てる。第一章は、服飾史的な観点から加茂が、江戸期以来の染色技法友禅染を明治期に発展させた型友禅のデザインを取り扱う。図案を公募し審査するというシステムできあがったことにより、新たなデザイン創出が画期したプロセスを描いている。

第二章では、経済史としてデザインに着目してきた田村が、明治期以降の様々な進化をしてきた綿織物の柄を分析する。大衆向けの綿製品の文様は近世以来、ストライプ（縞柄）であったが、準シルク製品のデザインが複雑化、多様化する中で、絣柄、擬曲線、さらには捺染の活用へと進化していった。

第三章では、文化人類学や民俗学のベースを持つ川越が、桐生織帯地のジャカードデザインを取り上げる。当初、京都発の図案に頼るが学校制度による図案化養成と相まって、図案化の職業的自立に向かうプロセスを扱っている。

第四章では、杉山が外来の生地であるウール素材を積極的に取り入れた尾州産地を中心に日本のウール生地の展開全体を取り上げている。和洋の両方に製品を展開する中で、染色や柄付けをすることで競合素材に対して独自のポジションを得ていたことを明らかにしている。

第五章では、グローバルな文化人類学視点をもつ鈴木によって、機械捺染によるデザインとその海外展開を取り上げる。我々が独自の和柄と思っているデザインが、アフリカのデザインやハワイのアロハシャツなどに展開しているスケールの大きさを読み取ることができる。

第Ⅱ部は流通・小売サイドにとってのデザインの意味合いを取り上げる。第六章でまず、経営学・マーケティングを専門とする鷲田によって、長期スパンでの着物市場の変遷を概観する。拡大・進化から衰退著しいこの市場の特性をまず押さえることで、続く流通・小売りの分析を深く理解できる。

第七章では、藤岡、二宮が従来の何重にも問屋が介在した流通システムを百貨店がいかに切り崩していったかを描いている。長年の慣行を打破するには織元とともに斬新なデザイン改革を行い、それに直接の広告や組織化をすることで劇的に変えていったことが理解できる。

第八章はマーケティングの視点で現代の着物市場を手がける吉田によって衰退著しい着物業界を対象としている。縮む市場の中で、先を見ない苦し紛れの行動が自らの首を絞めてきた。どんな光明が見出せるのかにスポットを当てている。

以上のプロセスによって複数の事例提示にもとづき、現代を踏まえた理論提示をあわせ、最後にそれぞれの地域での生活に根ざした伝統文化を産業レベルで残すための一定の仮説を提示することを目指したい。

（島田昌和）

注

（1）例えば以下の記述によく表れている。「明治に入っても都市における和服の様相は、幕末時の延長といってよかったと思う。後年に比べると当時は地味であった。やがて東京などの染色・文様の流行が激しくなり、殊に三十年以降は技巧をこらしたものが多くなった。中流以下の用いた地質は男女ともに、太織・銘仙・紡績木綿・瓦斯糸織・双子などにすぎなかったが、高価な縮緬・御召・紋羽二重・一楽織・風通・結城紬・大島紬・博多織・玉糸織などが現れ、更に明治初期までは希であった婦人の羽織着用が漸次普及し、三十年代には黒絽の夏羽織まで用いるようになった。」（開国百年記念文化事業会編　一九七九　四〇頁）

（2）一例として内田（一九九七）は西陣機業地が絹だけでなく綿織りや絹綿交織の導入によって高級品から多様な市場へ拡張したことを明らかにしている。

（3）一九二〇年代後半の銘仙消費の拡大と伊勢崎産地の流行情報摂取を山内が描いている（山内　二〇〇九）。百貨店の廉価品・大衆品へのシフトによる急拡大を指摘し、力織機による模様銘仙の急増にも着目している。

（4）過去においても奄美大島と鹿児島で生産された「大島紬」という高価で特殊なマーケット性を持った商品が存在した。これはステータス性をもった高級普段着という晴れ着でなくフォーマルでもないおしゃれとステータスのための商品であった。しかし、今では過去の隆盛を見ることができないほど、生産も流通も落ち込んでいる。

参考文献

青木美保子「機械捺染」『SEN'I GAKKAISHI（繊維と工業）』第六六巻第一〇号、二〇一〇年。

阿部武司「明治前期における日本の在来産業」梅村又次・中村隆英編『松形財政と殖産興業政策』東京大学出版会、一九八三年。

阿部武司『日本における産地綿織物業の展開』東京大学出版会、一九八九年。

伊藤元重・矢嶋孝敏『着物の文化と日本』日本経済新聞出版社、二〇一六年。

内田金生「在来産業と伝統市場」（中村隆英編『日本の経済発展と在来産業』山川出版社、一九九七年。

内田星美「小幅縞木綿とその代替大衆衣料における革新」『東京経済大学　人文自然科学論集』第九五号、一九九三年。

粕谷誠『ものづくり日本経営史』名古屋大学出版会、二〇一二年。

開国百年記念文化事業会編『明治文化史　第一二巻　生活篇』原書房、一九七九年。

神立春樹『明治期農村織物業の展開』東京大学出版会、一九七四年。

清川雪彦『日本の経済発展と技術普及』東洋経済新報社、一九九五年。

小池三枝・野口ひろみ・吉村桂子『概説　日本服飾史』光生館、二〇〇〇年。

数納朗・小野直達・范作冰『絹織物産地の存立と展望』農林統計出版、二〇〇九年。

高田倭男『服装の歴史』中央公論社、二〇〇五年。

田村均『ファッションの社会経済史』日本経済評論社、二〇〇八年。

中小企業基盤整備機構「繊維産地の概況と展望」。

中岡哲郎『日本近代技術の形成――〈伝統〉と〈近代〉のダイナミズム』朝日新聞社、二〇〇六年。

中林真幸「問屋制と専業化――近代における桐生織物業の発展」武田晴人編『地域の社会経済史』有斐閣、二〇〇三年。

並木誠士・清水愛子・青木美保子・山田由希代『京都　伝統工芸の近代』思文閣出版、二〇一二年。

並木誠士・青木美保子編『京都近代美術工芸のネットワーク』思文閣出版、二〇一七年。

日本絹人絹織物史刊行会『日本絹人絹織物史』婦人画報社、一九五九年。

橋野知子『経済発展と産地・市場・制度――明治期絹織物業の進化とダイナミズム』ミネルヴァ書房、二〇〇七年。

橋野知子・中村尚史「セーレンの経営革命・川田達男」、井奥成彦編『時代を超えた経営者たち』日本経済評論社、二〇一七年。

深尾京司・中村尚史・中林真幸編『岩波講座　日本経済の歴史　第三巻　近代一　一九世紀後半から第一次世界大戦前（一九一三）』岩波書店、二〇一七a。

深尾京司・中村尚史・中林真幸編『岩波講座　日本経済の歴史　第四巻　近代二　第一次世界大戦から日中戦争前（一九一四―一九三六）』岩波書店、二〇一七b。

増田美子編『日本衣服史』吉川弘文館、二〇一〇年。

松井敦史「きもの業界の現状、問題、変革、そして未来へ」『Kyo Wave』春号、二〇一七a。

松井敦史「誰が和装産地を殺すのか」『Kyo Wave』秋号、二〇一七b。

松井敦史「誰が和装産地を殺すのかパート2――西陣織問題と次世代の希望」『Kyo Wave』春号、二〇一八a。

松井敦史「誰が和装産地を殺すのかパート3――振袖問題と京友禅の課題」『Kyo Wave』秋号、二〇一八b。

山内雄気「一九二〇年代の銘仙市場の拡大と流行伝達の仕組み」『経営史学』第四四巻第一号、二〇〇九年。

矢嶋孝敏『きものの森』織研新聞社、二〇一五年。

吉田満梨「着物関連市場の問題構造と可能性――株式会社千總『總屋』の事例研究を手がかりとして」『立命館経営学』第五

二巻第二・三号、二〇一三年。
鷲田祐一『デザインがイノベーションを伝える』有斐閣、二〇一四年。

第Ⅰ部　つくり手とデザイン

第Ⅰ部扉写真　銘仙図案。（『埼玉県立川越染織学校生徒図案』、一九一〇年、埼玉県立川越工業高等学校所蔵）

第一章　染色デザインの近代化——京都における友禅図案募集をめぐって

はじめに

本章では、明治期京都において開催された友禅向け図案募集を事例として、染色デザインがどのように展開したのか、周辺状況から論じる。

友禅染は一七世紀中頃に確立されたといわれる染色技法の一つで、防染糊と色挿しによって絵画的に様々な文様を表現することができる。友禅染の確立により、小袖の文様表現はさらに彩り豊かになった。一方で、明治維新は友禅染の主要産地である京都に大きな打撃を与えた。京都の経済や産業を立て直すため、産業界はヨーロッパから最先端の技術を移入し、産業の近代化がはかられた。

友禅染のなかでも明治期に大きな技術革新がなされたのは型友禅である。写し友禅と呼ばれる技法は、防染糊に化学染料を混ぜた色糊（いろのり）を使用することにより、量産も可能となったため広く浸透した。写し友禅という効率的な生産技術の確立とともに求められたのは、デザインの改革である。型友禅では、型紙を彫刻するため完成品の設計図のような形で紙に図案を描くことがもとめられた(1)。しかし、明治初期の友禅図案はマンネリ化しており、それを打ち破るために画家に下絵が依頼され、写実的な表現が染織品に持ち込まれることになり、表現の幅が広がった。また、明治二〇年代以降には、紙に描いた図案を呉服店や図案団体が公募し、優れた図案を表彰、あるいは、商品化する図案募集が開催されるようになった。こうした図案募集の開催により、製品ではない図案自体が価値を持つようになっていく。加えて、図案の良し悪しにより、商品の売れ行きが左右されるようになると、明治三〇年代ころからは図案を専門に描く人々も登場することとなる。図案は、染織品の生産前段階に準備されるものであるが、明治期に至って重要な役割を担うこととなったのである。

以上のように本章では明治期の京都を中心に、新たな図案創出のために整備された構造と図案が獲得した新たな価値を図案募集の様相から明らかにし、応募図案の展開を論じる。

なお本章では、江戸時代は「小袖」の呼称を使用し、明治期以降は「着物」の呼称を使用する。

一　小袖の装飾技法とメディア

本章で中心的に取り扱う友禅染とは、糸目糊により図様の輪郭線を防染し、筆や刷毛を使って彩色をする色挿しによって絵画的に図様を表現することのできる技法である。技法自体は一七世紀中頃までに確立されていたといわれているが、(2)名称は元禄期（一六八八―一七〇四）に活躍したとされる絵師（デザイナー）宮崎友禅（生没年不詳）の名に由来する。(3)友禅染の登場により、細かな部分まで染め分けが可能となり、小袖の装飾がより彩り豊かに表現されるようになった（カバー写真《小袖 白縮緬地石畳に賀茂競馬文様》）。友禅染以前は、刺繡や絞り染が主として小袖の装飾に用いられていたが、こうした装飾を施した小袖を着用することのできる人々は一部に限られていた。友禅染の登場により、小袖の装飾を楽しむことのできる階層は格段に広まったのである。

このほかにも「型染」が江戸時代に最盛期を迎えた染色の技法といえる。和紙に柿渋を引いて様々な題材を彫刻した型を使用した型染は、鎌倉時代に出現したといわれている。(4)以後、型紙を使った染色は主に武家の男性が着用する衣服に使用されていたが、江戸時代中期以降は、武士から町人にまで広まり、染色に欠かすことのできない道具となった。高い彫刻技術や染色・彫刻に適した渋紙の生産技術が揃うことで、質の高い型紙が生み出されたのである。加えて型紙には、身の回りのあらゆる物が表現され、近世から近代のデザインに対する探求心や遊び心を読みとることもできる。型紙は、小紋・中形（現在の浴衣）・紅型・友禅染などに使用された。

江戸時代に小袖を彩る技術が発展したことに加え、商業出版による刊行物が小袖のデザインを選択する際に参考とされ、与えた影響も大きかった。「小袖雛形本」は、寛文（一六六一―七三）から寛政（一七八九―一八〇一）ころまで刊行された小袖のサンプルブックである。京都の板元が中心となって刊行し、小袖の背面図に様々な図様が描かれる。染織の技法や文様、配色の説明が記載されるものもあり、小袖を誂える際の参考とされた。商業出版の確立とともに、小袖雛形本は出版物として広く流通することとなった(5)。江戸時代を代表する絵師の一人である菱川師宣（?―一六九四）は『当世早流雛形』（一六九四）を、京都出身で風俗絵本を数多く手がけた西川祐信（一六七一―一七五〇）も『正徳雛形』（一七〇三）などを手がけた。小袖という個人が着用するものを選択するために、雛形を絵師が描き、そして出版を活発に行えたということは、小袖を着用する側も情報の発信側も小袖のデザインに対する並々ならぬ思い入れがあったことがうかがえよう。

近世は染織技術・農耕技術が改良され経済基盤が整備されたことにより、特定の階層のみならず、庶民にまで身に纏う衣服に対する関心が高まった。衣服に対する関心の高まりから、江戸時代前期には刺繍や絞り染を多用したデザインがもてはやされ、一部の経済的に裕福な人々がおしゃれを楽しんでいたが、友禅染の登場や型紙を用いた染色の広まりにより、広い階層の人々がおしゃれを楽しむことができるようになった。また、小袖のデザインは商業出版を通じて小袖雛形本や多色摺木版画である錦絵といった、メディアの中で展開されることにより浸透した面も忘れてはならない。

本節では、江戸時代の友禅染を中心として、染色技術及びデザインを概観したが、これらはすべて職人による手仕事で行われてきた。また、染料も植物由来のものを中心に使用してきたが、この状況は明治維新を経て大きく変化することとなる。次節以降は、明治期を対象として、友禅染やデザインをめぐる状況がいかに変化したのかを述べていきたい。

二　明治維新前後の京都と染織産業

写し友禅の開発

明治維新前後の京都は戦乱による市街地の焼失、政治体制の転換、明治二年の天皇東幸という立て続いた混乱により、経済基盤が大きく揺らぐこととなった。また、京都は人口も激減することとなり、明治維新前後の京都は経済の停滞を余儀なくされた。しかし、幕末から明治期にかけて繊維関係の仕事に就く者が全体の二割にも達していた京都は染織産業が主要産業の一つであった。(6) また、染織も含めた美術工芸品の生産の多くを京都で担っていたため、経済的な打撃を主要産業で巻き返そうと近代化へ大きく舵を切ることとなった。なかでも染織産業は、受け継がれた技術に新たな工夫や西欧各国からの技術を取り入れることにより、効率的な生産基盤を整え、新たな技術・デザインによる染織製品を国内外に向けて生産していく体制を整備していった。

染織技術の近代化に欠かすことのできない項目として化学染料の開発がある。一八五六年にイギリス人化学者ウィリアム・ヘンリー・パーキンによってモーヴ（世界初の化学染料）が開発され、文久二（一八六二）年には京都へ化学染料が輸入されていたという。(7) 色数も豊富で、天然染料よりも扱いやすいことから使用が広まったものの、染料の扱い方を理解せずに染めたため粗製濫造を招く結果となった。そこで明治三（一八七〇）年に設置された舎密局の附属機関として染殿を設置し、西洋の染色技術伝習を開始した。また、明治一九年には京都染工講習所も設立され、最先端の技術を持つ技術者を養成した。(8)

江戸時代前期から中期にかけて考案された友禅染は、糊防染と色挿しによって行われ、明治初期には非常に高い技術を持つ職人が存在していたことが遺品からもよくわかる。このほか、型紙を使用した「摺り友禅」も行われ、かなり複雑なデザインを表現することも可能となっていた。しかし明治初期の友禅染は、手描きあるいは、型であれ手間と高度な技術が必要とされたため高価であった。そのため購入できる階層はごく限られた人々に留まり、多くの需要があるわけではなかった。[9] 一方で、友禅染に商機を見出した後述する千總当主の西村總左衛門ら友禅染関係者は、図案・技術ともに改良を進めていくこととなる。そして、明治一四年頃に開発された新たな技法が「写し友禅」（型友禅）である。糊の中に化学染料を混ぜた「写し糊《うつのり》」を型紙の上に駒篦《こまべら》を使って塗布し、模様を染め、蒸しの工程により色を定着させる技法のことである。写し糊は、防染と染色の二つの機能を有しているため、従来の友禅染よりも効率的かつ、多彩な色彩表現が可能となった。また、従来の型紙を用いた摺り友禅よりも職人の技量による完成度の差が少なく、均一の品質を保つことが可能となったことも忘れてはならない。

写し友禅の開発に尽力したのは廣瀬治助（一八二二―九〇）である。治助は、友禅の老舗である「千總」で挿友禅をしていたが、明治一二―一三年頃モスリン友禅を手がけた堀川新三郎（一八五一―一九一四）のもとでコチニール糊や色糊による染色技法を学んだ。[10] 廣瀬はこれを絹縮緬へ応用する研究を続け、明治一四年頃には絹縮緬へ色糊を使った写し染が完成し、その技法が普及したのである。[11]

友禅染は、手描き・摺り友禅ともに幕末には技術的に完成の域に達しており、繊細な表現が可能となっていた。そこに効率的で、ある程度の量産が可能な写し友禅の開発は、友禅染の近代化において大きな影響を与えることとなった。そして、開発された写し友禅を含めた型友禅で着物を生産するために必要とされたのが「図案」である。型友禅の場合、まずは全体の構成や配色が示された製品に近い完成図が必要とされた。これが図案であり、図案をもとに型紙を制作していく。そして、彫刻された型紙を使用して色糊が布地へ塗布され、染色される。図案という完成図を共有することにより、分業が可能となるため、型友禅には図案が必要不可欠なのである。

「図案」概念の移入

では、型友禅において必要とされた図案とはどのような経緯を経て広まった用語なのか、少し遡って用語としての図案について触れておきたい。

明治初期の日本政府は殖産興業を進める中で、美術工芸品を重要な輸出品として捉えていた。一九世紀後半から始まったジャポニスムにより、日本の美術工芸品は万国博覧会へ数多く出品された。明治政府が初めて公式参加した明治六（一八七三）年のウィーン万博は理念として「デザイン」が掲げられ、その訳語として「図案」という新しい言葉が生まれたのである。[12]

その後、明治政府は美術工芸品における図案の重要性を広め、輸出向け美術工芸品の図案改良を意図したのである。明治八年―一四年には政府主導で、輸出工芸品制作のための意匠指導図案集として『温知図録』がまとめられた。[13]日本美術工芸品の海外展開を契機として「図案」の概念が移入され、図案改良がまず政府主導で進み、それが産業界へと展開されていくのである。そして、図案は美術工芸品の完成図を描いたものとして、下絵とも鑑賞用とも異なる独自の形式で美術工芸界に浸透していくこととなった。

西村總左衛門による図案改革

さて、染織業界へ話を戻すが、「図案」という概念が一般的になる以前から制作側においても、マンネリ化したデザインを打破しようとする動きがあった。

京友禅の老舗千總は、弘治元（一五五五）年に法衣商として創業し、長らく法衣業を中心に京都で商いを展開していた。江戸時代後期には経営状態が悪化するも持ち直す。しかし、明治維新による東京遷都と廃仏毀釈により、本業である法衣業は低迷した。その一方で、幕末から三井呉服店や大丸呉服店とも友禅の取引をしていたこともあり、本業以外の商いも模索していたようである。[14]その後、明治六年に西村家の養子となった三国直篤《みくになおあつ》（一八五五―一九三五）が家督を継ぎ、一二代西村總左衛門を名乗り、友禅の図案改革へ乗り出すこととなる。[15]

一二代西村總左衛門は、マンネリ化した友禅図案を改革すべく下絵を日本画家に依頼した。現在、日本画家による下絵をもとにした明治六年頃からの見本裂が千總に残されている。千總の下絵を手がけた日本画家には、岸竹堂（一八二六―九七）、今尾景年（一八四五―一九二四）、幸野楳嶺（一八四四―九五）、久保田米僊（一八五二―一九〇六）など、近代を代表する日本画家の名前が残る。西村總左衛門は、岸竹堂に絵を学んでいたこともあり、岸竹堂の同僚や弟子らに下絵を依頼することができたのだろう。また、明治初期は西洋文化の流入により絵の注文が激減しており、困窮していた日本画家の副業的に下絵は描かれた側面もある。しかしながら日本画家が友禅染の下絵を手がけたことにより、これまでの友禅染にみられなかった写実的な表現が受け入れられた。その結果、業界が活性化され、画家が下絵を手がける風潮は染織業界に広まっていった。また、画家が下絵を手がけた絵画のような染織品は、国内外で人気を博し、万国博覧会や内国勧業博覧会へ数多く出品された。

三　図案公募の周辺

新たな図案の「公募」へ

先述した千總の西村總左衛門による図案改革や政府主導による美術工芸品の図案改革に影響を受けながら、産業界から新たな図案を創出する動き、そして教育機関の設立という形で展開していく。

千總のほかにも明治二一年には、髙島屋が画室を設け新たな図案制作を自社内で行い、製品化を始めている(16)。日本画家による下絵が人気を博し、図案の芸術性が認められはじめ、図案の良し悪しが商品の売れ行きに結びつくことが認識され始めると、図案が重要視されるようになったのである。また京都では図案に対する需要の高まりを受け、人材を育成するための教育機関が設立された。明治一三年に創立された京都府画学校を基盤として明治二二年に京都市へ移管された京都市立美術工芸学校と明治三五年に設立された京都高等工芸学校である(17)。絵画を基礎とする美術工芸学校と実業教育を目指した高等工芸学校は、デザインに関わる専門教育をすすめ、多くの人材を輩出した(18)。

また産業界では、明治二〇年代以降懸賞付き（入賞すると賞品や賞金を得ることができる）の図案公募が開催されるようになった。新たなデザインは工芸界全体に求められたものだが、特に染織の図案募集は盛んに開催された。明治二四年には髙島屋や京都美術協会の図案募集が開始され、その後も図案団体や百貨店が図案募集を開催した(19)。一方、友禅染の業界では、友禅染に携わる事業者が主体となり、明治二五年に友禅図案会（明治三〇年に友禅協会と改称。以降、本章では友禅協会）を設立し、同年から友禅図案の募集を開始した。

先述したように、廣瀬治助による写し友禅の完成により従来の友禅染よりも安価かつ、効率的な染色が可能となった。その結果、事業者から新たなデザインに対する要求や関心が高まったのである。友禅協会の図案募集は、友禅染の技術革新を通じさらなる友禅染の発展に対する要望から開始されたものといえよう。また、前年の明治二四年から開催された髙島屋や京都美術協会の図案募集も友禅協会設立に影響を与えていたとされる[20]。

製品を制作する前段階の図案が公にされることは、出版物などを除いて明治以前は一般的ではなかった。図案公募（審査による褒賞も含む）が開始されたことは、製品の生産システムや図案に対する価値観を変化させる契機となった。

友禅協会の設立とその他の図案団体

明治二五年三月に設立された友禅協会の発起人は、河合惣之助《そうのすけ》、吉岡宗次郎《そうじろう》、中西安次郎《やすじろう》、西田音松《おとまつ》の四名で[21]、事務所を明治三三年に油小路三条上ルにおいた[22]。同会は、設立した五月から明治四四年四月まで、図案改良と進歩を目的として三七回にわたり友禅図案を募集した。なお、終了した理由は「図案の進歩」という目的を達成したためとされる[23]。

友禅協会が図案募集を開催していた明治二〇年代後半以降は、図案の重要性が認識され、さまざまな図案団体が設立され、機関雑誌を刊行していくことになる。いくつか例を挙げておくと、京都では明治三一年に図案研究団体として「図案精英会」が結成され（のちの「京都図案会」雑誌『京都図案』を刊行）、明治四一年には着尺図案家の育成を目的として「京都図案協会」が設立された。東京では、東京高等工業学校の教員、在校生、卒業生を中心に「大日本図案協会」が明治三四年に結成され、機関雑誌『図按』を刊行した[24]。画家や図案家、染織業界の関係者、あるいは図案教育機関が中心となってこのほかにも多くの団体が設立され、図案に対する関心が高かったことがうかがえる。

図案団体の主な活動として、図案募集や新作図案の展覧会を開催し、図案の改良とともに図案家の地位向上を目指した。機関誌には、図案募集で入賞した図案の紹介や最新の図案、論説などが掲載された。また、海外在住の図案家が各地の最新情報を寄稿するなど、(25)図案に関わる人々にとって重要な情報源となっていたことが推測される。

以上のように、明治二〇年代後半から図案に対する関心が高まるとともに、図案を描く人々が結束し、団体を結成していった。こうした団体の多くは結成や分裂、解散を経ていて、詳細が不明な点も未だ多い。そのため、図案募集の詳細を追跡することが可能な友禅協会を事例に、明治後期における図案の展開を述べていきたい。

友禅協会による懸賞図案募集

友禅協会へ応募された図案は、現在も京都市中京区にある一般財団法人京染会《きょうぞめかい》が保存・管理する。現存する応募図案は、筆者も参加した立命館大学アート・リサーチセンターによる悉皆調査・デジタル化により約九五〇〇枚であることが判明し、それらは現在画帖あるいは紐綴じの状態で一一二冊に分けて保管される。明治期に開催された図案募集は、応募図案の現存状況があまり知られていない。また、近代の染織資料は総じて未整理、あるいは制作年が特定されていない。そのため、友禅協会の応募図案は、明治二〇年代から明治末までの図案の展開を見出すには貴重な資料といえる。

なお、第二六回から三七回は開催回ごとに応募図案がまとまっているが、第一回から二五回については、順不同で二〇冊の画帖にまとめられていた。いつ描かれたのか不明であった図案についても図案に書き込まれた数字（図1-1）と『近代友禅史』に掲載される図版や設定された画題を照合していくことにより、多くの図案で制作年を特定するに至った。(26)

現在資料を所蔵する京染会は、明治二一（一八八八）年に友禅染の職人と関係者による仲間組合を発端としている。明治三一（一八九八）年に京都染物同業組合として組織変更し、昭和一九（一九四四）年に財団法人京染会が設

図1-1　吉岡宗治郎

第12回1等賞《雪取に松竹梅》明治27年
部分拡大図「一二／一一七」と書き込みがある。
（画題は特に表記のない場合は『近代友禅史』より）

一般財団法人京染会所蔵

立された。[27] 明治三九（一九〇六）年には友禅協会が京都染物同業組合に本部を置いているため、[28] 図案資料が引き継がれたのであろう。では、友禅協会の図案募集はどのように開催されていたのか、概要をまとめておきたい。

友禅協会図案募集は、毎回募集する画題を設定し、審査員による審査を経て、入賞者が決まっていた。**表1-1**「友禅協会図案募集」には、友禅協会図案募集に関する基本情報を記載している。表からもわかるように、明治二五年から同三二年までは、年に二から三回、多いときは五回の図案募集を開催していたが、それ以降は年に一回開催されることが定着した。友禅協会図案募集の様子は、『近代友禅史』にある程度まとめられているが、当時京都で刊行されていた『日出新聞』に審査結果や展覧会の入場者数、応募枚数が掲載されることも頻繁にあった。表の「応募数」項目には新聞記事を中心に確認できた応募枚数を転記した。応募枚数の推移をみてみると、開催当初は一〇〇枚前後の応募数であったが、次第に応募枚数は増加に転じた。第一三回（明治二七年）から明治二九年の第一七回までは、一〇〇枚前半まで応募枚数が減少したものの、翌年の第一九回からは再び次第に増加に転じた。年一回の開催となった明治三三年以降は、総じて六〇〇枚以上の応募があり、ピーク時（明治四一年）には一〇〇〇枚以上の図案が応募された。[29] 応募枚数は一時的に減少する時期があったものの年々増加し、図案募集への注目度の高まり、そして図案を描くことのできる人も増加していたことがうかがえる。このように一定の応募数が毎回確保できたことも、二〇年にわたって図案募集を継続できた

表1－1　友禅協会図案募集（2019年8月現在）

回　数	和　暦	西　暦	月	画　題	現存数	応募数	タイトル・掲載月日
第1回	明治25	1892	5	桜に楓	16	131	『近代友禅史』
第2回	明治25	1892	6	松竹梅	35		
第3回	明治25	1892	8	楓菊	58	379	『日出新聞』8月5日，『京都美術協会雑誌』3号（8月28日発行）
第4回	明治25	1892	10	随意	13	200	『日出新聞』10月5日
第5回	明治26	1893	2	春草	69	—	『日出新聞』2月8日
第6回	明治26	1893	4	秋草	32		
第7回	明治26	1893	6	御殿模様	33	175	『日出新聞』6月7日
第8回	明治26	1893	8	菊と桐	49	—	『日出新聞』8月3日
第9回	明治26	1893	11	梅	36		
第10回	明治27	1894	2	牡丹	24	250	『日出新聞』2月11日・14日
第11回	明治27	1894	5	水	20	254	『日出新聞』5月19日
第12回	明治27	1894	8	雪	60	205	『日出新聞』8月8日
第13回	明治27	1894	11	春模様	6	95	『日出新聞』11月20日
第14回	明治28	1895	2	浪	34		
第15回	明治28	1895	5	秋模様	29	111	『日出新聞』5月23日，『京都美術協会雑誌』36号（5月28日発行）
第16回	明治28	1895	8	松	41	—	『日出新聞』8月9日
第17回	明治29	1896	3	松に浪	52	113	『日出新聞』3月7日，19日
第18回	明治29	1896	6	菊鶴	60	122	『読売新聞』6月21日
第19回	明治30	1897	5	雪	60	191	『日出新聞』5月18日，『京都美術協会雑誌』60号（6月1日発行）
第20回	明治30	1897	9	光琳模様	56		
第21回	明治31	1898	5	秋模様	59		
第22回	明治31	1898	9	有職模様	18	—	『日出新聞』9月28日
第23回	明治32	1899	2	杜若と藤	51		
第24回	明治32	1899	6	祝模様	0	263	『日出新聞』6月4日
第25回	明治32	1899	10	花鳥	79	—	『日出新聞』10月6日，『京都美術協会雑誌』89号（11月10日発行）
第26回	明治33	1900	9	霞	656	670余	『日出新聞』9月16日
第27回	明治34	1901	6	花鳥	552		
第28回	明治35	1902	6	古代模様	390	480余	『日出新聞』6月21日
第29回	明治36	1903	6	有職模様	831	848	『読売新聞』6月21日
第30回	明治37	1904	6	秋模様	696		
第31回	明治38	1905	5	伊達模様秋向	700	786	『日出新聞』5月21日，『図按』4巻34号（8月発行）
第32回	明治39	1906	6	芦手模様	700	700	『日出新聞』6月16日
第33回	明治40	1907	12	夏向模様	898	1180余	『京都図案』3巻6号（明治41年1月1日発行）
第34回	明治41	1908	9	冬向模様	1300	1178	『日出新聞』9月25日
第35回	明治42	1909	9	四季応用模様	735	839	『京都図案』5巻1号（明治43年1月30日発行）
第36回	明治43	1910	5	秋冬向模様	460		
第37回	明治44	1911	4	冬向模様	499		

注(1)　開催年月，画題については『近代友禅史』（pp. 137-141）を参照した。図案の現存数は筆者の調査による。
(2)　記事に具体的な応募数が記載されていない場合は，「応募数」欄を「—」とした。
(3)　「掲載月日」は，図案募集の具体的な記事が確認できた新聞・雑誌の刊行月日。
（出所）　筆者作成。

要因であろう。

図案募集を構成する人々――審査員と応募者

さて、応募された図案は審査員による審査を受けたが、審査員の構成も図案募集を継続していくことで変化が生じた。明治二五年に開催された第一回目の審査員は実業家、染織業者二名ずつで、図案家は一名の計五名による審査であったとされる。(30)しかし、明治三七年の審査員構成を確認すると変化している様子を読み取ることができる。

「京都友禅図案会の第三十回懸賞募図
第三十回の募図を秋模様と課題し本月十日を締切期限として昨今既に審査をも行たれしよし而も審査員は飯田、西治、西総、廣岡、等呉服販売問屋の向々及び金子、神阪、谷口の図案家を加へて精厳なる審査を乞はる、ことなれば必然見るに価多かりし事なるべし」（『図按』大日本図案協会編、第二七号、明治三七年六月、九頁）

審査員として髙島屋の飯田新七（四代、一八五九―一九四四）、千切屋の西村治兵衛《じへえ》（一八六一―一九一〇）、千總の西村総左衛門、無線友禅を開発した広岡伊兵衛らの呉服・染織関連業者、図案家の神坂雪佳《かみさかせっか》（一八六六―一九四二）、谷口香嶠《こうきょう》（一八六四―一九一五）、『日出新聞』（現・京都新聞）の記者であり、図案家の金子静枝《しずえ》（一八五一―一九〇九）らが審査員となっていたことがわかる。呉服に関係する審査員が四名、図案家が三名という構成であり、図案家の占める割合が高くなった。こうした構成の変化は、図案が専門の職として認知されてきたことを物語る。その一方で、呉服・染織に関連する審査員は変わらず多いことから、友禅協会の図案は呉服業や染色産業といった分野を重視した審査・募集であったこともわかる。

友禅協会図案募集の入賞者は、『近代友禅史』『日出新聞』などに掲載されることもあった。その記録を整理すると、全三七回でのべ二〇三名にのぼる。その後の足取りを追うことの難しい応募者が多いものの、大正八年に刊行

された『帝国美術家名鑑』には「京都北宗画家之部」都路華香（第一回［明治二五年］一、三、六等賞）「全国図案家之部」吉川雅喬（第二八・三二回［明治三五・三八年］入賞）、片岡北泉（第二九回［明治三六年］一等賞）中村玉舟（第三一回［明治三八年］入賞）、山本雪桂（第三五回［明治四二年］一等賞）、下村玉廣[31]（一八七八―一九二六）（第二六回［明治三三年］一等賞）などが掲載される。

友禅協会へ図案を応募した者の中には、画家としてすでに活発に活動していた人物も含まれるが、友禅協会図案募集後に図案家として活動の幅を広げていった人物や学生[32]も含まれていることが確認できているため、友禅協会図案募集が後進の育成に果たした役割も見逃すことはできないだろう。

四　明治期における図案の展開――友禅協会を中心に

さて、友禅協会図案募集の周辺状況をみてきたが、応募図案はどのように展開したのだろうか。本節では、具体的な展開をみていくために（一）入賞図案の傾向とその変遷（二）募集画題の変遷（三）写し友禅を想定した図案の増加という点から応募図案を考察する。

友禅協会の入賞図案

友禅協会において入賞図案の一部は特定できているが、一等賞を獲得した図案についてはもっとも特定が進んでいるため、一等賞を受賞した図案を中心に応募図案の展開を概観する[33]。

友禅協会の図案募集では一等から多いときでは一一等まで入賞図案が選定されたが、現存する資料にその全てが含まれているか判断することは難しい[34]。なお、一等賞を獲得した図案で現存する最も古いものは、明治二五年八月に開催された第三回の**図1－2**《菊檜扇》である。菊を背景に、小さな楓の葉を扇に見立てている。楓の葉をそのまま文様として使うのではなく、扇に見立てた点に工夫がみられる。

図1－2　谷口彌三郎
《菊檜扇》明治25年，一般財団法人京染会所蔵

しかし、図1－2も含め、図案募集が始まった当初の応募図案は、背景が無彩色のものが多数を占め、画面としても空白が多い。また、よく知られた題材を他の題材に見立てることが盛んに行われたようで、それが旧来の固定された図案から抜け出す工夫の第一歩だったようである。募集開始当初の図案は、これまでの図案を変えなくてはならないと試行錯誤していた様子がうかがえる。その成果は図案募集を継続することにより、図案の進歩として如実に顕れていった。図案募集の様子について、『日出新聞』においても以下のような記事が残る。

「懸賞図案の審査（明治二六年六月七日）
一昨々日より裏寺町妙心寺に於て友禅懸賞募集図案第七回の審査を行ひたるに、参観者は前回より一倍の増加にて、募集図案も配色及び意匠等遥かに進歩を現はしたるが、今回の応募図案（兼題御殿模様）は総数百七十五枚にて、」（句点は筆者による）

図案募集も継続していくと、記事にあるとおり、当時の人から見ても進歩した様子が伝わったのである。そして、応募図案は空白の多い構成から画面全体を使った構成へと発展し、彩色に使用される色数も増えていった。

明治二九年に開催された第一八回の一等賞図案《鶴菊立涌》（口絵三頁）は、鶴と菊を波状の曲線で構成する「立涌文様」にあてはめている。使われる題材は一般的であるが、鶴と菊のかたちを大きく変えている。その一方で、鶴の顔は緻密に描き込まれていて、くちばしが重なる様子や仰向けと俯せの鶴まで細かく描き分けていた。大胆な意匠化と写実的な表現を一枚の図案に取り込んでいるといえよう。こうした、いわゆる伝統的な題材とそのかたちに対して工夫を加えることにより、新たな図案を生みだそうとしていた様子を応募図案から読みとることができる。

図1－3は明治三四年に開催された第二七回で一等賞を受賞した《孔雀の尾に網目の牡丹》である。画面右手に大きく孔雀の尾を一本のみ配し、目をひく構成である。また、左下の画面は斜めに区切り、白を使って牡丹の花が網目のように敷き詰められる。画面中央は、大きな余白もあるが、孔雀の羽根とレースのようにも見える牡丹の花で余白を感じさせない構成となっている。また、孔雀の羽根も牡丹の花も実物の有りようとは描き方が大きく異なっているが、一目でそれと判断できる。こうした大胆な構図や題材の一部を大きく描く図案はこの頃から増加し、友禅協会では評価を受けていた様子がうかがえる。

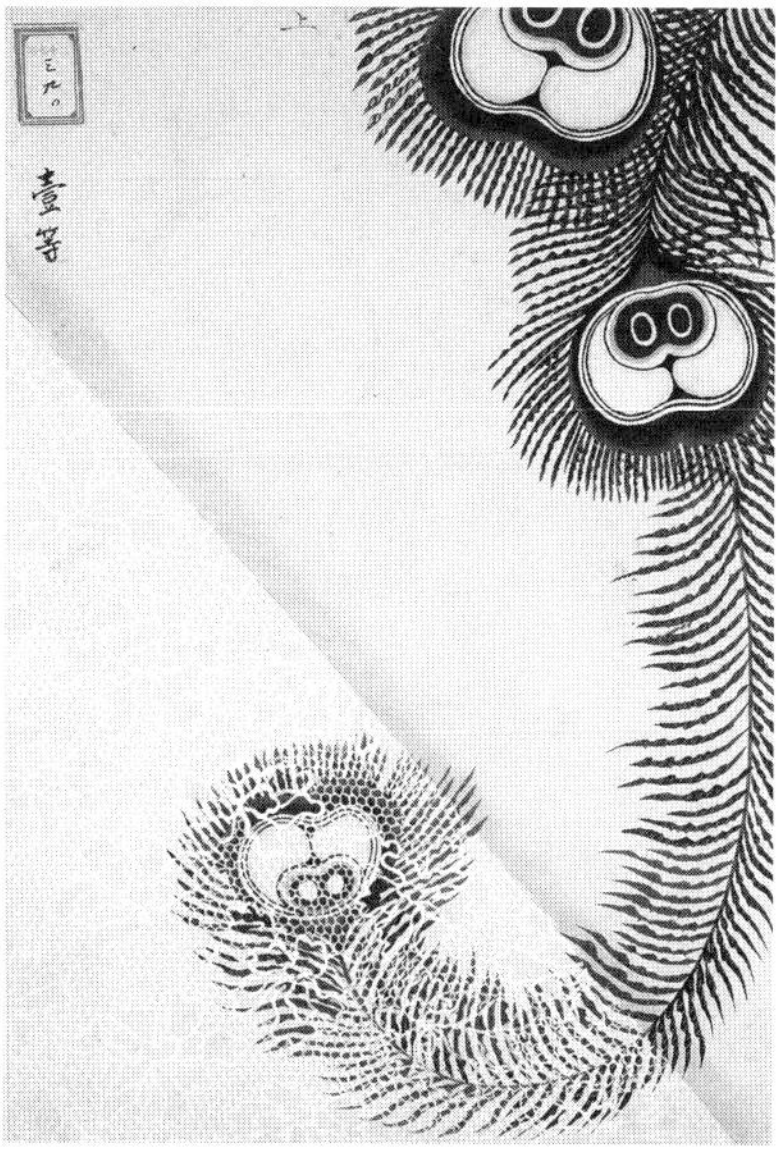

図1－3　小林玉年
《孔雀の尾に網目の牡丹》明治34年，一般財団法人京染会所蔵

さらに一〇年ほど経った明治四三年の第三六回に一等賞を受賞したのは、**図1－4**《垣に松雪花》である。松や垣、梅といった馴染みある題材を使用した図案であるが、松を大きく配して輪郭線を簡略化し、実在の色彩とは全く異なる藍や黄土色のような彩度の低い色を使って図案を描いた。また、題材の大きさも全て一定に描くのではなく、一部を大きく描いたり画面からはみ出るように描いたりして、抑揚をつけた描き方が特徴的である。

友禅協会の図案募集は、各地の図案募集に先駆けて開催されたため、応募図案を通覧すると、めまぐるしい図案の変化を読み取ることができる。こうした発展は、二〇年間図案募集を継続したことにより蓄積されたものといえよう。図案を描く

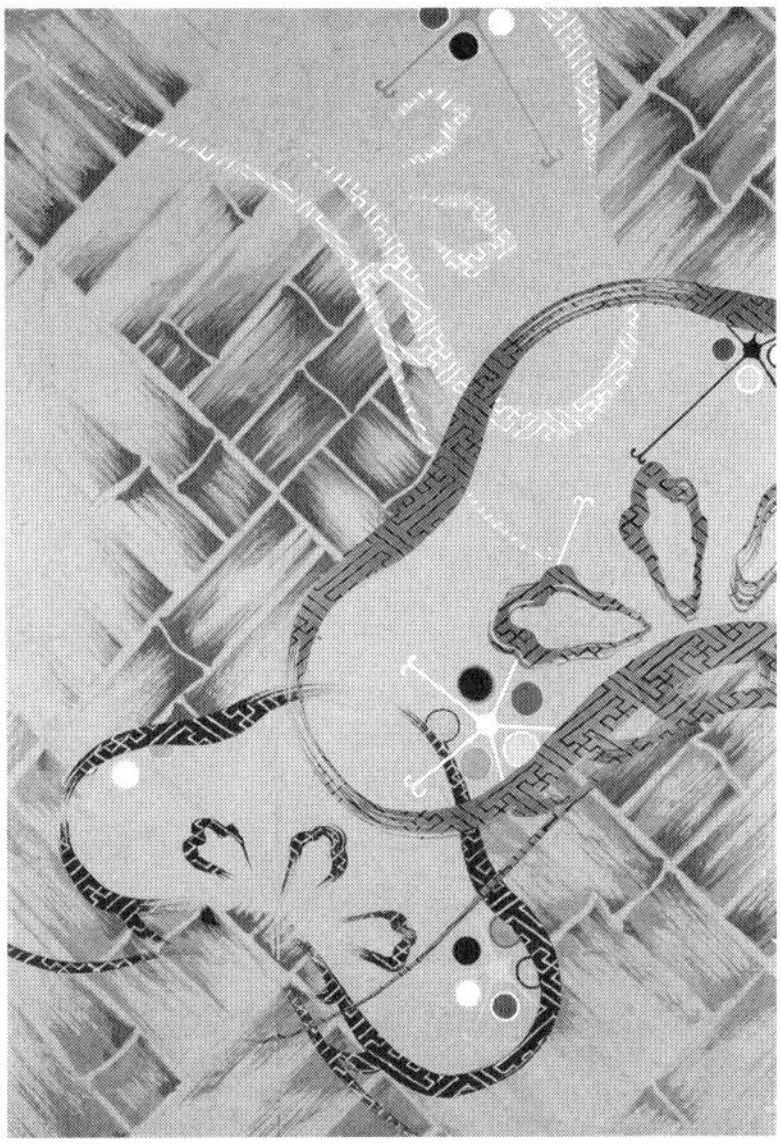

図１－４　岡田亀次郎

《垣に松雪花》明治43年，一般財団法人京染会所蔵

人々も配色、画面構成、題材の選択、描き方などあらゆる方向から試行錯誤し、図案をより発展させようとしていた。こうした創意工夫の足跡を現存する応募図案から読みとることができるのである。一方、図案に描かれる題材は、外国から新たにもたらされたであろうものも散見される。しかし、それが応募図案全体に浸透した様子は見受けられなかった。むしろ、日本で馴染みのある題材をどのように新たな図案として展開させるのかに主眼が置かれていたようである。

募集テーマの変遷

一等賞の図案を通じ、応募図案や評価の変化を読みとることができた。では、こうした変化は、どのような背景から生まれたものなのであろうか。次に募集画題の変化を取り上げてみたい。全三七回の募集画題は前掲の表の通りであるが、回数を重ねるにつれて傾向に変化がみられる。

第一回（明治二五年）の募集画題は「桜に楓」であった。桜と楓が題材として含まれるため、描く図案もかなり限定的であった。第四回のように「随意」として自由に題材を選択して図案を描くことができる開催回もあったが、募集が始まった頃は「梅」（第九回）、「松」（第一六回）など、特定の題材が募集画題として設定されていた。こうした募集画題に具体的な題材が含まれる場合、図案を描く側は図案の中に必ず設定された題材を描き込まなくてはならず、おのずと発想の範囲も限定されていたことが推測される。加えて、「梅」と画題が設定されれば、梅とともに描くに相応しい題材もある程度制約を受けることになってしまうだろう。また、画題の内容も前代までのいわゆる「伝統的な」画題が目立つため、図案の発展を目的としつつも、募集画題が旧来から脱却できずにいた感がある。しかし、明治三〇年の第二〇回頃からは、画題の設定に変化が見受けられるようになる。すなわち、画題の中に具体的な題材が設定される割合が低くなっていくのである。

明治三一年に開催された第二一回では募集画題を「秋模様」とし、続く第二二回は「有職《ゆうそく》模様」、明治三八年は「伊達模様秋向」としていて、画題の示す範囲が広くなっていく。「伊達模様」と設定された回では、応募された図案が市松文様や槌車、波、葵の葉、匹田など、器物や植物、幾何学文様など用いられた題材は様々であった（**口絵三頁**《市松槌車》）。画題から特定の題材を除くと、図案を描く側は題材にとらわれず、図案を自由に描くことができるようになった様子がうかがえる。加えて題材の幅が広がることで、図案の表現の幅も広がったように見える。また、図案を募集した友禅協会側も、具体的な題材を盛り込まない画題設定により、自由な発想から生み出された図案を募集する方針へ転換したと考えられる。こうした図案募集の画題設定の変化は、明治四〇年以降さらに進展した。

明治四〇年の第三三回以降は、画題に夏向、秋向といった形式で、全ての開催回で募集画題が季節に即したものとなった。季節が画題に含まれる開催回は、明治二七年（第一三回）「春模様」や翌年の第一五回「秋模様」などにも確認できるが、これは数回に留まっている。一方、明治四〇年以降は毎年「夏向」など、あえて「向ける」という表現を使いながら季節にふさわしく、かつ先取るような図案を募集している。「冬向模様」を例に挙げると、第三四回は明治四一年の九月に、第三七回は明治四四年の四月に開催し、季節をそれぞれ先取るようなかたちで図案を募集した。なお、明治四〇年以

図1－5　作者不詳
第三三回七等賞　明治40年，一般財団法人京染会所蔵

前の募集でも第一九回「雪」は五月に、第二一回「秋模様」は五月に開催しているため、季節を先取る意識が全くなかった訳ではないだろう。しかし、季節を先取るという意識が如実にあらわれてくるのは、明治四〇年以降の募集とみてよいのではなかろうか。こうした季節を先取りした画題設定は、単純に季節を感じさせる図案ではなく、ある季節に着用するにふさわしい、その季節へ「向けた」図案を描くよう促した。明治四〇年の第三三回「夏向模様」に応募された図案には、紫陽花や向日葵の花が描かれるなど（図1－5）、季節を強く意識した図案が応募されたことを読みとることができる。明治四〇年を一つの境として友禅協会では、募集画題に夏や冬などと限定して図案を募集していることからも、画題設定に対する意識が変化し、具体的な題材よりもむしろ季節を重視しはじめたと考えられる。(35)

写し友禅のための図案

図案の描き方や構図の変化、あるいは募集画題の傾向の変化とともに、図案を描く際に想定する技法の変化も応募図案からうかがえる。

明治二五年から三五年の応募図案では、全体的に色の濃淡が図案の中で表現されている。例えば先掲の**口絵三頁**《鶴菊立涌》（明治二九年）では、鶴の胴体が白から薄くなる表現や水色から紫へと段階的に色が変わる暈かしの表現が採用されている。しかし、明治三六年以降の応募図案をみていくと色の濃淡による表現は減少し、明確な色彩表現を採用する図案が増加していく。例えば、**図1－4**（明治四三年）に描かれる松は色の境界が明確であり、他の応募図案においても暈《ぼ》かしの表現はほとんど見られなくなる。また、同図の松のように太い輪郭線による表現が増加していく。こうした表現方法の変化からは、想定する技法の変化を指摘することができよう。

江戸時代以来継続されてきた型友禅として型紙の上から染料を直接すり込む摺り友禅という技法がある。型紙を使用するが直接染料をすり込むため、職人の技術により色の濃淡を調節することもでき、明治初期には手描友禅と同程度の染色技術があったといわれる。(36)その一方で、写し友禅は型紙の上から色糊を均一に塗布するため、明確な色彩表現が特徴的である。そのため、明治三五年頃からの応募図案の表現方法の変化からは、摺り友禅を想定した図案から写し友禅へと転換していく様子を読み取ることができるのではなかろうか。また、手描友禅では糸目糊をより細く置く表現が求められたが、写し友禅の場合は防染糊を含む色糊が型紙の上から塗布されるため、細い輪郭線よりも写し友禅特有の表現を求めていった結果、太い輪郭線へと展開していったと考えられる。**図1－4**のように太い輪郭線を一部掠れさせたり、輪郭線の上からさらに紗綾形と呼ばれる文様を表現したりすることは、写し友禅ならではの表現といえよう。

続いて、絣ふうの友禅図案について考えてみたい。絣は、布地を織る前にデザインに沿って染め分けた糸を織り上げ、様々な文様を表現する先染織物である。久留米や備後、伊予などの江戸時代から絣の産地として知られる地域の製品は、明治一〇年以降大流行したとされる。(37) また、伊勢崎や足利など絹織物の産地では、節のある太い生糸（玉糸）や屑糸の一種（熨斗糸）を用いて銘仙が明治二一年頃売り出された。(38) そして、明治三六年の第五回内国勧業博覧会に出品された絣の染織品を集めた『絣之泉』（一九〇四年、同仁社）に代表されるように明治三七年から三九年にかけてとりわけ縞絣図案への注目が集まった。(39) このほかにも図案集『縞とかすり』（古谷雪山、山田芸艸堂、一九〇五年）等も刊行されるなど、絣の持つ独特の風合いに高い関心を示していたことがわかる。

こうした絣に対する人気が高まるなか、先染織物である絣は後染の製品にもその風合いが表現されていくこととなる。明治期から大正期にかけて仙台地方で生産された木綿型染物（後染）である常磐紺形染のなかにも、絣文様の型紙が含まれていることが報告されている。(40) 友禅染も後染で制作されるが、型友禅を用いることにより、絣織物独特の絣足（織り上がった時の文様のずれ）も型紙の彫刻によって再現することが可能となる。先述のような明治後期における絣の人気から、**口絵三頁**《絣式流水に菊》のような友禅図案が応募され、入賞したのである。また、《絣式流水に菊》にみるように、友禅図案における絣の表現は先染の絣織を染で再現するだけではなく、織では表現することの難しい斜めの構図を採用している。そのほかにも、図案の一部にのみ絣風の表現を取り入れるなど、染でしか表現することのできない絣表現を巧みに図案に取り込みながら、新たな図案を創出していた様子がうかがえる。友禅協会へ応募された図案のなかに見られる絣表現は、明治三〇年代後半ころから少しずつ見出すことがで

図1-6　片岡北泉
《大内裂》明治36年，一般財団法人京染会所蔵

きる。明治三六年の第二九回には図1-6が一等賞を受賞しており、徐々に絣表現が友禅図案の中にも登場し、かつ評価されたことがうかがえる。

友禅協会における明治四二年の図案募集では、入賞図案として先掲の《絣式流水に菊》のほかに《絣式大椿に柳》《絣の篭目に桐》《絣のふき》《絣の松皮取牡丹》を確認している。(41) なお、これらの図案は現存し、いずれも絣表現が含まれていることを確認した。明治三〇年代後半から応募図案には絣表現が散見されるようになるが、ピークが明治四二年であった。(42)

以上のように、友禅協会へ応募された図案の展開を概観した。入選図案を通じて、図案の構図や画題の選択に変化が生じてきたことに加え、徐々に写し友禅向けに図案が描かれるようになっていく様子を紹介した。友禅協会の図案募集が、写し友禅という技法の浸透とともに展開され、図案を応募する人々は写し友禅の技法を念頭に、試行錯誤して表現の幅を広げていったのである。

おわりに

本章では江戸時代を始点として、小袖・着物のデザインを創出する構造が変革された様相を図案募集という視点から論じた。

明治維新による京都の経済的打撃は大きく、主要産業である染織業が技術を革新し、マンネリ化を打破していかなくてはならないという相当な危機感を持って様々な改革が進められた。万国博覧会を契機として造語された「図案」という用語は、京都の染織業界へ大きな影響を与えることとなった。特に、本章で取り上げた図案の公募は、規定されたテーマに沿った図案を描いて応募し、それを審査員というあらかじめ定められた人々が評価し、評価を受けた図案は褒賞されるという全く新しいシステムであった。図案募集の登場により、個人の好みではなく規定された枠組みの中で図案を描くことが求められるようになったのである。こうした仕組みが整っていくことにより、製品になる前の図案が価値を持つという前代とは全く異なる状況がつくりだされていった。

明治二五年から四四年まで京都において開催された友禅協会の図案募集では、図案を描く人々が試行錯誤しながら新たなデザインを創出していた様子が応募図案からうかがえた。しかし、応募者だけが試行錯誤していた訳ではなく、募集画題を変化させていたことは、募集側の求める図案が変化していたことも示している。また、写し友禅という新たに開発された技法が応募図案に与えた影響も大きかったことが推測される。

図案募集は友禅協会以外にも多数あり、それぞれに特徴があるため、さらなる調査を通じて明治期における染織図案の全貌を明らかにする必要がある。図案は染織技法を十分に理解していなくては描くことができないものであり、技法の特性やその強みを取りこみながら描かれた図案からは、並々ならぬ図案に対する熱意が垣間見えることだろう。

（加茂瑞穂）

注

（1）本章では、明治期に開催された懸賞つきの図案募集を主題とするため、当時の呼称にしたがい紙に描かれたアイデアを「図案」と称し、それ以外を「デザイン」と称することとする。
（2）丸山伸彦編『江戸のきものと衣生活』小学館、二〇〇七年、七二頁。
（3）『江戸のきものと衣生活』七〇頁。
（4）長崎巌「日本の型紙染の発生と展開に関する一考察」『共立女子大学家政学部紀要』五三、二〇〇七年、三七―三八頁。
（5）丸山伸彦『文様の流行とスター絵師　江戸モードの誕生』角川学芸出版、二〇〇八年、一一八頁。

(6)『近代京都染織技術発達史』京都市染織試験場、一九九〇年、五頁。
(7)『近代京都染織技術発達史』二二頁。
(8)「染殿」(青木美保子) 並木誠士・青木美保子編著『近代京都美術工芸のネットワーク』思文閣出版、二〇一七年、二五〇頁。
(9) 西村總左衛門は「維新前は友禅といふては公方、諸侯、または御所方の御召用より外は余り用ひませず、町方にては三井とか鴻池とかいふ富豪が婚礼の際に用います位でなか〱とうとい物であったので」と述べている(村上文芽『近代友禅史』芸艸堂、一九二七年、三六頁)。
(10) 貫秀高「広瀬治助と堀川新三郎　染色業の近代化　型紙友禅の完成と機械染の導入(その二)」『京染と精練染色』京染・精練染色研究会、二九(二)、一九七九年、六九―八一頁。
(11)「廣瀬治助」(青木美保子)、『京都　近代美術工芸のネットワーク』二四八―四九頁。
(12) ウィーン万国博覧会参加に関わる組織にいた納富介次郎(一八四五―一九一八)によって造語されたといわれている。また、当初は「案」ではなく、「按」の字を用いていたという。榧野八束『近代日本のデザイン文化史』フィルムアート社、一九九二年、五六―五七頁。
(13) 東京国立博物館編『明治デザインの誕生――調査研究報告「温知図録」』国書刊行会、一九九七年、一三頁。
(14) 加藤結理子「千總友禅の誕生」『千總四六〇年の歴史　京都老舗の文化史』京都文化博物館、二〇一五年、八九―九一頁。
(15)「西村總左衛門」「千切屋」(青木美保子)『近代京都美術工芸のネットワーク』二二六―二二九頁。
(16) 明治二七年に「美術工芸考按部」を設けたとある(黒田譲『名家歴訪録』合資商報会社、一八九九年、三一七頁)。
(17) 東京美術学校では一八九六年に図案科を、東京工業学校に工業図案科を一八九九年に設置した。
(18) 並木誠士・松尾芳樹・岡達也『図案からデザインへ　近代京都の図案教育』淡交社、四―一二頁。
(19) 神谷栄子「『明治の写友禅』――千総の見本裂調査を主として」『Museum』、六九・七一、一九五六―五七年、各二七―三一頁・藤本恵子「近代染色図案の一考察――高島屋資料館所蔵友禅裂地から」『朱雀』六、一九九三年、一〇一―一一二頁など。
(20)「図案懸賞募集が京都美術協会に依て行はれ、友禅染業者の図案に関する注意は次第に濃厚になり、遂に友禅業者の有志が友禅図案会今の友禅協会を起した」『近代友禅史』一一一―一一三頁。
(21) 中西以外は友禅協会へ図案を応募し、入賞経験がある。友禅染の関係者でかつ図案を描くことができた人物であったことがうかがえる。また、吉岡宗次郎は明治二七年に開催された第一二回で一等賞を獲得した。

(22)『近代友禅史』一一三―一一四頁。
(23)『近代友禅史』一二二頁。
(24)緒方康二「明治とデザイン―大日本図案協会と雑誌『図按』」、『夙川学院短期大学紀要』三号、一九七八年、一―一八頁。
(25)『京都図案』第二巻二号（京都図案会、一九〇七年五月）には京都美術工芸学校図案科を卒業した福島健三が「意匠図案」と題した記事を執筆していた。記事には、フランスの事情を報告した上で、輸出向けに適した意匠図案を考案するには、各国の嗜好や生活スタイルを研究した上で考案するのが得策と述べている。
(26)第一回から二五回に応募された図案の制作年特定の詳細は、拙稿「財団法人京染会蔵友禅協会の図案について――明治期における友禅図案」『服飾文化学会誌〈論文編〉』一二、服飾文化学会、二〇一一年、五九―六九頁、を参照されたい。
(27)京染会の沿革はホームページを参照した（二〇一九年八月三〇日閲覧。）〈http://www.kyozomekai.or.jp/about/index.html#enkaku〉。
(28)『近代友禅史』、一一三頁。
(29)『日出新聞』（一九〇八年九月二五日）。
(30)『近代友禅史』一三〇頁。
(31)『元禄風流明治振』（一九〇五年）『かさねころも』（一九〇八年）ほか図案集を多数刊行、染織向け図案を得意とした（『近代図案コレクション下村玉廣　玉廣画集・大典図案』芸艸堂、二〇〇四年）。
(32)第二四回（一八九九年）の入賞者には、京都市立美術工芸学校学生が二名いたことを確認している。詳細は拙稿「明治期京都における染色デザインの展開――友禅協会応募図案を中心に」並木誠士編『近代京都の美術工芸』思文閣出版、二〇一九年、三五一―七二頁。
(33)応募図案の展開に関する詳細は拙稿「友禅協会の図案にみるデザインの変化――第一回から第二五回を中心として」『アート・リサーチ』一四、立命館大学アート・リサーチセンター、二〇一四年、一九―三〇頁、及び「友禅協会応募図案にみる明治後期の染色意匠――第26回から37回を中心に」『アート・リサーチ』一八、三―一三頁、を参照されたい。
(34)『近代友禅史』には一等賞の図案が一部写真で掲載されているため、現存資料を特定した。現存する一等賞図案は『纏う図案――近代京都と染織図案 I』（岡達也・加茂瑞穂編著、京都工芸繊維大学美術工芸資料館発行、二〇一七年）にカラー図版で掲載している。
(35)金井光代「明治～大正時代の〝衣服における季節感表現〟の出現と普及の過程」『服飾文化学会誌〈論文編〉』一五、五一―六八頁。金井氏は、大手呉服店が「〝季節の変わり目こそ新しい衣服の買い時である〟と広告戦略を駆使した」と述べている。こうした商業界の動きは、友禅協会図案募集の画題設定にも影響を与えたことが推測される。
(36) 青木美保子「写し友禅」『近代京都美術工芸のネットワーク』二五三頁。
(37)『絣の文化史』、「近年薩摩飛白（かすり）が流行するより、諸所にて擬ひの品がたくさん出来ますが（以下略）」といった絣に対する人気がうかがえる記事を確認できる（『読売新聞』一八八一年二月一八日）。
(38)『伊勢崎織物同業組合史』一九三一年、二頁。
(39)『京都のモダンデザインと近代の縞・絣』京都工芸繊維大学美術工芸資料館、二〇〇九年、七頁。
(40) 川又勝子・佐々木栄一「常磐紺型の文様——絵絣文様について」『東北生活文化大学・東北生活文化大学短期大学部紀要』四〇、二〇〇九年、四九―五三頁。
(41)『近代友禅史』一四〇―一四一頁。
(42)『近代友禅史』（一四一頁）には明治四四年の入賞図案として《絣の乱菊》《絣竹格子に菊》《大竹に絣の桐》が掲載されているため、依然として絣が人気を博していたことがうかがえる。

参考文献

神野由紀『趣味の誕生―百貨店がつくったテイスト』勁草書房、一九九四年。

宮嶋久雄『関西モダンデザイン前史』中央公論美術出版、二〇〇三年。

京都文化博物館『千總コレクション　京の優雅～小袖と屏風』二〇〇五年。

藤本恵子「流行・創造のエネルギー」『歴博』一三二号、二〇〇五年。

藤岡里圭『百貨店の生成過程』有斐閣、二〇〇六年。

国立歴史民俗博物館、岩淵令治『「江戸」の発見と商品化　大正期における三越の流行創出と消費文化』、二〇一四年。

岩淵令治「明治・大正期における『江戸』の商品化　三越百貨店の『元禄模様』と『江戸趣味』創出をめぐって」『国立歴史民俗博物館研究報告』第一九七集、二〇一六年。

国立歴史民俗博物館『身体をめぐる商品史』、二〇一六年。

平光睦子『「工芸」と「美術」のあいだ　明治中期の京都の産業美術』晃洋書房、二〇一七年。

樋口温子「明治末期における着物図案の近代性——『元禄模様』を中心に——」『美術史』一八六号、二〇一九年。

近代日本の身装電子年表　二〇一九年八月三〇日閲覧〈http://htq.minpaku.ac.jp/databases/mcd/chronology.html〉。

第二章　縞木綿の脱ストライプとデザイン戦略

はじめに

主に上級品の絹帯地や糸織に駆使されたジャカード機（紋織装置）を用いない大衆向けの先染め平織製品にあって、明治後期に近世以来のストライプ[1]（縞柄）を脱する新しいデザインの追究が官民双方から熱心に行われ、略服用テキスタイルのデザイン性が飛躍的に進化した。近代の織物業界の変動と再編はデザインに大きく起因していたとみることができる。

本章は、明治末〜昭和初期に実用的なファッション・テキスタイルとして登場した瓦斯縞絣（上級木綿）、新銘仙（絹綿交織）、銘仙（低級絹織物）の準シルク三大製品の脱ストライプ＝デザイン（織柄）変革の動きに注目し、それを可能にした「デザイン」戦略（デザイン変革のための経営戦略）の軌跡を追う。

一　目新しきものを織られたし——脱ストライプとデザイン変革

脱ストライプとデザイン要素

都市市場でストライプ柄が飽きられる明治後期、平織主体の縞木綿業界では縞と絣の併用柄や絣線による擬曲線表現が試みられ、旧来品に代わる目新しいデザインが強く求められた。とりわけ、縞木綿のうち細番手瓦斯糸《がすいと》（八〇〜一〇〇番）の双糸《そうし》（諸撚糸《もろねんし》）遣いの双子織《ふたこおり》（縞絣）や絹綿交織（新銘仙）などの上級品種においては、ストライプ細線に短い絣線を組み合わせる併用柄か、あるいは短いストライプ線と絣線の双方を駆使して、擬曲線模様を表現

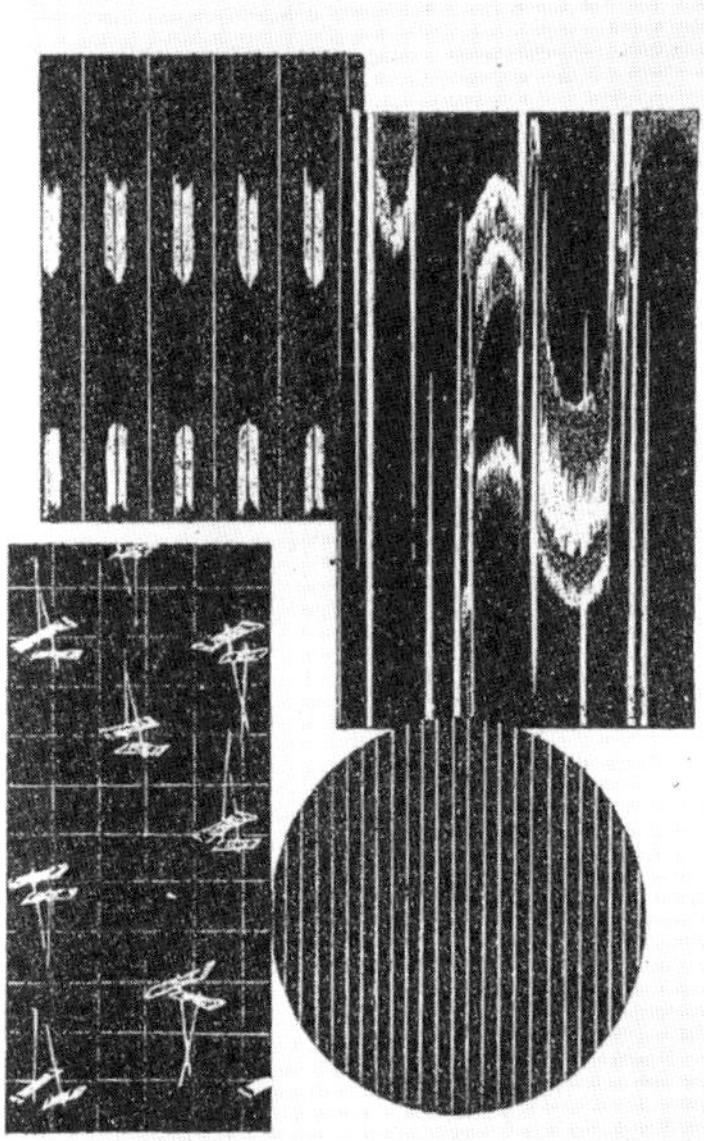

図2－1　『縞くらべ』の優秀図案（飯田呉服店, 1906年）

する技法が積極的に試みられた（田村 二〇一六）。上級木綿や絹綿交織でも、低級絹織物の銘仙とあいまって、百貨店が流行創出を企図して募集・発案する絹織物の上・中級品（御召縮緬、糸織など）の流行デザインに追随しようとする動きが出現した。

縞木綿の脱ストライプをめぐって、大小（細太）のストライプ線に短い絣線を組み合わせる絣併用の初期的デザインを見出せるのが、明治三六（一九〇三）年に開催された第五回内国勧業博覧会に埼玉織物同業組合（浦和町）から出品された「瓦斯絣」（上級綿糸の瓦斯糸を用いた縞絣）である（**口絵七頁**）。同サンプルは、それまで化学染料を駆使し多彩な縞糸と配色の濃淡を使い分ける縞柄のバリエーションを実現するも、ストライプ基調であった双子織の改良品種として試作されている。縞木綿に潜在するデザイン性を大きく引き出す、後年に「縞絣」と呼ばれる新製品であった。茶系の地色の部分が多い「地空《ぢあき》」に金色系の細線（細縞糸）と白の極太線（細線による棒縞）を配してストライプ構成を相対化し、細線と細線すなわち棒状の極太線と同間隔の白絣線を経緯《たてよこ》の一部に巧みに交差させている。上級木綿の双子織の脱ストライプは、まずは縞糸の配列バリエーションによる縞模様の相対化をもとに、そこに絣線による補助的な空間構成を組み入れ、小気味よい変化とリズム感をあたえる表現となった。

第五回内国博の二年後の明治三八（一九〇五）年一一月、各種の懸賞図案の全国的募集を行っていた高島屋は「縞絣」の懸賞募集（「全国縞絣図案懸賞募集」）を実施し、この応募の成果を『縞くらべ』（飯田呉服店、一九〇六）という二巻の冊子にして販売した（藤岡 二〇〇六）。**図2－1**は同冊子に収録された優秀図案の一部であり、絣併用

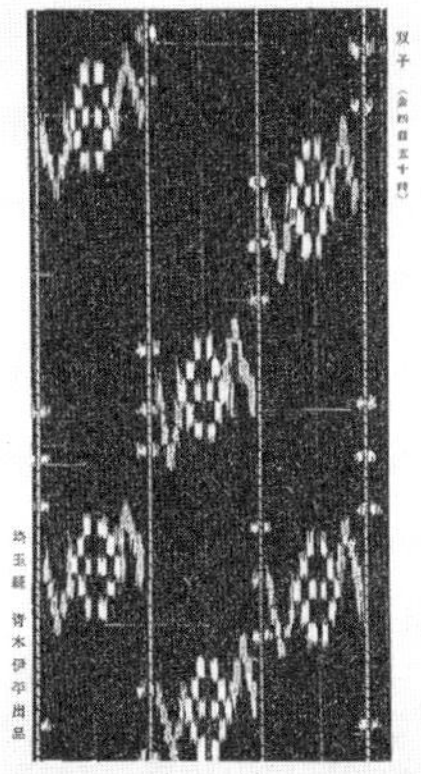

図２－２　縞絣（瓦斯双子，埼玉県北足立郡産）（『長野県主催一府十県連合共進会審査復命書』，1909年）

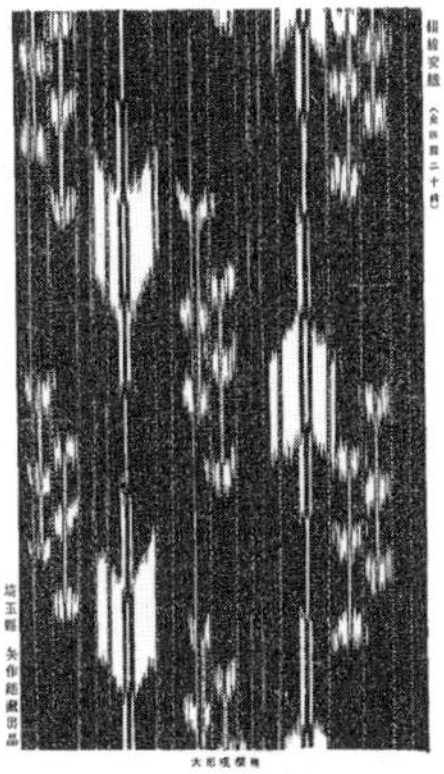

図２－３　縞絣（絹綿交織，埼玉県北足立郡産）（『長野県主催一府十県連合共進会審査復命書』，1909年）

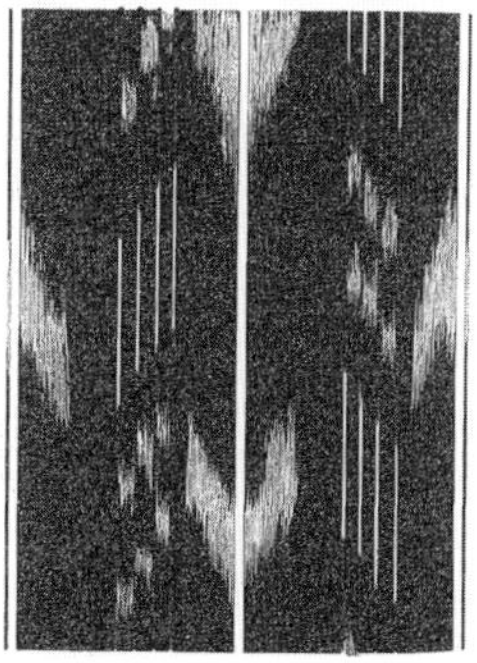

図２－４　縞絣（木綿，三重県産）（『愛知県主催第十回関西府県連合共進会審査復命書』，1910年）

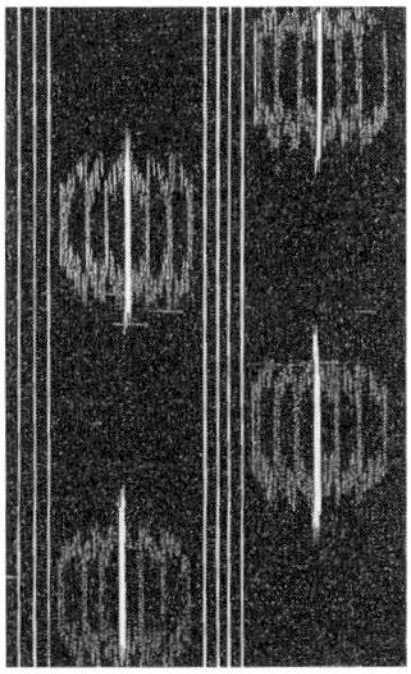

図２－５　糸織（絹縞，東京府南多摩郡産）（『長野県主催一府十県連合共進会審査復命書』，1909年）

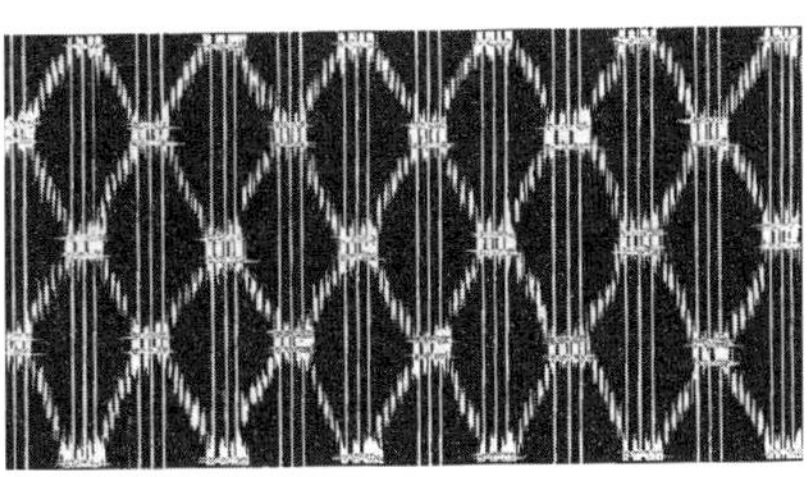

図２－６　銘仙（太織縞，埼玉県秩父郡産）（『長野県主催一府十県連合共進会審査復命書』，1909年）

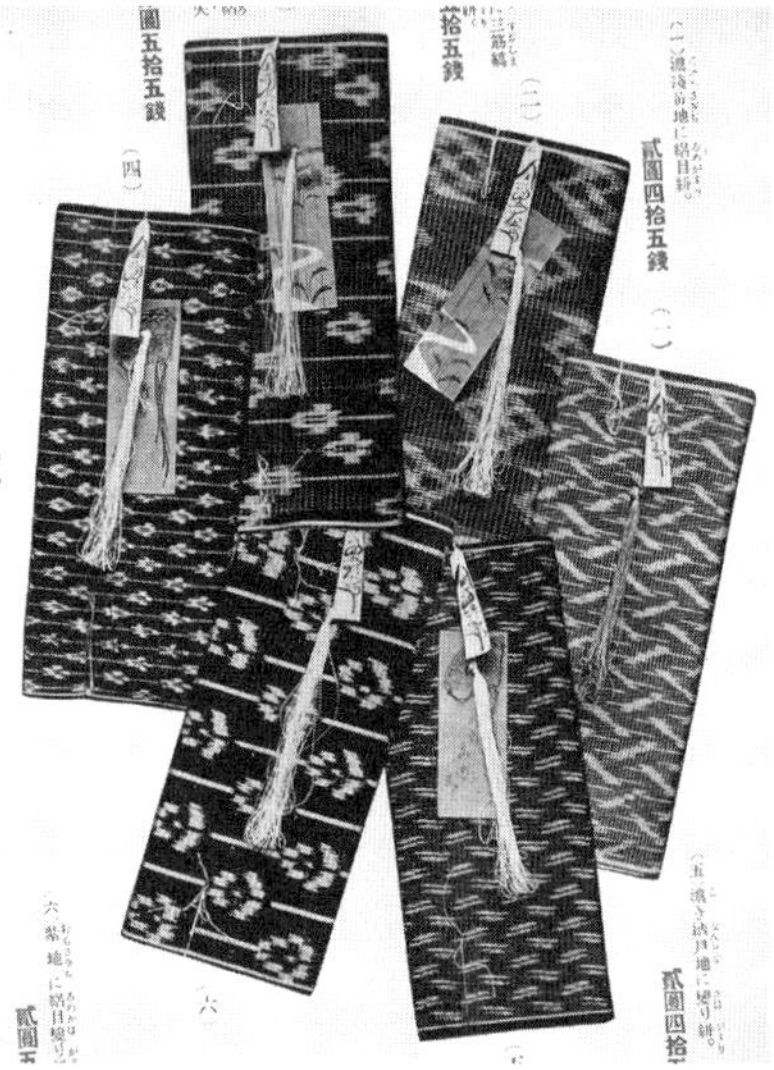

図2-7　瓦斯御召の縞絣（白木屋『流行』，1909年6月号）

デザインによる瓦斯（縞）絣と共通する特徴が看取できる。それゆえ、この懸賞募集を実施した髙島屋のねらいが、絹・綿の種類を問わない縞物の斬新な変化デザインの提案にあったことが明らかとなる。三越に先んじ上級木綿をもふくみこむ縞柄のデザイン変革をもくろんだものだが、中ないし下級の絹織物のうち紋織用のジャカードを用いない平織の絹縞にあっても、上級木綿以上に革新的な縞柄や変化柄が求められていたのである。もはや「縞」と「絣」は別々のものではなく、縞絣が明治後期に縞物のデザインを抜本的に変革する初発的な存在として主に着尺地に登場する。

その後、縞模様の相対化のための補助的なバリエーションにとどまっていた絣併用デザインは、明治末期に縞と絣模様が併存するコンビネーション的なデザインに進化する。内国博覧会に代わって明治末～大正初期に開催された府県連合共進会には、各地の関連業者から縞および絣の併存デザインのみならず、絣線を駆使する擬曲線模様の表現に挑戦する製品が多数出品された。脱ストライプに腐心・集中したのは双子織や絹綿交織だけではなかった。銘仙や糸織などの中・下級絹織物にも短い絣線を駆使する擬曲線模様が積極的に取り入れられ、総じて平織製品が多い上級木綿と下級絹織物の変動要因がデザインにあったことが知られる（**図2-2～6**）。**図2-7**は、白木屋呉服店が発行した情報誌「流行」（一九〇九年六月号）に掲載された瓦斯御召（絹綿交織）の反物（六点）である。縞絣デザインが駆使されているが、一反の価格は二円四五銭～五五銭と低く抑えられている。ストライプを脱する新デザインの探求が、都市市場においてファッション性を求められはじめた準シルクの平織製品の生命線になっていたといえるだろう。

デザインの認識と図案調製

いっぽう、織物業界の変動と再編がデザインに起因して進行していた事実をうかがわせるものに、府県立の工業・染織学校での図案科新設や府県図案調製所の設置がある。早期の事例として、明治三五（一九〇二）年に県立工業学校を設立した愛知県は二年後（一九〇四）に県費による染織技師と意匠図案調製技術員を設置している。(2)愛知県当局による同県織物業界に対する同四二（一九〇九）年度の勧業奨励費（約四三五〇円）の大半は「意匠費」（約五〇％）に振り向けられ、残りが「品評会褒賞費」（約二五％）と「染織奨励費」（約二五％）に充てられた。(3)関東地方では明治三九（一九〇六）年に栃木県図案調製所が足利町の県立工業学校内に設立され、(4)埼玉県でも同四三（一九一〇）年に県図案調製所が川越染織学校内（四一年設立）に設置されるのを機に、同校図案科が新設された。県費で意匠図案の専門家（図案技師）が配置され、公的機関の図案調製所と染織学校図案科が製作した織物図案が民間業者に陳列・配布されていった。(5)産地業界へのデザイン支援が、府県当局による監督指導の重要業務となる。

図案調製をめぐる民間部門への公的支援は、機械設備などの近代化をめぐるハード面のみならず、近代期の織物業界がデザインというソフト面の重要課題に早くから直面していたことをよく示している。デザイン史の視点に立つと、化学や機械生産への対応として立ち現れる在来織物業の近代化が、製品の質を左右するデザイン要素に対する認識重視の変化であったことが明らかとなる。しかし、京都や大阪など流行をリードする主要集散地＝都市市場の変化に機敏に対応した愛知県などに一歩出遅れたのが、幕末・明治前期に双子織と絹綿交織の開発で全国的地位を築いた埼玉県であった。

当時、埼玉県産は上級木綿や絹綿交織が投入される都市市場においては主に愛知県尾西および栃木県足利産地と競合していた。加えて、旧来的なストライプ柄の需要が残存する地方市場でも、当該二産地のほか静岡県遠州産地の参入によって並物（普通品）レベルの競合が激化した。明治後期になると、埼玉県産はデザイン指向を強める都市市場での後退を余儀なくされるだけでなく、地方市場でも産地間競合の煽りを強く受けていた。埼玉県において全国有数の縞木綿産地であった埼玉織物同業組合（本部・浦和町、北足立郡と入間郡東部）と絹綿交織産地の武蔵織物業組合（本部・所沢町、大正一二年に所沢織物同業組合と改称、入間郡西部）はいずれも業績不振が顕在化する。

この状況下、埼玉県知事の告諭（「織物改善励行方」）が発布される。[6]近年の県下の綿織物業界が蒙っている打撃はたんに経済界一般の不況によるものではなく、他産地との競争激化の中で粗製濫造による製品の品質低下に起因しているとの状況認識が示され、警告が発せられたのである。明治四一（一九〇八）年一一月二八日のことであった。告諭発布の一ヵ月前（同年一一月二三〜二五日）、武蔵織物および埼玉織物同業組合の代表者によって県議会筋に賃織業者の取締に関する陳情が行われ、この陳情の窓口役となった入間郡選出議員が「本県織物改良発達ニ関スル意見書」なる建議案を県会に提案していた。[7]この建議案が可決されると、織物改良に関する意見書がただちに県知事に建議されて上記の告諭になった。

県知事の告諭には、県会に働きかけた二つの織物組合の要職にあった有力織元層による問題状況の把握が直截的に採用されている。北足立・入間両郡下で生じていた粗製濫造の弊風、具体的には賃織業者が織元から配給される緯糸を窃取する悪弊を織物の品質低下の主たる理由とするのが、彼ら産地業界を代表する織元層の主張であった。販路低迷による業績不振の主因を、過当競争に起因する小生産者の粗製濫造の弊風に見出す上位者的な立場が示されている。しかし、織元層の陳情を受けもった入間郡選出議員（会田亀太郎）が中心となって立案し県会議長名で県知事に建議された意見書には、織物業者が直面していた当時の重大な局面がより客観的な状況認識として記されていた。

意見書は、産地間競合により販路が圧迫されている目下の苦境に対し当局は速やかに何らかの具体的な監督奨励策を講ずる必要性があると主張するが、業界が直面するソフト面の実態と課題をより正確に認識していた。すなわち、販路圧迫の理由について、「然レドモ其原因タル一時の経済的関係ニアラスシテ、製造物ノ品質劣等等染色ノ不完全縞柄ノ平凡ニ帰着シ、為ニ濃尾地方ノ物品ニ圧倒セラレ」[8]たとの説明を加え、埼玉県産が染色不完全で縞柄平凡のために濃尾・両毛製品に圧倒されていたとの状況認識を表明する。製品を関西市場に輸送するも東京市場に差し戻されていたとの言及もなされ、[9]それが東北・北海道などの地方市場向けとして再移出されていたことをうかがわせる記述であった。

要は、流行重視の関西市場で埼玉県産の品質評価が低下したのは「染色ノ不完全」と「縞柄ノ平凡」に起因するものであった。二つの欠点は、いずれも賃織業者の弊風というよりは織元層自身が有していた経営管理上の問題点にかかわるものであったが、デザイン要素に関する欠点として業界関係者に認識され自己表明された点が重要である。ソフト面での技術的制約が地方業界内で意識され、それが県当局の政策担当者に勧業上の要点として共有化され具体的施策として浮上していくからである。

デザインと勧業政策

かくして、埼玉県会の織物改良に関する建議を採用した県知事はただちに上記の告諭を公布し、保護奨励策の基礎資料を作成するため県下の織物業界の実態調査を行わせた。この調査結果をもとに、埼玉県知事は明治四二（一九〇九）年度の通常県会において経常部勧業費中に図案調整費の新設を提案した。この結果、県会での可決を受けて、県当局は川越町の県立染織学校内に図案調製所（技師一名、技手四名）を設置し、遅れていた意匠図案の指導・奨励に着手する。[10] 埼玉県における賃織業取締規則の発布は大正二（一九一三）年となるので、政策的にデザイン要素にかかわるソフト面での技術的支援が優先されたのである。なお、埼玉県図案調製所は大正一二（一九二三）年に入間郡川越町に新設される埼玉県川越工業試験場の図案部となる。

明治四三（一九一〇）年五月に県図案調製所が川越町に設立されると、武蔵織物同業組合と埼玉織物同業組合は県立川越染織学校職員と同図案調製所技師を招聘して図案展覧会を開催し、組合員に対する織物図案の啓蒙と普及活動に乗り出していった。武蔵織物同業組合は翌四四（一九一一）年の三月に入間郡豊岡町（現、入間市）の町立尋常高等小学校を会場にして染織・図案に関する講習会を兼ねる図案展覧会（参観者九五名）を開催し、同年一二月には図案調製所に技師の出張を依頼し、所沢町の組合事務所での図案展覧会（参観者、延べ一三五名）を六日間（一八〜二三日）にわたって開催した。[11] 同組合は同四三（一九一〇）年に京都図案会の会員になっている。

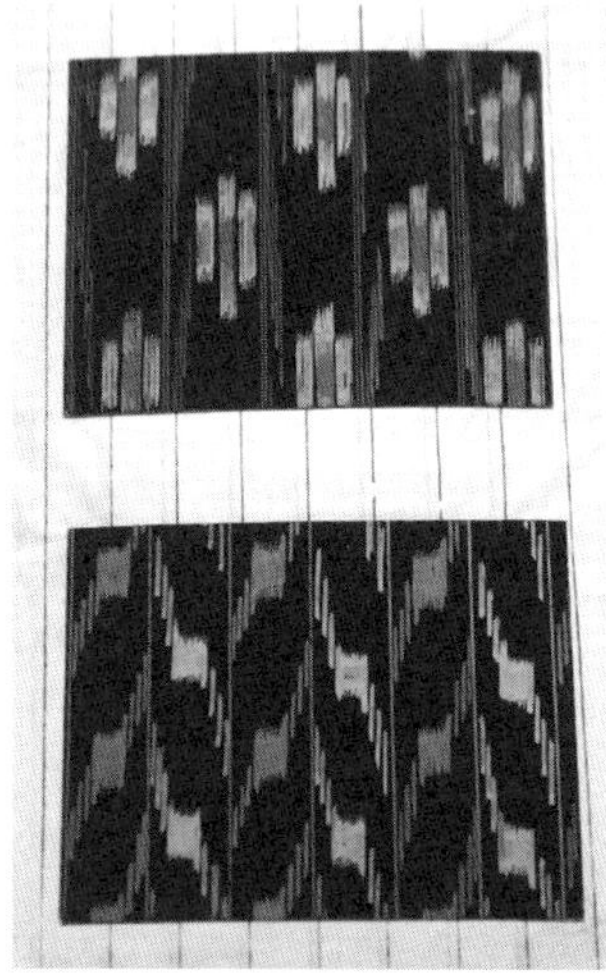
図2－8　縞絣図案（埼玉県図案調製所『第二号 図案調製台帳』，1910年，埼玉県立川越工業高校所蔵）

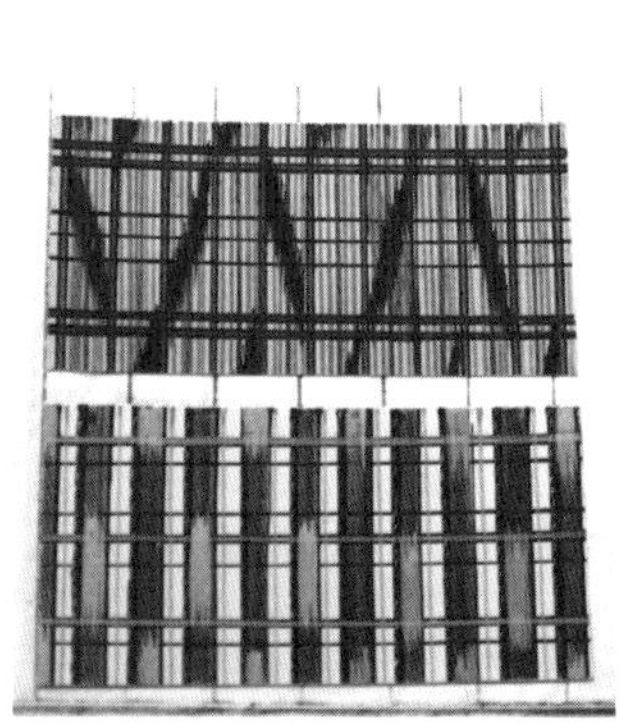
図2－9　縞絣図案（埼玉県図案調製所『第二号 図案調製台帳』，1910年，埼玉県立川越工業高校所蔵）

大正期になると、武蔵織物同業組合は図案展覧会を年二回（各六日間）の開催とし、春期（四月）に冬物新柄、冬期（一二月）に春物新柄の図案の陳列と配布につとめた。そして、大正三（一九一四）年からは、「染織技術上尤モ必要ナルハ配合法ニシテ又流行ノ変遷最モ烈シキハ織物ノ地色及其交織糸ノ色合等ナリトス、之カ研究ハ多ク図案ノ応用ニ俟タザル可カラザルヲ以テ、組合ハ茲ニ図案応用法ノ講習ヲ開催シ」[12]て、図案展覧会の開催期間に県技師を招聘して図案応用法に関する講習会を催していく。そして、同一二（一九二三）年までは県図案調製所の製作図案を、翌一三（一九二四）年からは県川越工業試験場図案部に加え、東京および足利在住の図案家の作品を収集して組合員に流行図案を陳列・配布した。

埼玉織物同業組合も明治四四（一九一一）年六月に図案展覧会を開催し、大正元（一九一一）年一二月中旬に、川越染織学校と県図案調製所の出品による図案展覧会を組合区域内の浦和・大宮・蕨町などの五ヵ所で巡回開催（各六日間）し、夏物新柄図案（約四〇〇点）に関西地方の夏物標本（約一〇〇点）を加えて陳列し、希望者に図案を配布した[13]。この一週間後の同月下旬（二三～二八日）には、武蔵織物業組合でも約四〇〇点の夏物新柄図案が組合事務所に陳列され、参観者二二一名のうちの希望者に一六八点の図案が配布された。

明治末年の図案として、**口絵六、七頁**に県立川越染織学校の生徒が製作した縞絣と銘仙（夏物）の図案を、**図**

2－8～9に県図案調製所が調製し業者に配布した縞絣図案を示した。細線や短い絣線の重ねを駆使して、縞柄の潜在的なデザイン性を大きく引き出そうとする意図がうかがえよう。県図案調製所は依頼があれば織物製造者だけでなく、買継商などの商人層にも織物図案を無償・有償で配布した。織物業者は古い縞帳や縞見本よりも配布図案をもとに「新立」や「新柄」を創意工夫し、市場に歓迎される織物商品を探究していった。[14]

二　自分の製品は誰のためのものなのか――機業経営とデザイン変革

流通局面への接近とデザイン

表2－1は、政府系の全国的な織物業者の啓蒙・指導団体である大日本織物協会（明治一九年設立）が明治末～大正初年に主催した品評会「染織物嗜好研究会」の概況と種類別出品数をまとめたものである。染織物嗜好研究会は大日本織物協会が明治三三（一九〇〇）年より五回ほど開催していた会員向けの「織物展覧会」の会場を東京市内の百貨店（三越と白木屋）に移して、百貨店の意向や流行情報を品評会に反映させるべく、同協会創立二五周年の記念事業として発展的に開催したものであった。[15]審査委員六名には同協会理事の東京高等工業学校教授二名のほかに、新たに三越と白木屋の社員（仕入部）が一名ずつ加わった。第二回（白木屋会場）の出品データを欠くが、第一回・第三回ともに絹織物よりも綿織物および絹綿交織の出品数が多い。とりわけ第一回の綿織物の出品比率は四割を超え、上級木綿の関連業者がデザイン変革の好機を積極的に模索していたことを示している。友禅や染物（中形、絞、染絣）などとともに、当該期に木綿類がデザイン面での品質向上を強く求められていた様子がうかがえる。

染織物嗜好研究会は「嗜好」と「研究」の二文字を冠する品評会だけに、主催者の大日本織物協会が全国各地の織物業者に需要サイドの意向と都市市場の評価に接しさせ、時好に合う織技の「腕」を磨く機会をもたせようとする意図が込められたものであった。出品者は、懸賞図案を募集し流行創出の起点を掌握しはじめた百貨店の講評をじかに聞き、より直接的に時代の嗜好を感じる絶好の機会としたであろう。当該期に愛知県立工業学校長を務め、

表２－１　大日本織物協会主催の染織物嗜好研究会の出品構成

研究会	年次／会場	絹織物	綿織物	絹綿交織	毛織物	友禅，絞，半襟など	計
第１回 比　率	1910年11～12月 三　越	428 16.1%	1,085 40.8%	103 3.9%	3 0.1%	1,042 39.2%	2,661 100.0%
第２回	1911年10～11月	――	――	――	――	――	3,100余
第３回 比　率	1912年５～６月 三　越	336 10.5%	1,208 37.6%	57 1.8%	28 0.9%	1,584 49.3%	3,213 100.0%

（出所）『創立五十周年記念 協会業績史』大日本織物協会，1935年。

後年（昭和期）には大日本織物協会理事長となる政府系技術者・柴田才一郎は、「近来世間の嗜好頓に一変して柄合の新奇を競ふこと層一層甚しく従前の如く単純なる線物、平織等陳腐の柄合のものは顧客の一顧をも買う能はず[16]」という状況認識のもと、絹綿交織に比重を移す尾西織物業者に対して、「京阪有力なる織物商の援助を得て美濃地方の当業者と合同して一日会なるものを起し毎月一日会合して図案に組織に染色に将仕上に研究をなす[17]」ことを促している。明治四三（一九一〇）年一一月に、大阪市の十合呉服店で尾濃織物展覧会が一〇日間にわたって開催された[18]。

需要サイドの織物取扱業者である百貨店・呉服店の陳列（即売）会や都市問屋の主催する展覧会に出品参加することは、在地の織物業者にとってそれが流通局面の最後に位置する最終消費者（織物購入者）の好みや品質評価の地平に近づくための最初の一歩であったろう。自分の製品は産地買継商のためなのか、あるいは都市問屋の意向に沿うものなのか。いわんや、織物を着る最終消費者の期待に合致する商品なのかどうかを思慮するまたとないチャンスとなったにちがいない。政府系技術者と業界関係者（産地の代表者）だけで審査委員が構成される府県連合共進会と比べると、みずからの織技を試す場として、あるいは他産地の同業者の製品をじかに比較検討しうる機会以上のものがあったはずである。

自分の製品は誰のためのものなのか。百貨店や都市問屋が関与する嗜好研究会などへの出品は、その再考を自他ともに求められたといえよう。

デザイン要素と生産費

織物消費税の導入にともない東京税務監督局が編纂した『管内織物解説』（一九〇七

表2－2　瓦斯絣と秩父銘仙の生産費構成（1906年1～2月）

種類	原糸代（経・緯糸）	工賃				生産費（計）	取引価格（産地内）	市場価格（税込）
		下揃代	糊染代	織賃	その他			
A：瓦斯絣								
1等品（疋物）	1円81銭1厘	12銭	20銭1厘	30銭	4銭	2円47銭2厘	2円59銭6厘	2円85銭
	73.3%	4.9%	8.1%	12.1%	1.6%	100%	105.0%	115.3%
2等品	88銭7厘	4銭1厘	8銭8厘	11銭	2銭	1円14銭6厘	1円20銭3厘	1円33銭
	77.4%	3.6%	7.7%	9.6%	1.7%	100%	105.0%	116.1%
3等品（疋物）	1円39銭	12銭5厘	12銭2厘	22銭	4銭	1円89銭7厘	1円99銭2厘	2円25銭
	73.3%	6.6%	6.4%	11.6%	2.1%	100%	105.0%	118.6%
B：秩父銘仙								
1等品（疋物）	10円70銭	29銭9厘	65銭	70銭	4銭5厘	12円89銭4厘	13円50銭	13円51銭4厘
	86.3%	2.4%	5.2%	5.6%	0.4%	100%	104.7%	104.8%
2等品（疋物）	7円69銭3厘	30銭5厘	63銭1厘	60銭	4銭5厘	9円27銭4厘	10円50銭	9円73銭8厘
	83.0%	3.3%	6.8%	6.5%	0.5%	100%	113.2%	105.0%
3等品（疋物）	7円51銭	29銭5厘	63銭5厘	55銭	4銭5厘	9円3銭5厘	9円50銭	9円48銭7厘
	83.1%	3.3%	7.0%	6.1%	0.5%	100%	105.2%	105.0%

注：　秩父銘仙：1～3等品ともに1疋（2反相当）の価格，瓦斯絣：1・3等品は疋物（2反相当），2等品のみ1反の価格

（出所）　東京税務監督局編『管内織物解説』，1907年。

年）には、日露戦後の不況期の明治三九（一九〇六）年における埼玉県や東京府下などの織物産地で生産されていた織物類の費用構成の概要が示されている。[19]「原糸相場」をはじめ、織物の仕込み（製造）に必要な「原糸用量」（糸数量）の費用（「原料糸代」）および「工賃」（準備費、糊・染色費、織賃ほか）のほか、「市場概価（税込）」（税込の販売価格）について、種類・等級別の具体的な数量および金銭データがリストアップされている。課税に向けて税務監督官の織物鑑査に必要不可欠となるのが、織物の製品属性に応じた費用構成や製造原価に関する実務的な知識であった。ただし、このデータは織物種類の別なく課税のために利益率が一定（四・八％）とされているので、実際の製品別および等級別の利益率の違いがわからないという短所があるものの、製造原価に即して費用構成を製品別・等級別に把握できる長所がある。東京税務監督局が課税用のサンプルとして提示した費用データをもとに、瓦斯絣（縞絣）と秩父銘仙の原料費と製造費の費用構成を抜粋したのが**表2－2**である。

表2－3　新銘仙ほかの生産費構成（1反単価，1916年）

織物種類	原料糸	糸繰り	練染め	織　布	糊付整理	雑　費	計	売却代	差引純益
中柄縞木綿	56銭9厘 61.3%	9厘 0.96%	12銭3厘 13.3%	12銭 12.9%	3銭7厘 4.0%	7銭 7.5%	92銭8厘 100.0%	1円 107.8%	7銭2厘 +7.8%
糸入平織	86銭1厘 67.0%	1銭6厘 1.2%	20銭4厘 15.9%	11銭 8.6%	2銭1厘 1.6%	7銭3厘 5.7%	1円28銭5厘 100.0%	1円35銭 105.1%	6銭5厘 +5.1%
糸入綾織	1円17銭5厘 64.1%	2銭 1.1%	29銭3厘 16.0%	18銭 9.8%	2銭9厘 1.6%	13銭5厘 7.4%	1円83銭2厘 100.0%	2円 109.2%	16銭8厘 +9.2%
糸入利久	1円77銭 65.4%	2銭1厘 0.8%	37銭5厘 13.9%	36銭 13.3%	2銭9厘 1.1%	15銭 5.5%	2円70銭5厘 100.0%	3円 110.9%	29銭5厘 +10.9%
新銘仙	1円91銭9厘 71.6%	7厘 0.3%	43銭8厘 16.3%	15銭 5.6%	9銭7厘 3.6%	7銭 2.6%	2円68銭1厘 100.0%	3円 111.9%	31銭9厘 +11.9%

（出所）「大正五年度 織物製造景況報告」，武蔵織物同業組合『生産並販売ニ関スル統計書類綴壱』

まず、二製品の価格帯をみておこう。一疋《ひき》（二反相当）あたりの秩父銘仙の製造原価は約九～一三円であったのに対し、瓦斯絣は約二～三円の範囲内にあった。低級絹織物の銘仙は上級木綿の瓦斯絣の約四～五倍の生産費（⇒市場価格）を示すが、製造原価のうち原料費すなわち原料糸代がいずれも七〇％を超え、絹糸（玉糸）を用いる銘仙では八三～八六％という高い費用構成を示す。表掲は省略したが、絣併用デザインを用いない縞物の瓦斯双子の原料糸代は約七七～七九％と瓦斯絣よりも高比率であった。瓦斯絣では絣併用のため織賃が高めとなるので原料糸比率が相対的に若干低くなるが、経糸に上級綿糸の瓦斯糸八〇～一〇〇番手双糸を用いる瓦斯絣や瓦斯双子は、縞木綿のなかでも原料糸代が絹織物に準じて高率となった。

瓦斯双子であれ、銘仙であれ、それらの生産費の八割強が原料糸代となった。いずれの品種にあっても、製造原価の約二〇％前後しか加工費に振り向けられない中で、染色費や織賃を振り分けなければならない状況にあったことがうかがえる。織柄すなわちデザインに対する市場評価の低さが「原料高製品安」となり、市場の低評価すなわち「製品安」が「原料高」と製造（加工）費率の低位をもたらしていたとみられる。当時の瓦斯双子や銘仙（太織）は縞物が多かったので、脱ストライプのためのデザイン変革は費用的に容易なことではなく、絣併用へのシフトは苦渋の選択であった。市場の評

表2−4　入間地方における絹綿交織ほかの生産費構成（1926年）

織物	製品	機業家	原料糸	染賃	織賃	整理	計	売値	利益
綿織物	紺地上布	平岡勲次郎	1円15銭	43銭	40銭	25銭	2円23銭	2円30銭	7銭
《80番手双糸/40番手単糸》			51.6%	19.3%	17.9%	11.2%	100.0%	103.1%	+3.0%
綿織物	瓦斯縞	梅林宗平	1円	28銭5厘	20銭	—	1円48銭5厘	1円50銭	1銭5厘
《80番手双糸/32番手単糸》			67.3%	19.2%	13.5%	—	100.0%	101.0%	+1.0%
絹綿交織	糸入縞	平岡仙太郎	1円20銭	16銭	30銭	12銭	1円78銭	2円	22銭
《80番手双糸・生糸/40番手単糸》			67.4%	9.0%	16.9%	6.7%	100.0%	112.4%	+11.0%
絹綿交織	新銘仙	牧野兵次郎	2円37銭	30銭	35銭	12銭	3円14銭	3円30銭	16銭
《80番手双糸/玉糸70デニール》			75.5%	9.6%	11.1%	3.8%	100.0%	105.1%	+4.8%
絹綿交織	ラペット銘仙	糟谷宇平	4円	32銭	1円	18銭	5円50銭	5円50銭	0銭
《80番手双糸/玉糸70デニール》			72.7%	5.8%	18.2%	3.3%	100.0%	100.0%	+0%

（出所）「織物製造法調査」（1926年12月），武蔵織物同業組合『諸官庁関係書類』

価を高め「製品高」とするには、技術的にも費用的にも難題のデザイン変革に一筋の望みを賭すほかなかったといわなければならない。

表2−3に、大正前期の埼玉県入間郡西部で生産された縞木綿や糸入物、新銘仙（絹綿交織）などの費用構成を示した。産地業界の「景況報告」として、武蔵（所沢）織物同業組合が監督官庁の埼玉県に報告した生産費や市況に関する概略データである。[20] 原料糸への費用配分は、縞木綿（経・緯糸、四〇番手単糸）が六〇％水準であったが、糸入物（経糸、六〇・八〇番手双糸・絹糸五〇デニール、緯糸、三二・四〇番単糸）は七〇％前後、そして新銘仙（経糸、六〇番手ないし八〇番手双糸、緯糸、玉糸七〇デニール）では約七二％であった。なかでも、糸入物や新銘仙は経糸用の瓦斯糸八〇番手双糸に絹様の光沢を付けるシルケット加工を施したので、染色加工費用（「練染代」）が相対的に高くついた。一反あたりの売値（「売却代」）をみると、普通品（ストライプ柄）の中柄縞木綿が一円であったのに対し、糸入物では平織製品が一円三五銭、綾織製品が二円、織賃が相対的に高い小絣系の「糸入利久」と新銘仙がそれぞれ三円であった。「差引純益」のもっとも高い新銘仙が利益率の高い製品であったことになる。しかし、売値（産地取引価格）−製造原価＝差引純益は名目であり、差引純益の中には買継口銭や組合費、

織物税などの営業的な諸経費が含まれているので、新銘仙にしてもその利益率は一〇％には及ばず、おそらくは五％以下の水準であったろう。

絹綿交織の新銘仙は、経糸に上級綿糸の瓦斯糸八〇～一〇〇番手双糸と緯糸に玉糸を用いる、上級木綿を品質アップさせた差別化製品として登場した。けれども、下級絹糸の玉糸を用いることで絹糸代を抑制するも経糸用の高番手瓦斯糸の費用がかさみ、シルケット加工によりさらなるコスト高を招いていたといえる。絣併用デザインを取り入れたとしても、その効果に対する市場評価は高くはなかったのである。産地機業家にとっては、「原料高製品安」の主因であった瓦斯糸と縞柄のうち、前者のコスト高とその相場変動がみずからの織技を制約する、いわば原価構成上の「厄介者」となっていた。

機業経営の閉塞感がつよまる大正後期の状況を、同一五（一九二六）年の個別データで補足しておく[21]（表2-4）。所沢織物業界で最有力業者であった平岡仙太郎（元加治村、現入間市）の糸入縞（小柄）の粗利益（買継口銭、税金・組合費などを含まない）が一一％であったのに対し、牧野兵次郎（入間川町、現狭山市）の節糸織（新銘仙）が四・八％、平岡勲次郎（元加治村）の綿織物（紺地上布）が三・一％、梅林宗平（入間川町）の瓦斯縞（縞木綿、八ツ筋）が一％、そして糟谷宇平（山口村、現所沢市）のラペット銘仙（新銘仙）は〇％であった。原料糸代をみると、平岡（勲）製が五一・六％ともっとも低い値を示し、牧野・梅林製も約六七％であり、製造加工費への配分比率が明治末～大正初頭よりも相対的に高まっている。しかし、新銘仙の糟谷製と糸入縞の平岡（仙）製は約七三～七六％とあいかわらず「原料高製品安」の傾向がみてとれる。製造加工費比率の相対的上昇は市場でのデザイン評価の向上を示唆する可能性があるとはいえ、梅林製（普通品）は採算割れであった。また、牧野製（普通品）もそれに近い状況であったとみられる。糟谷製（上等品）の採算割れは、経糸に刺繡的な曲線を数本織り込むタペット織のために織賃がかさんだためであったろうか。短い絣線を併用したとみられる「小柄」の平岡製（普通品）だけが、染色コストを抑えて相対的に高い利益率を示しているが、デザイン面での市場評価は高くはなかったといえる。

行き詰まりつつあった機業経営。隘路から抜け出る方策の重要かつ最終的な一手が、市場の評価が高まる模様デザインへの本格的な着手にあったといえよう。[22]

三　消費者の嗜好は何処にあるのか――流通局面の不確実性とデザイン戦略

新銘仙（湖月）のデザイン戦略

口絵七頁上は、大正後期〜昭和前期に埼玉県入間郡西部で生産された新銘仙（「湖月」、「湖月明石」、「新湖月」）でつくられた着物（長着）である。青地にゆるやかな流水模様が引き立つ湖月《こげつ》（絹綿交織、夏着用）は、在来織技の「よろけ筬」を用いて縦方向の大きなうねりの筋を織りだし、あたかも琳派を彷彿させるような流麗なデザインである。高番手瓦斯糸と玉糸に強撚を施した湖月明石（絹綿交織、夏着用）はジョーゼット風のさらりとした触感の透けるような薄地物であり、白・黒のモノトーンの大胆な空間構成に目が惹きつけられる。そして、新湖月（瓦斯木綿、冬着用）は木綿製品でありながら綿糸のシルケット加工と布地整理により絹様の滑らかさと光沢が引き出され、シャープな赤や緑の細線が走る白地と細い滝線八本が等間隔で白く流れ落ちる紺地の明快なストライプのコントラストを際立たせている。

これらは、いずれも本格的な曲線模様を追求せず、在来の織技により織布の空間構成に大きな変化やリズム感を加えて細線や太棒線が着装時に流線模様に転じるのを想定することで、ストライプが内在する新たなデザイン性の方向性を積極的に模索した製品であった。しかも、着物に仕立てられると夏着には絹絽の裏襟、冬着には平絹の裏襟および裏地が付けられた。絹織物に準じた仕立てが行われ、実用性とファッション性を兼備する新銘仙が大衆向けの〝お洒落着〟として絹織物の着装法が採用されていたことが判明する。

機業経営に苦しみながらも、大正後期〜昭和前期に高級木綿着尺の有力産地として全国的に一頭地を抜く存在となるのが所沢織物業界であった。デザイン・品質面において低級絹織物の銘仙に匹敵する絹綿交織製品が銘仙よりも安価な新銘仙であり、なかでもその動きを牽引したのが大衆向け〝お洒落着〟のブランド品として名を馳せる湖月であった。

所沢産地において全国的に注目される新銘仙が大きく伸長するのは、大正五（一九一六）年に結成された「湖月会」の活動によるものであった。湖月会は業界内で筆頭的存在となった産地買継商の平岡徳次郎商店が後援した、都市問屋の森五東京支店との専属契約を結んだ生産者（機業、染色業、整理業など）のプロダクションチームである[23]。所沢織物同業組合に所属する一〇名前後の機業家からなる湖月会は、森五東京支店から提供される流行情報やデザイン（図案）のアイデアをもとに時好に即応するファッション性の高い織物を製作し、自分たちの製品に「湖月会」の商標を織り込んだ[24]。そして、その製品を森五商店が一手に買取り、積極的に販売したのである。森五東京支店の仕入部には湖月会担当主任が置かれ[25]、同会が生産した製品は、「湖月会製品」として東京市場では森五東京支店が、大阪市場では丸紅商店大阪支店が一手販売した。大正後期〜昭和前期、実用安価な〝お洒落着〟として人気が高まる湖月会製品は都市市場で歓迎され、「湖月」が所沢産地を代表するブランド名として流通した。

湖月会の中心メンバーであり、同会の幹事を務めた機業家（飯能町在住、細田栄蔵）によれば、機業家の結束集団である湖月会の結成に及んだのは、以下の理由からであった。

> 製造家は各人の好む所に随って製織を為し、需要者の真の嗜好が何処にあるかと言ふも十分に研究せず……（中略）……勢ひ市場の大勢を眺めては巧妙に売抜く手段を講じ益々悪弊を助長して、竟に製造家は神経過敏となり唯原料相場及市況をのみ重要視して各自の本領を無視するに至り……（中略）……織物は肝腎の需要者の為めに製造せずして、製造業者及取扱業者の為めに製造せらるゝの奇観を呈するに至った……（中略）……本会は前記の悪弊を一掃せんとし、製造家は真面目なる製造家として精神的結合を本意とし、汗を以て工賃に報ひ投機的経営を排除して只管良製品の製造に努め[26]（以下、略）

原料相場と市況の変動に振り回されずに、機業家が「需要者の真の嗜好が何処にあるか」を考え、自分たちの織技を存分に発揮しうる生産者集団が湖月会であった。単独ではなく複数の機業家と染色・整理業者が連携し結束すれば、機業経営の圧迫要因に立ち向かえると考えたのだ。原料相場と市況変動という流通局面の不確実性を克服するべく、流行創出の中心近くにいた大都市の集散地問屋との専属的な取引契約に希望を託したといえる。都市問屋がみずから積極的に流行創出のプロセスに介在し、百貨店が喚起する流行トレンドと最終消費者（織物の需要者）の嗜好のあり様や変化を産地サイドに伝達し、産地機業家はこの流行情報をもとに堅実な製造計画を立てる。いわば都市問屋の戦略的なマーケティングの起点に、ファッション素材の生産を担当する産地機業家が結集した。そこにおいて目標とされたのは、「出き得る限り相場を一定して一期間内に於て相場上の懸念を一掃し、需要者の御希望に添ひ御取り入れに便ならしめたき事[27]」と「工賃及間接工賃の基礎を明瞭ならしめ良製品を割安に供給致したき事[28]」であった。

表２－５　湖月会第２回聴評会の審査委員ほか（1920年）

審査員	所　属	役　職
1	横浜　鶴屋呉服店	仕入部員
2	横浜　松屋呉服店	仕入部長
3	横浜　高島屋呉服店	〃
4	横浜　野沢屋呉服店	木綿部仕入部長
5	東京　白木屋呉服店	仕入部長
6	東京　三越呉服店	（欠　席）
7	東京　いとう呉服店	（欠　席）
主催者	森五東京支店（支配人，仕入部主任，販売部主任）	

（出所）「所沢湖月会聴評会」『東西織物界』第145号，1920年。

湖月会の活動は、機業家集団の脱ストライプのためのデザイン戦略であった。「川上」（生産地）と「川下」（小売局面、最終消費）の間にある都市問屋が、大衆化路線に舵を切る百貨店主導のファッション経済の中心にみずからを位置づかせようとするデザイン（価格帯・用途・ターゲット）上の経営戦略。それが、生産地においてはデザイン変革を目指す機業経営者の生産過程に立脚する前望的なデザイン戦略として立ち現れ、その実現には新興首座の産地買継商が関与していった。都市問屋の流行戦略の一環に組み込まれたというよりは、最終消費（小売局面）の動向を見すえながら、需要者の嗜好と気まぐれに対峙する柔軟かつ堅実な生産・販売体制の協同的編成を可能にする期待感によるものであったといえる。織柄の原画や図案を意味するデザインが、商品の用途や相応の価格帯を見極め、消費者のターゲットを絞る「デザイン」戦略[29]として生産・流通局面の双方で共有されたことを意味しよう。

デザイン戦略の共有・確認と消費者の嗜好

大正九（一九二〇）年に森五東京支店主催による「湖月会聴評会」が二度開催された。両度とも講評会ではなく聴評会と名づけられ、所沢町での開催であった。[30] いずれも、東京と横浜の百貨店や呉服店の仕入責任者が審査員（七名）として招かれている（表2-5）。第2回聴評会には東京の三越と松坂屋（いとう呉服店）の担当者は欠席したが、湖月会々員をはじめとして五〇数名の出品（製品と図案）があった。それまで各需要地の動向把握のために、県技師のほかに東京の都市問屋（八名）が招聘された武蔵（所沢）織物同業組合の主催の講演会（一九一六年一二月）や、百貨店と関与するイベントとして県織物同業組合連合会主催による東京・白木屋での「埼玉県織物陳列会」（一九二一年一一月）が開催されていた。けれども直接、産地に百貨店や呉服店の仕入担当者を招いての相互密接的な品評会の開催は、森五主催の湖月会聴評会が最初の試みであった。それは、森五と湖月会メンバーとのデザイン戦略の相互確認の試みであったが、所沢織物業界にとっては流行市場へのより確かな接近であったといえるだろう。

消費者の嗜好は何処にあるのか。不景気感が強まる大正後期の所沢織物業界では、同業組合主催による図案展覧会が毎年二回開催される中で、百貨店および都市問屋との直接的なつながりが模索された。買継商の平岡徳次郎が組合長に就任した大正一二（一九二三）年、四月開催の染織品評会（会場、所沢尋常高等小学校）に審査員として川越工業試験場の場長および技師二名のほか東京の都市問屋六店が招かれる。次いで一一月には、東京の百貨店五店（高島屋、松坂屋、三越、白木屋、松屋）と都市問屋一四店（稲村、外山、森五、丁吟、市田など）を招き、組合事務所新築記念の「落成並品評会」（臨時組合費の約七四三五円を充当）を盛大に開催した。つづいて、その翌年五月には東京・松坂屋での「第一回所沢織物夏物宣伝会」（費用約四六九円）が、同一四（一九二五）年六月に東京銀座に開店したばかりの松屋呉服店新館にて「埼玉県夏織物優秀品陳列会」（同、約一四三円）が開催されている。そして、湖月会製品の評価がいちだんと高まる昭和二（一九二七）年六月には、大阪の松坂屋で「所沢織物宣伝会」を一週間にわたって開催した。

大正一三（一九二四）年、所沢織物同業組合は丸紅商店が主宰する「呉羽会」（年会費一〇〇円）に加盟すると、翌一四（一九二五）年三月開催の同会第一八回春夏物全国染織競技会への出品募集を所沢産地に周知した[31]。その出品募集には、「縞が縞であり絣が絣であった時代は既に過ぎ去って、縞も絣も模様も皆接近して来た而してそれが時代の要求である」[32]と明記された。同年四月には、髙島屋主宰の第二五回百選会（春季流行品）に応募して入選した湖月会メンバー三名の製品（優選一、入選二）が東京店に陳列されている[33]。当該期には丸紅呉羽会や稲西商店の菱山相互会[34]のように、大阪の都市問屋も流行色や図案を指定する競技会を全国の機業家に対して働きかけ、一方的な流行情報伝達にとどまらず、双方向の情報収集と伝達につとめながら、デザイン戦略の共有・確認のための生産地との技術的連携を積極的に模索していた。

いっぽう、生産地にあって、所沢織物同業組合は大正一二（一九二三）年に寄贈された丸紅商店意匠部の製作図案を県川越工業試験場の製作図案とともに陳列・展示し、翌一三（一九二四）年度からは東京・足利在住の図案家の作品を加える拡大的な図案展覧会（冬物・夏物）を継続的に開催した。同一四年度においては前年度の六・六倍の費用（約二六八円）を投じる図案展覧会（年二回）にしている。そして、昭和三（一九二八）年度より組合員の図案購入者に対して半額ないし二割の補助を行い、同五（一九三〇）年度には組合内に図案部を新設し図案家二名を配置した。同四～八（一九二九～三三）年度の五年間に、年二回（冬物、夏物）の組合主催の織物競技会を所沢町で七回開催する。第一回織物競技会には審査員として東京一二店、大阪一店、京都二店の計一五店の都市問屋が参加した。

産地側から積極的に示される脱ストライプ＝デザイン変革への姿勢。大衆化したファッション経済の主導権を掌握した都市問屋とのデザイン戦略の共有と相互確認がより実効的に行われていったといえよう。

四　先染め模様デザインの誕生

行詰まる擬曲線デザイン

大正一三（一九二四）年一月二二日～二九日、旧県図案調製所で図案技師を務め埼玉県川越工業試験場の勧業技

師となった杉目宗助は所沢織物同業組合ほか三組合の委嘱を受け、東京および京都・大阪に出張して夏物に関する市況・流行調査を行った。以下は、主目的であった丸紅商店大阪支店の図案展覧会（二五日開催、講演会を含む）ほかの訪問調査先の一覧と復命報告の一部抜粋である。

東京：大丸、髙島屋、三越、森五商店、稲村商店、下村商店
京都：大丸、髙島屋、渡辺長兵衛商店、西陣織物同業組合、呉羽会図案研究所
大阪：髙島屋、三越、丸紅商店木綿仕入部・銘仙仕入部、丸紅商店主催図案展覧会

丸紅商店ノ図案展覧会ハ大正十三年度ノ夏織物ノ意向ヲ大躰ニ於テ定ムルモノト考ヘタルヲ以テ同会ノ出品図案ニ対シ又同会ノ講演ニ対シテ相当ニ重キヲ置クコトヽセリ……（中略）……之（優秀図案のこと―引用者）ヲ分類スレハ男女児向娘向若婦人向ノ大柄中柄物多ク男物年増女向ノモノハ極メテ少数ナリ、大観スルニ絣全盛ヲ意味セリ、要スルニ縞ハ従来ノ如キ縞柄ニアラスシテ殆ト絣ノ影響ヲ受ケ、或ハ絣ヲ背景トセルモノアリ、或ハ縞ヲ絣ニシテ表ハシタルモノアリ、或ハ縞ノ中ニ絣ヲ混入シタルモノアリ、単純ナル縞柄ハ発見スルニ苦メリ尚ホ平和気分トシテ盛ニ行ハレタル細線式ニシテ地詰風ノ柄行ハ既ニ過去ノモノトナリ、太線式ノ強味ヲ表ハシタルモノトナリ地空ヲ見セタル傾向トナレリ、刷毛目式ノ応用ハ太棒式ノ縞及力強キ絣ト並用セラレ新味ヲ現ハシツヽアリ……（中略）……次ニ絣ハ夏織物ニ対シ流行ノ中心勢力タルベキモノニシテ、其意向ハ在来ノ形式ニ捉ハレザル現代的ナル自由ナル変化アル絣ヲ要求シ充分ナル斬新味ヲ発揮シタルモノヲ好ム傾向ナリ、特選図案ニ能ク之ヲ知ルコトヲ得ベシ従来ノ形式ニヨル井桁大十絣ノ如キハ遅レタルモノトナレリ、伊勢崎銘仙ノ大絣ノ意向ハ在来ノ幾何学的傾向ヨリ全然趣ヲ変シ丸味ヲ有スル模様式ノモノトナリ友禅風ノ傾向トナレリ（後略）[35]

図案において、縞と称するのも絣を応用する傾向が全盛となり、「絣ヲ背景トセルモノ」や「縞ヲ絣ニシテ表ハ

シタル」もの、あるいは「縞ノ中ニ絣ヲ混入シタルモノ」が主流となった。縞物には地詰りの細線式よりも強味のある太線式や太棒を用いた地空表現が追求され、絣物では伊勢崎銘仙の先行事例をもとに、それまでの幾何学的な織柄が丸味のある友禅風の模様デザインに転じていたことが報告されている。夏用デザインの絣に「在来ノ形式ニ捉ハレザル現代的ナル自由ナル変化」[36]をつよく感じた杉目は、「所沢織物ハ冬物ハ兎モ角夏織物ハ近年批評優良ナルト同時ニ品質柄行モ亦相当佳良ナルモノアルハ快心ニ堪ヘザルトコロナリ」としつつも、次の文章で報告を締め括っている。

殊ニ十日町小千谷遠州方面ニ於テハ所沢産夏物ノ成功ヲ見同種類ノ織物ヲ計画シツヽアリト云フニ至リテハ、所沢ハ此際一歩ノ油断ヲ許サス万事欠点ナキ様ニ努力シ木綿高等品トシテ日本一ノ名ヲ失墜セザランコトヲ心掛クルヲ要スベシ、冬物ニ於テ銘仙及絹織物ハ中流以上上流ニ於テ需用セラルベシト雖モ夏物ニ於テハ絹ヨリモ木綿高等品ノ需用大ナルモノアルヲ以テ、木綿高等品ノ需用ハ相当ノ産出ヲ必要ト認ムルヲ以テ尚一歩ヲ進メ研究シ発展ヲ図ルヲ佳トスベシ[37]

図2－10〜13は、杉目宗助が見学した丸紅商店主催の図案展覧会の特選・優秀図案ではないが、大正末〜昭和初年の「地空縞」（縞の部分が少なく地が広い）、「棒縞」、「絣模様併用」、そして「クロマ式縞」（縞の部分が点ないし短細線の集合）の各図案の一例である。[38]いずれも縞を絣にして表し、縞の中に絣を混入するなど絣を背景としている。高島屋が江戸趣味の復興を唱えた関東大震災後の大正一三（一九二四）年七月、秋冬物の流行予測に関する調査報告のなかで杉目は、「高島屋ハ江戸趣味ノ復興ヲ計リ着尺物即縞絣小紋等ニ対シ江戸趣味ノモノヲ歓迎シ唐桟風ノ意向ヲ喜ブモノノ如シ、又新シキ表現ヲ期待セルクロマ縞、クロマ絣、クロマ小紋等ヲ要望シツヽアル[39]」との流行分析のもと、「東西ノ図案ノ上ニ現ハレタル新シキ傾向」を次のように個別列挙した。

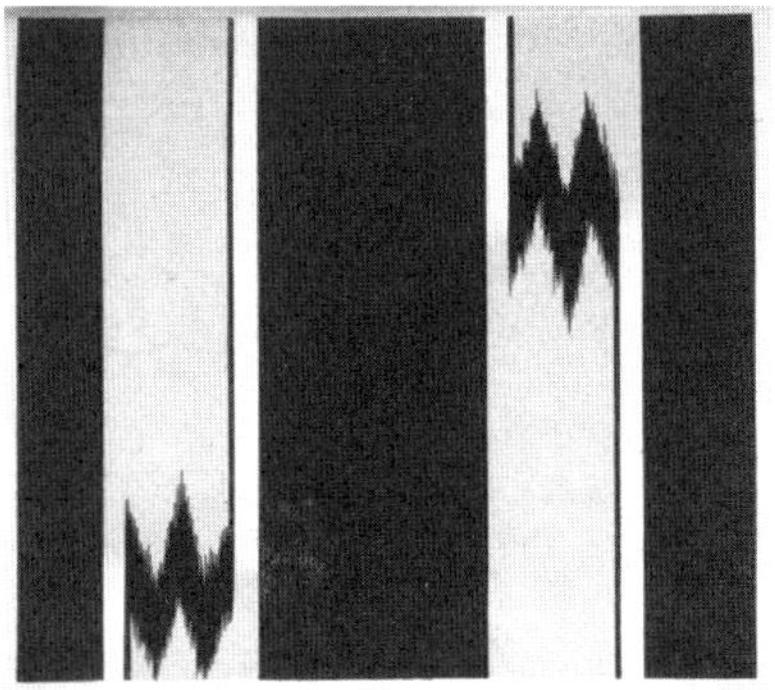

図２－10　地空縞の図案（大正末期）（高松今男『染織読本』紡織雑誌社，1927年）

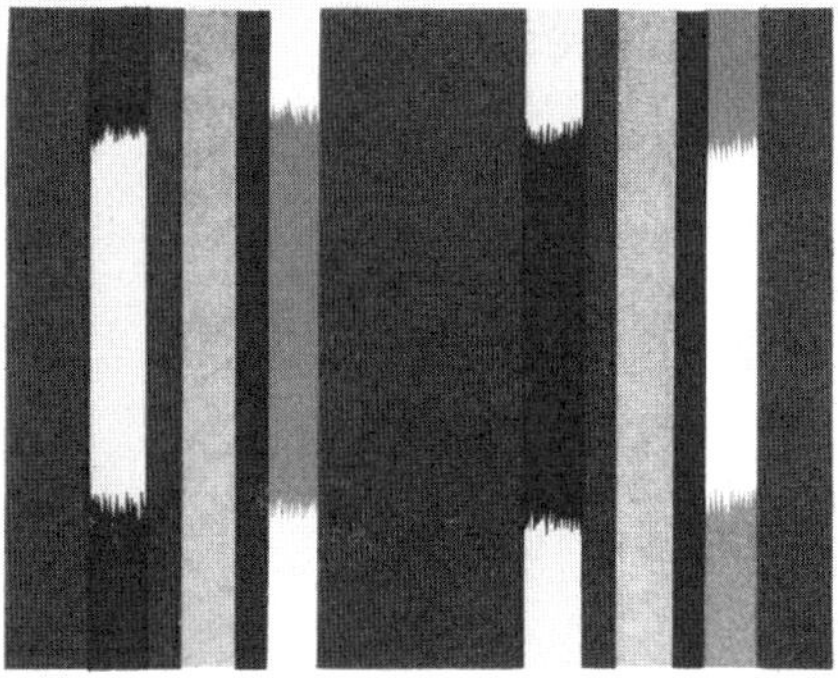

図２－11　棒縞絣の図案（大正末期）（高松今男『染織読本』紡織雑誌社，1927年）

図２－12　絣模様併用の図案（大正末期）（高松今男『染織読本』紡織雑誌社，1927年）

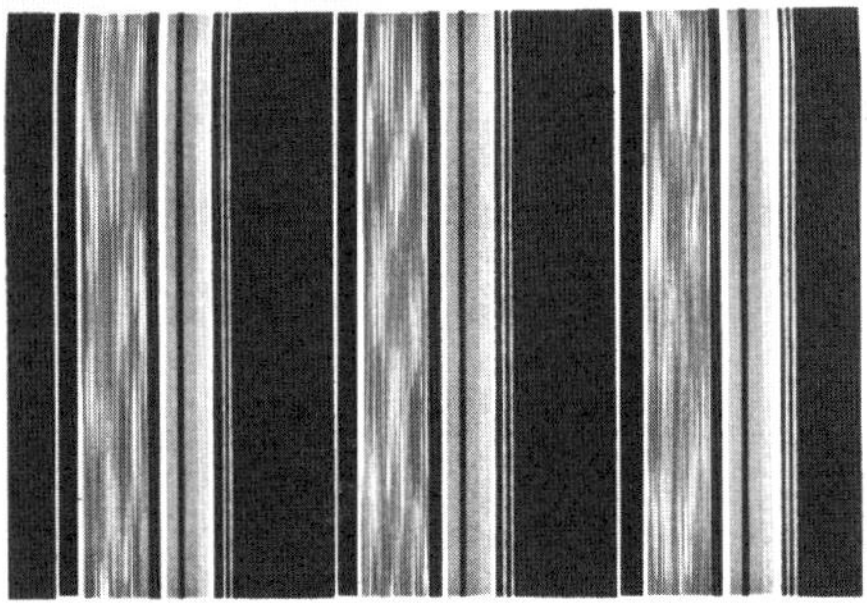

図２－13　クロマ式縞の図案（大正末期）（高松今男『染織読本』紡織雑誌社，1927年）

ウネリ式縞、ウネリ式絣、縞又ハ絣ニクロマ式ヲ応用セルモノ、模様ニクロマ式ヲ応用ノモノ、絣ニヨリクロマ式ニ縞ヲ表ハシタルモノ、米琉式ヨリ出発セル中柄絣、唐桟縞ノ中ニ絣ヲ配置シタルモノ、縞ノ中ニ立式ニ経緯絣ヲ連鎖応用シタルモノ、棒式ノ縞ヲ濃度ノ変化ニヨリ地明ト奥行ヲ表シ変化ト深ミヲ企テタルモノ、単純ナル棒式ノ縞ニ複雑ナル気分ヲ表ハシタルモノ、唐桟風ノ配色ヲ応用セル縞物、比較的細ナル唐桟風ノ縞物ニ経絣経緯絣ヲ飛式ニ現ハシタルモノ、縞併及模様等ニ地紋風ニ奥床シサヲ表ハシタルモノ(40)。

模様デザインは何処に――解《ほぐ》し捺染vs整経捺染機

図案技師でもある杉目宗助が抽出・提示した新傾向のほとんどは、その「変化ヲ求ムルハ絣ニヨラザルベカラサル(41)」ものであった。新傾向は、産地機業家にとっていかなるものであったのか。

大正一三（一九二四）年二月の杉目報告を、所沢織物同業組合は「殊に杉目技師は最近に於ける東京及関西方面の夏織物図案の調査報告をせられたるを以て製織上大いに裨益する所ありたり(42)」と評価した。だが、既述したように、翌々年（一九二六）の組合員の製造品は採算割れするものが少なくなかった。織物組合は同一四（一九二五）年度の事業報告に、「織物ノ流行色及柄行ノ変化ハ実ニ猛烈ヲ極メ製織者常ニ之レカ帰着点ニ苦慮スル所ナリ(43)」と記さなければならなかった。直短線による絣に全面的に依拠しなければならない当時の現状は、業界関係者にデザイン上の閉塞感をもたらしていたのである。杉目報告の中にも、じつは「行詰リタル織物ノ柄行」という表現が一カ所だけ登場していた。

川越工業試験場で杉目の同僚であった産業（商工）技師の高松今男も、「今や縞は行詰り、絣は厭られ、本邦着尺物は、図案的にも、悲境に沈淪しつゝある(44)」とみていた。機械（機織）担当の高松は、この閉塞状況を打破するには「兎に角、この行詰れる織物界に、豊婉優雅なる曲線を、一日も早く取り入れ、或は縞と模様の併用、或は絣と模様の併用等により捺染術の一般化(45)」が必要であると主張し、織物組合に対して整経捺染機の導入を働きかけていた。同機は、織布の準備工程において整経と同時に経糸群に曲線模様の多色捺染（二〜四色）を可能にする自動

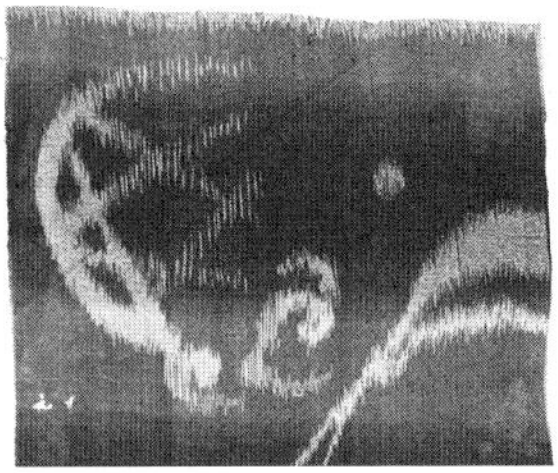

図２－14　整経捺染機を用いた模様柄（越阪部三郎氏寄贈資料，所沢市生涯学習推進センター所蔵）

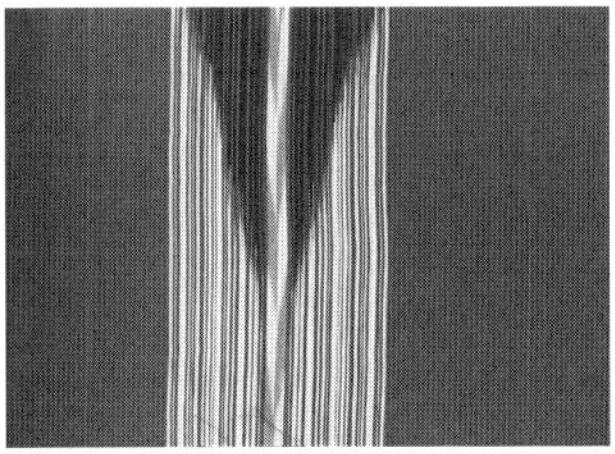

図２－15　クロマ式の模様柄（越阪部三郎氏寄贈資料，所沢市生涯学習推進センター所蔵）

図２－16　湖月明石を着る（1）（『婦女界』1929年６月）

図２－17　湖月明石を着る（2）（『婦女界』1929年６月）

機であった[46]。

　こうした状況下、所沢織物同業組合が大正一三（一九二四）年七月に実施するのが、整経捺染機を使用する静岡県浜松地方ほかの先進地調査であった。高松今男は同組合から懇願されこの調査に同行した[47]。高松のアドバイスを受け整経捺染機に関心を示した所沢織物同業組合は、「豊婉優雅なる曲線」の追究にあたって銘仙の解し捺染法を応用するか、あるいは徳島や浜松地方で使用されはじめていた先染め転用の機械捺染を導入するかの技術選択の検討に着手していた。同組合は後者への関心を強め、苦境打開の最善の可能性として整経捺染機の調査活動を実施したのである。そして、同組合は「織物界不振ト共ニ柄行ノ行詰レル現今本機（整経捺染機―引用者）ヲ応用シテ縞ト絣ノ併用ヲ研究スルハ最モ必要ナリシ」[48]と判断し、同年九月に整経捺染機を一台購入し、組合員の染色業者に貸与し試験的運用を行う。

翌大正一四（一九二五）年度、整経捺染機の実効性を確認した所沢織物同業組合は、検討中の組合付属工場内への解し捺染工程の設置をいったん取りやめ、同機導入促進の補助事業を決定し、組合員への奨励貸付金（一台五〇〇円）の貸与（無利子）を開始した。[49]整経捺染機は大正一五（一九二六）年四月までに組合員に六台が導入され、昭和六（一九三一）年度には一一台が稼働する。また、捺染機械よりも導入が進んでいたシルケット機は大正一三（一九二四）年度に二九台が稼働し、同一五（一九二六）年四月には三五台となっていた。同一四（一九二五）年一〇月、所沢織物同業組合には農商務省から貸与されたドイツ製綛糸染色水洗機一式が同組合付属工場で稼働開始し、昭和四（一九二九）年には綛糸の綿糸を多色染色し洗浄する自動機である同機は組合員に三台導入された。織布工程に先立つ糸染めおよび整経捺染の準備・加工工程において専用自動機が稼働し、さらに捺染糊をはじめ抜染糊や着色抜染糊による捺染法の活用によって、埼玉県入間地方において平織産地では織り出せなかった模様デザインの製品が次々と織り出されていったのである。

図2-14は、整経捺染機による初期（大正末～昭和初め）の製品である。これと同時期のものとして、矢絣型の中央部分に紫と青のゆるやかな〝うねり〟（クロマ式縞模様）が施された製品（**図2-15**）も生産された。そして、**口絵七頁**に、第一回所沢織物（夏物）競技会（一九二九年三月）と第六回競技会（一九三二年三月）に出品された、整経捺染機と抜染技法の応用によって模様デザインが多彩化した新銘仙（湖月、新湖月、湖月明石など）を、**図2-16・17**に縦線や細縞によって大きな芭蕉の葉や矢絣を「描き出し」た湖月明石の着装スタイルを抜粋して示した。

おわりに

準シルク製品（低級絹織物および上級木綿・絹綿交織）を対象とする専用図案の出現とその需要拡大は、より安価で実用的な〝お洒落着〟のデザイン面での変動を表象する動きであった。とはいえ、在地の織物生産者や仲買商人が京都や東京・足利在住の図案家とかかわり縞木綿のデザイン変革を継起的に遂行するのは容易ではなく、現実的には主に公的機関からの配布図案や組合収集のサンプルを活用するのが有効な一手であったろう。そうしたなかで、大衆向けのファッション・テキスタイルとして競合する当該製品は、不況克服の突破口としてファッション性への期待が増幅する大正後期に、直線＝擬曲線によるデザイン表現の行詰まりを抜本的に打破する革新的な技法を生み出していく。

まず、玉糸や絹紡績糸を用いる低級絹織物の銘仙に取り入れられた画期的な技法は、仮織りした経糸を手捺染（型置き）によって模様づけする「解し捺染」である。染（縞）糸を準備する工程で経糸の仮織⇒型置きの手捺染、そして織布の本工程で仮織りに用いた緯糸を解しながら本織することで、擬曲線ではない経糸捺染にもとづく曲線模様の本格的な表現（⇒模様銘仙）を可能にした。いっぽう、高番手瓦斯糸と玉糸を用いる新銘仙にあっては、準備工程に整経捺染機すなわち経糸が整経されると同時に曲線模様が多色印捺される自動機が登場する。絹綿交織の新銘仙においては解し捺染の技法はコスト高となるので、整経と同時に曲線模様を印捺する機械技術のほうが注目されたのである。自動機の整経捺染機を購入しうる産地機業家は多くはなかったが、同業組合による奨励補助が同機の導入を後押ししていった。

模様銘仙が一世を風靡する大正末～昭和初期、その模様銘仙に伍して整経捺染機によって脱ストライプを果たした絹綿交織の新銘仙がより安価なファッション・テキスタイルとして流行市場に投入される。銘仙および新銘仙が表現する斬新な曲線模様はいずれも準備工程における経糸捺染の積極的操作によるもので、先染めの生産領域で経糸捺染による模様デザインを実現した画期的な技術革新であった。それまで品質的にも価格的にも対立的であった後染用の捺染技術が先染め製品に革新的に応用されたのである。手工的な解し捺染法に依拠するか自動機の整経捺染機を導入するかは、製品の違いにもとづく生産費からの技術選択であった。いずれの場合も、百貨店主導の流行創出と上・中級シルク中心の販売戦略とは異なる、実用的な準シルク市場におけるオルターナティブな流行喚起と製品化をめぐる、集散地問屋─産地買継商─機業家の連携とコンビネーションの中で生起した経営上のデザイン戦略にもとづくものであったといえよう。

そして、その動きに対し、生産サイドへの側面支援の勢力として重要な役割を果たしたのが、産地業界を代表する織物同業組合の主体的な事業活動（需要地調査、図案収集と図案展覧会、品評会・競技会、市況・流行調査委託、機械助成など）と、公的機関である県工業試験場が行った図案・デザイン研究や化学および機械研究、そして注目すべき市況・流行調査であった。

（田村　均）

注

（1）本稿ではストライプを縦縞基調の直線的な織柄（大明・千筋・万筋系や格子など）として単純化しているが、近世社会の多彩な「シマ柄」に文化史的な考察を加えた著作に広岩（二〇一四）がある。

（2）（3）（「愛知県染織業の現況」『染織時報』第二七〇号、明治四二年四月、五四〜五八頁。

（4）栃木県編『栃木県産業要覧』同県、一九一七年。大正元（一九一二）年の栃木県図案調製所の図案調製数は、依頼調整数八七二点および展覧会用の調整数一〇四三点の計一九一五点であった（同書、二一五〜二一六頁）。

（5）大正三年五月中の埼玉県図案調製所への来所者五〇名のうち三三名が図案配布を申し込み、展覧会をふくめた図案配布数は二〇一四点であった（「図案調製所成績」『国民新聞』、一九一四年六月五日付）。

（6）「埼玉県報」、号外、明治四一年一二月二八日付。

（7）『埼玉県議会史　第三巻』三三七〜三三八頁および「織物改良の建議」『埼玉新報』、明治四二年一月九日付。

（8）（9）『埼玉県議会史　第三巻』。

（10）『埼玉県議会史　第三巻』、九〇頁および埼玉県編『埼玉県産業案内』、一九二二年、九四頁。

（11）「明治四十四年度　武蔵織物同業組合業務成績報告書」、武蔵織物同業組合『諸官庁関係書類』所収（所沢織物商工協同組合所蔵、入間市博物館寄託）。なお、とくに断らない限り、武蔵（所沢）織物同業組合の事業活動に関する具体的な記述は、各年度の「業務成績報告書」・「経費決算」などによる。以下も同じ。

（12）「大正三年度　武蔵織物同業組合業務成績報告書」。

（13）「図案展覧会開設」『埼玉新報』、大正元年一二月一一日付。

（14）秩父絹織物同業組合は大正三（一九一四）年八月に図案の懸賞募集を行い、五八〇名の応募があった。秩父郡大宮町

（現、秩父市）での審査は、県技師や大日本織物協会理事のほか、白木屋、松屋、松坂屋の呉服店と森五東京支店、神野商店、山田合名会社、伊藤本店、下村合名会社、大橋商店などの都市問屋が担当した。入選者一一名（一〜三等賞）の居住地は、東京四名、埼玉県川越町二名、栃木県足利町一名、京都市一名、群馬県前橋市一名、名古屋市一名、佐賀県大村町一名であった（「本場秩父縞意匠図案切地見本懸賞」『染織時報』第三三五号、一九一四年八月、四四頁）。

(15) 山内英太郎編著『創立五十周年記念 染織五十年史 大日本織物協会五十年業績史』大日本織物協会、一九三五年、八五〜九九頁。

(16)〜(18) 柴田才一郎「愛知県染織業の現今」『染織時報』第二八九号、明治四三年一一月、五八〜六〇頁。

(19) 東京税務監督局編『管内織物解説』同監督局、一九〇七年（『明治前期産業発達史資料 別冊53-Ⅱ』明治文献資料刊行会、復刻版、一九七四年）、八二〜八三頁、一八六〜一八七頁。

(20) 「大正五年度 織物製造景況報告書」、武蔵織物同業組合『生産並販売ニ関スル統計書綴壱』所収（所沢織物商工協同組合所蔵、入間市博物館寄託）。

(21) 「織物製造法調査」（一九二六年一二月）、武蔵織物同業組合『諸官庁関係書類』所収（所沢織物商工協同組合所蔵、入間市博物館寄託）。

(22) 昭和期の秩父銘仙の生産費構成（比率）について補足すると、同九（一九三四）年八月の模様物の原料費（四七・七％）は五〇％を下回り、製造加工費が三〇・六％であった。原料糸代の相対的低下と製造加工費の相対的上昇が明瞭に看取され、市場でのデザイン評価が高まった点を指摘できる。製造加工費のうち、解し捺染加工の費用や図案代などの「織物加工費」（二〇・四％）が糸練染や織賃などの「製造費」（一〇・二％）の二倍の数値となる（東京税務監督局『織物製造業ノ経済調査』同局、一九三四年）。

(23) 細田栄蔵「所沢湖月会発達史」『東西織物界』第一六一号、一九二一年五月、一二〜一三頁。

(24) 「所沢機業家集団の湖月会」『東西織物界』第一三六号、一九一九年一月、五頁。

(25) 「所沢湖月会製品新柄陳列会状況」『東西織物界』第一六一号、一九二一年五月、一五〜一六頁。

(26)〜(28) 細田栄蔵「所沢湖月会発達史」、一三頁。

(29) デザイン（原画や図案）と「デザイン」（用途・価格帯・ターゲット＝コトと戦略）の異同と相関については、本書の分担執筆者・鷲田祐一の所見に依拠した。鷲田（二〇一四）および本書第六章を参照のこと。

(30) 「所沢湖月会聴評会」『東西織物会』第一四五号、一九二〇年一月。なお、森五東京支店は、毎年、湖月製品の新柄（夏・冬物）陳列会を同店別室にて開催した（前掲(25)）。

（31）（32）「丸紅商店呉羽会　第十八回春夏物全国染織競技会出品募集」所沢織物同業組合編『所沢織物月報』第二三号、一九二五年一月、一九頁。
（33）「第廿五回春季流行品百選会」『所沢織物月報』第二七号、一九二五年五月、一〇頁。
（34）菱山相互会の活動と同会と伊勢崎織物業界との関係などについては、山内（二〇〇九）に詳しい。
（35）～（37）杉目宗助「大正十三年度夏織物ノ意向ニ関スル報告」、一九二四年二月（所沢織物同業組合『諸官庁関係書類』所収）
（38）高松今男『染織読本』紡織雑誌社、一九二八年、二六～三九頁（第二章　図案）。
（39）～（41）杉目宗助「大正十三年度秋冬織物意向」川越工業試験場、一九二四年七月（所沢織物同業組合『諸官庁関係書類』所収）
（42）「大正十三年度　所沢織物同業組合業務成績報告書」。
（43）「大正十四年度　所沢織物同業組合業務成績報告書」。
（44）（45）高松今男・山田佐一『整経捺染機と其染液』紡織雑誌社、一九二八年、一～三頁（序文）。
（46）高松・山田『整経捺染機と其染液』、一～一五頁。
（47）高松今男「機業調査復命書」川越工業試験場、一九二四年七月（所沢織物同業組合『諸官庁関係書類』所収）。
（48）「大正十三年度　所沢織物同業組合業務成績報告書」。
（49）遠山連『所沢織物誌』所沢織物同業組合、一九二八年、九九頁。所沢織物同業組合は、「特ニ模様織物ハ依然品不足ノ好調ニテ引続キ順調ノ商状ヲ呈スルニ至」（「昭和三年度　所沢織物同業組合業務成績報告」）った昭和三（一九二八）年に、「模様織物流行ニ際シテハ解織実施権ヲ獲得シテ之レヲ実施セシメ、或ハ工業試験場等ノ指導ヲ受ケ特許権（捺染織物製造法特許第七六八三一号 - 引用者）ヲ得」（同上）、付属工場内に捺染加工部を設けている。

参考文献

田村　均「明治後期の双子織の品質とデザイン」『蕨市立歴史民俗資料館研究紀要』第一三号、二〇一六年三月、一～一二頁。

広岩邦彦『近世のシマ格子——着るものと社会』紫紅社、二〇一四年。

藤岡里圭『百貨店の生成過程』有斐閣、二〇〇六年。

山内雄気「一九二〇年代の銘仙市場の拡大と流行伝達の仕組み」『経営史学』第四四巻第一号、二〇〇九年六月、三～三〇頁。

鷲田祐一『デザインがイノベーションを伝える』有斐閣、二〇一四年。

第三章　桐生における図案業界の成立——徒弟的紋工から職業的図案家へ

はじめに

消費とデザインの関連の中では、着物図案は重要なポイントとなる。桐生における着物の職業的図案家の成立を、成立時の桐生織物業の動向とともに検討していきたい。

これまで経営史分野では、織物業におけるデザインの重要性についてしばしば言及があり（田村 二〇〇四）、伝統的な絹織物産地である桐生についてもその示唆は行われていた（橋野 二〇〇七 二〜三、二四頁）。ただし材料の進化や、製織技術・染織技術の進展によるデザインの変化が中心で、グラフィックデザインについての言及はほとんど行われてこなかった。

織物産地の進歩あるいは衰退はこれまで以下の二点でのみ、とらえられてきたという（橋野 二〇〇七、四頁）。一点目は生産高の多寡と成長の側面である。そのために機械化の進捗が発展の指標とされた。二点目は生産組織のあり様である。問屋制度から工場制度への移行は発展の指標とされた。しかしこれらだけが産地を評価する視点ではない、と橋野は指摘する。

本稿が最も関心を寄せる着物の職業的図案家の成立について、図案家の研究はいくつかの成果があがっている。図案業の形成から図案家団体の歴史を総合的に追った成果は、第一に比沼悟（一九七一）が挙げられる。ことに図案家団体のサーベイでは、全国を網羅して目を配っている。並木誠士・清水愛子・青木美保子・山田由希代（二〇一二）では美術界と図案界の関係、学校制度での図案教育の整備、工芸技術の発達、百貨店の果たした役割、博覧会・展覧会による図案振興などを、京都における伝統工芸の近代を背景に概観している。とくに絵画の画家と工芸の図案家は別の存在という、いわば美術界の通念に対して、それを覆しているところは特筆すべき成果である。並木誠士・松尾芳樹・岡達也（二〇一六）では並木・清水・青木・山田編（二〇一二）を発展させて、近代京都における図案教育の発達について、学校制度にフォーカスして記述している。岡達也・加茂瑞穂編（二〇一九）では並木・松尾・岡（二〇一六）をベースに、図案家が組織立って展覧会開催や機関誌発行を行う図案家団体の現状を、全国組織である日本図案家協会と京都に本拠地を置くいくつかの団体を取り上げて解説、また図案家の図案制作工程について記述している。

着物図案に関する研究は、各個作家論、モチーフ分析、模様の時代性、染織技術の歴史を中心にデザイン史・美術史に一日の長がある。とりわけ本稿でテーマとする着物の図案家については、西陣や友禅の事例研究がある（並木他編 二〇一二、岡・加茂編 二〇一九）。

産地の動向を消費の側面から歴史的にとらえる手段として、図案改良への志向は一つの視点になりうる。力織機導入、生産品種別の柔軟な転換など産地の変化を背景としたとき、図案改良はどのように位置づけることができるのだろうか。

本章では、桐生において国内向けの消費を伸ばすカギは、図案の良し悪しや流行に合わせた製造にある、として桐生での図案の改良と図案家職業の確立に至った経緯を探る。桐生でも有力な機屋の一つである合同会社後藤（以後、後藤織物及び後藤）で、大正末昭和初期から高度経済成長期にかけて、桐生帯地ジャカード機用下絵を描いて納入した図案家五名を資料として検討する。それを端緒とし、明治後期桐生が西陣との競争の中で図案の重要性に気づいて図案改良の仕組みを整えていき、大正昭和にかけて桐生に図案業界が成立する過程を考察する。

まず下絵とはどのように使用されるものなのか、製造工程の中で下絵の使用場面と使用法を説明する。次に後藤織物に下絵を提供していた図案家のうち五名を文献と後藤隆造氏への聞き書きから跡付け、制作納入期間を推定する。次に下絵を利用するに至る後藤織物のおかれた背景を知るため、橋野知子（二〇〇五、二〇〇七）を用いて全国レベルの織物業界の変化と桐生産地の変化と後藤織物の動向を追う。橋野が解明した時期のその後に、後藤では図案家が起用されグラフィック要素が重視される。次に図案の改良に目を転じ、京都で始まった図案改良への志向から、西陣から桐生へ図案の供給を追う。その後桐生の産地内業界誌などで図案改良の重要性が主張され、京都に少し遅れて桐生においても図案改良の仕組みが同様に進んだ経過をたどり、桐生での図案業界の成立を考察する。その中で、図案の価格設定システムに問題の本質があるという内部からの批判出現、徒弟制的紋工から職業的図案家へ変化と成立も見ていく。

一　製造工程における下絵の利用方法

下絵は着物の柄、帯の柄のもとになる。これがなければ着物も帯も制作できない、商品の始まりである。ではこの下絵からどのように帯ができ上っていくのか、概略を整理しておきたい。

下絵の入手

下絵は画家及び図案家によって描かれる。機業家は彼らから直接・間接に購入する。下絵はおよそ三〇センチ×五〇～七〇センチ程度の洋紙とみられる紙に顔料で描かれている（図3－1）。この画面が一単位一図案として続けて繰り返し配置され、一本の帯地の模様となる。購入時にはこの一枚一図案の下絵をいくつかまとめて取引されるようである。

下絵にマス目を描き、改良の指示を書き加える

下絵にはマス目を直接描く。マス目を描くことで絵から構成図となる。色の配置の見当がつき、たて糸とよこ糸の組み合せひと目ひと目をとらえることができる。これをもとに「星絵」を制作する。さらに下絵には、帯地を制作した時に美しさが加味されるような指示を文字によって書き入れる。口絵一頁の写真を例に示せば、余白に「白を使いすぎぬ様」「ホーオを大小を付ける」と書き入れてある。一つは白を効果的に使ってモチーフを平板にせず

図３－１　下絵，孔雀の帯
（後藤織物所蔵）

浮き立たせるように指示している。もう一つは円系に様式化されている鳳凰（「ホーオ」）がどれも同じ径の同じ大きさであるが、これに大小をつけて絵にメリハリやリズムを出させるように指示している。下絵は平面画として納品されてくる。それを帯地という立体物になった場合として理解しなおして、帯地の理屈で平面図を改良するのである。この下絵の読み解きは、目に独特のフィルターをもって下絵を見るような、プロダクト製造の特殊技能といえよう。マス目を描いたものは、試作の段階へと進む判断がなされたものである。商品になりそうだと判断し改良した上で試作するのだが、試作をしたとしても帯地としてのできあがりが良くない場合もあり、販売までたどり着かないこともある。後藤隆造氏によるとこの判断は、後藤織物らしいデザインではない、試作しても美しく仕上がらない、と判断したものであるという。マス目が全く描かれていない下絵もあった。それは試作に入る前に下絵を見た段階で後藤織物では商品にしないと決めたものであるという。

星絵を制作する

マス目を描いた下絵から、さらに精密なグリッドを示して描かれるのが「星絵」であり、それを描いた紙を桐生では「星紙」と呼ぶ（図3－2）。一つのグリッドに糸が二本の見当で入る。よこ糸たて糸の配置を示す織物の設計図の役割をする。星絵を専門に制作する職工を、桐生では「星屋」と呼ぶ。星紙は「紋紙」と呼ばれる複数の穴の開いた厚紙を制作するための設計図でもある。紋紙はジャカード機が模様を織り出すための仕組みである。こうして紋紙ができあがり、ジャカード機にかけられて、ジャカード織物（口絵二頁）ができあがる。

二　後藤織物の下絵利用と図案家たち

図3－2　星絵，孔雀の帯
（後藤織物所蔵）

図案家五名

二〇一八年六月二六日に後藤織物代表後藤隆造氏とご子息の充宏氏から聞き書きすると同時に、同社所蔵の下絵の調査を行った。隆造氏は後藤織物の四代目にあたり、自分の代より前のことは父である三代茂次から聞いたことであるという。同社では図案家ごとに下絵を保管しており、後藤織物の下絵のほとんどを次の五名が描いていた。その五名の略歴は以下のとおりである。詳しくは、川越仁恵（二〇一九）を参照されたい。

若松《わかまつ》華瑤《かよう》　明治二八（一八九五）年京都市生まれで、能装束、相撲の行司装束の制作を中心とした。（株式会社若松HP　二〇一八）。

小松《こまつ》均《ひとし》　日本画家である。一九〇二年山形県に生まれ一九八九年に没した。昭和二一年に作品《牡丹》が日本美術院賞を受賞した。昭和五年頃から墨絵の研究をはじめたとされ、後藤には小松の手になる墨絵風の下絵が残されている（京都近代美術館編　二〇〇一）。

市村《いちむら》一亨《いっきょう》　明治四〇（一九〇七）年、石川県金沢市生まれ（西陣図案家百年祭記念出版委員会編　一九八八）。同じく後藤織物に納品していた渡瀬清和とともに、社団法人日本図案家協会の第四部帯地の部門に所属し、同協会の意匠部長という要職にも就いていた[1]（日図図案年鑑委員会編　一九六五）。昭和五七（一九八二）年には、京都府より第一回産業功労賞を贈られている（西陣図案家百年祭記念出版委員会編　一九八八）。

渡瀬清和　大正一三（一九二四）年京都府生まれである。原田暁峰に師事し、昭和三五（一九六〇）年独立した後、社団法人日本図案家協会（日図）の第四部帯地の部門、織図、創造作家クラブなどに所属した図案家である（日図図案年鑑委員会編　一九六五）。

西野勘四郎　明治三四（一九〇一）年に生まれた（桐生内地織物協同組合三十周年記念誌編纂委員会編　一九八五　一七二頁）。後藤隆造氏への聞き書きによると、戦後直後から後藤家とつながりを持っていたという。桐生織が昭和五二（一九七七）年に伝統的工芸品に指定されると、西野は最初の伝統工芸士（意匠部門）になった[2]。「星紙」への加工が上手だったため、下絵の図案を描くのを止め、専ら「星紙」を制作する「星屋」になったという。

右記五名の図案家を納入時期順に整理してみる。若松華瑤は若松清一商店として独立した店をもったのが二八歳であるから納入の始まりは早くても大正一二（一九二三）年以降で、能装束に主力をシフトした一九三〇年か遅くても一九七四年までの納入であっただろう。若松の紹介で納入した小松均は墨絵を研究し始めた昭和五（一九三〇）年から日本画の大家となる前の昭和二一（一九四六）年までの納入であろう。市村一亨は若松に倣って二八歳に独立したと考えて昭和一〇（一九三五）年以降の納入、西野勘四郎は昭和二一（一九四六）年以降の納入、渡瀬清和は独立した昭和三五（一九六〇）年以降の納入と推察された。すなわち、後藤織物では帯の下絵は五名の図案家から、大正末昭和初期頃から始まり高度経済成長期にかけて、購入していたと考えることができる。いずれも三代後藤茂次の時代を中心とする購入で、ジャカード機に対応した図案であった。またどの図案家も京都の図案家であった。

後藤織物の下絵利用

織物にはなくてはならない下絵だが、後藤織物ではどのように下絵に出会い入手するのだろうか。後藤隆造氏によると京都市から桐生へ下絵が持ち込まれ流通していたようだという。後藤家では下絵の展覧会にて入札で購入していた。展覧会は好みの図案家を探す場でもあった。デザインの流行は図案の展覧会で知った。全体を見渡して今年はこういうタイプが流行か、と看取して買っていく。後藤織物のデザインは、経営が低調な時には手堅い古典柄を主力に製造して販売し、好調期には冒険をして斬新な柄を製造していたように見受けられると語った。桐生でも図案家の育成は行われていたが、桐生在住の図案家からは買ったことがなかった。丸帯に使用できる良い図案などは、当時桐生には少なかったのだろう。平成一桁時代を最後に、図案を購入しなくなった。それからはおそらく所蔵している図案から選んで再活用をしていたのだろう。今ではインターネットで図案がたくさん見ることができ、それを手本にして図案をおこしているという。

三　桐生産地の動向、後藤織物の動向

全国及び桐生産地における絹織物業の動向

前述五名の図案家の下絵を後藤織物が活用を始めた以前の同社は、どのような体制でどんな種類の織物を作っていたのであろうか。同社を含む桐生産地はそれまでにどのような動きをみせていたのだろう。橋野（二〇〇五、二〇〇七）の成果を元にまとめた。

桐生は維新前から発展していた伝統的絹織物産地の一つである。橋野によると、一九世紀後半から二〇世紀初頭の日本における絹織物は、高級品ではあったが、その一方で大衆化も進んでいった、という。戦間期の絹織物の場合、生糸から人絹（レーヨン）へという原料の大きな転換がみられた（橋野 二〇〇七 二～五頁）。また絹織物産地の力織機化率をみると、福井・石川・大聖寺のような輸出向羽二重産地では、一九一〇年代に力織機化が急上昇している。その一方で桐生・足利では一九一〇年代に力織機の導入が始まったにも関わらず、一九二〇年代以降まで本格的な進展はなかった。国内向け絹織物産地で同様であったが、西陣や伊勢崎などでは一九三〇年代に入っても手織機の方が多かった（橋野 二〇〇七 一七二～一七四頁）。製品構成を全国と桐生それぞれの動向をみると、明治初期には全国の絹織物産地は、下記の三つのグループに分類される（橋野 二〇〇七 三一～三二頁）。第一に、京都、栃木（桐生、足利）のように多品種少量生産の府県、第二に福岡、愛知、福島、豊岡、敦賀でほぼ単一品種生産、第三にそれ以外の産地である神奈川（八王子）、米沢、新潟で織物の種類が多い特徴に分かれる。

全国と桐生の織物業の動向をまとめると、以下のようだという。桐生では全国に比して力織機導入が遅れたという（橋野 二〇〇七、一七〇頁）。桐生では一九一〇年代、手織機を利用した集中作業場（工場）と、外注の賃機の併用が存在した。生産の主力は外注の賃機で、社内の集中作業場は熟練工と非熟練工が併存し現任訓練と高級品製造を行っていた。桐生では工場が出現しても賃機は止めなかった（橋野 二〇〇五 三五頁）。京都西陣の流れをくむ桐生は、伝統的に技術水準が高く、高級品を得意とする産地であった。その一方で、機業経営者は海外での織物需要を察知して、市場の変化に敏感に反応する態度も兼ね備えていた。その例として、高級品から低級品へのシフトが挙げられよう。桐生での力織機導入の進展は、一九二〇年以降この流れに乗ったためであった。一九二〇年の戦後恐慌以後、伝統的絹織物は需要縮小のための製品安、また織賃高のために深刻な不況下にあり、安価な人絹織物が市場に登場したという。そこで低級品を低コストで大量生産するというインセンティブが、力織機化を促進したと思われる（橋野 二〇〇七 一九三頁）。一九二〇年代の桐生では、低価格製品の少品種大量生産への移行により、力織機による生産が有利となったと考えられよう（橋野 二〇〇五 六七～六八頁）。

後藤織物の動向

では研究対象である後藤織物は、どのような生産の歴史をたどっているのだろうか。後藤織物は群馬県桐生市東一―一一―三五にて営業する、帯地の製造会社である。明治三（一八七〇）年、初代となる後藤定吉によって創業された。以来二代目萬作、三代茂次、戦前生まれの四代隆造氏、二〇一八年から五代目となった現在の社長、充宏氏へと続いている。通称「のこぎり屋根」と呼ばれる工場独特の建造物が登録有形文化財に指定されたほか、日本遺産、近代化産業遺産、群馬絹遺産などに認定されている会社である。(3)

初代後藤定吉は機道具の改良で特許取得、染色改良、観光繻子の開発など、発明で桐生織物業の改善に励んだ人物である。清国から大量に輸入されていた南京繻子の輸入拡大を防ぐため、その代用品として観光繻子を作ったという。明治三二（一八九九）年に繻子地の紋織物「ばらんす」を商標登録したところ、女性向けの帯地として評判が高く、ばらんす工場ができたほどであるといわれた（『明日へ伝えたい　桐生の人と心』編集委員会編　二〇〇三、一三六～一三八頁）。詳しくは川越（二〇一九　七〇～七一頁）を参照されたい。

二代目以降の記述を捜すと、以下のようなものがある。昭和七（一九三二）年、後藤織物は桐生織物同業組合の評議員に初選任される。(4)三代茂次は一九七七年一〇月、伝統的工芸品指定産地となった桐生産地における伝統産業功労者として、表彰された（桐生内地織物協同組合三十周年記念誌編纂委員会編　一九八五、一七一頁）。

一九〇〇年代後半から一九一〇年代にかけて同社は職工を減らして、賃機に依存する体制へと変化し、これが第一次大戦ブーム期まで続く。職工は減らしていつつも維持し、機業伝習していた。一九〇二年に実用新案登録絹綿交織の繻珍「ばらんす」はあったが、賃機が急増し生産組織が変化した一九〇〇年代後半以降は生産されなくなった（橋野　二〇〇五　五六～七〇頁）。桐生産地ではこの時期、桐生市以外の郡部での賃機業が大きく増加した時期である。桐生における賃機の最盛期は一九一〇年代だったといわれている（橋野　二〇〇七　一〇頁）。一方、一九一〇年代工場の多くが桐生の中心地にあって、力織機率も高い（橋野　二〇〇五　四七頁）。一九一九年秋から、後藤織物では力織機を導入準備した。一九二〇年代には絹綿交織から人絹へと原料を転換し、一九二〇年「力織機と手織機の併存工場」となる。一九二五年には電力を利用した力織機を中心とした生産体制に移行したとされる（橋野 二〇〇五 四一頁）。

後藤織物の製品構成の変化はどうだろうか。帯地が主力商品でありそれは今でも変化はない。橋野は後藤織物における製品の種類と生産数量を一九一三年から分析して、主力製品の生産を一定量維持しつつも、どちらかというと多品種生産という戦略をとっていたが、そこから転換して、多品種から少品種へ絞って主力商品が明確になった。そのような傾向が、一九二〇年代以降より強められ、人絹九寸、交織文化九寸といった人絹を原料とした低価格の帯地を力織機で大量生産するに至るという（橋野 二〇〇五 五六～六三頁）。

最後に後藤織物の動向と桐生全体の傾向をまとめる。桐生全体では一九二〇年頃まで割合の大きかった内地向けの絹織物や交織物が縮小し、一九二〇年代後半から、内地向け・輸出用ともに人絹織物の割合が大きくなる。とりわけ一九二〇年代初めから中頃には内地向けの絹織物が急速に縮小した。人絹への移行は、桐生製品の低価格化を意味するだろう。背景には第一次大戦ブーム後の不況がある。一九二〇年代においても、御召等の高級品の市況はいっこうに回復しなかった一方で、人造絹糸を応用した帯地については他に匹敵すべき産地がなかったために、桐生の特有品として相当な売れ行きがあった。翌一九二六年には純絹帯地の生産はほとんどみられなくなったという。第一次大戦ブーム後の不況下、このような需要の変化に即応して、後藤織物は交織帯地から人絹帯地へ、従来の製品と比較してより大衆向けの低価格製品にシフトするという戦略をとった。商機を逃さず短納期で低価格製品を大量生産するためには、力織機による生産が不可欠となったのである（橋野 二〇〇五 六三～六五頁）。

後藤の図案家五名にはこの時期以降、ジャカード織の帯地のグラフィックデザインを依頼していたのである。早くても一九二三年以降のこととなる。穴をあけた紋紙によってたて糸の上下運動をコントロールする機械がジャカードで、それまでの紋織機に比べて四倍の能率をもつ紋織機であったが、紋紙を制作する費用が高額なため大量生産向きで少量生産では採算があわなかった（並木他編 二〇一二 五二頁）。ここで後藤織物は大量生産の低価格品にシフトしたため、力織機のジャカードを設置したのである。橋野は「後藤織物が辿り着いた戦略は、力織機を備えた工場生産であった。それは、需要の変化に対応して、原料を人絹に転換し、意匠・デザイン、染色、整理といった工程は従来の産業集積のメリットを生かしつつ、より低価格で市場にとって魅力のある製品を大量生産するという選択とも言える」と述べる（橋野 二〇〇五 六七～六八頁）。

桐生は広汎に展開する問屋制を基盤として、多様な製品を作り出すことを強みとした産地だった。後藤織物は一九二〇年代以降低価格路線へと戦略を変える中で、自社では力織機化工場という技術と生産組織との組み合わせを選択した。後藤の戦略は二方向といえる。一つは自社工場で作る製品は力織機によって、規格化・標準化した製品を低コストで内製化した。すなわち工場生産の効率性を利用した戦略であった。他方、自社の職工に準備工程を担わせて、数は多くなくても工場内で職工を養成していた。二つめは、工場外での賃機や意匠、整理等を積極的に利用して生産するというものであった。すなわち問屋制の効率性を利用した戦略であった。そののち昭和一〇年代初めの後藤織物は、織機は合計三六台、七挺杼の最新式設備を有し、一万五〇〇〇枚もの紋紙を使って帯地を生産する人絹（交織）帯地工場となっており、そこで生産される帯地は二七〇～二八〇匁が標準で、一見西陣の本絹のものと見分けがつかないくらいだったという（橋野 二〇〇五 六三、六九～七〇頁）。

低価格の人絹帯地を大量生産する方針の中で、後藤織物は五名の図案家の下絵を活用していった。大正末期頃から始まり、五名の下絵は高度経済成長期にかけて活用された。

四　図案の重要性の発見、図案家の成立——京都の動き、西陣から桐生への影響

図案、とくにグラフィックデザイン改良の重要性の発見

そもそも古くは工芸の下絵とは絵師が描いていたのが通例であったことは、古くは近世の絵師にまつわる作家論ならびに並木他編（二〇一一、一五八頁）からも明らかである。それがいつの間にか、日本画家と着物の図案などを描く図案家は別の存在となってしまっていた。着物・帯を量産するにつれ、図案家はいわば職工として古典的なモ

チーフと定型の構図を組み合わせて、廉価で迅速に製作していた。一方でややもすると陳腐に陥るため、もし画家が下絵を描けば、定型を脱却し自由な発想で絵画のような写実性に富んだ模様は、染織業にとってはバリエーションを増やす意匠開発となる。青木によると千總の西村總左衛門(5)は明治六、七年頃、画家に下絵図案を依頼することを思いつき、そこから画家が下絵を描くという風潮が広まっていった（並木他編 二〇一二 一六二～一六三頁）。

図案家の継続的安定的な育成も計画された。殖産興業政策としての美術工芸の質を高めるとして建議された京都府画学校が、明治一三（一八八〇）年設立された。同校には一八八八年に応用画学科が設置され、その後図案科と名称変更になった。この日本で最初の公立画学校は、じつに産業界の要請を受けて設立されたのである。のちの一八八九年に開校した東京美術学校のように、美術教員の養成など美術界の要請で建議されたものと主旨が異なっていた。東京美術学校（のちの東京藝術大学）では一八九六年に図案科が設置された。一九〇二年開校の京都高等工芸高校は伝統工芸界が近代に直面したときに求められた新しい技術、意匠を研究するための機関として設置された。開校当初より図案科があった（並木他編 二〇一二 一九六～二〇四頁）。それまで図案家養成は紋工の親方が弟子を育てる徒弟制に大きく依存していたものが、学校制度によって継続的に養成されることになった。

時前後して百貨店の髙島屋では、優れた図案の重要性を敏感に認識していた。明治二四（一八九一）年五月にはじめて帛紗の図案を全国的に懸賞募集し、さらに継続的組織的に実施するため大正二（一九一三）年に、髙島屋百選会が創設された（並木他 二〇一六 二一七頁）。京都の工芸界が図案の発展を図ろうと懸賞募集を始めたのは、明治二四、二五年頃であり、各地での図案懸賞募集はさらに下って大正一〇年前後であるという（並木他編 二〇一二 一七一頁）。

図案家も増加し、京都では図案家の団体も誕生していった。明治三二（一八九九）年～大正一三（一九二四）年の間に相次いで設立された。京都図案協会は、百貨店の髙島屋と関係が深く染織図案業界に寄与する高坂三之助によって設立された。高坂は髙島屋を通じて、織物産地で図案を販売する道をひらき、一九〇八年九月に桐生・足利・伊勢崎で機業家を招待した出張図案展覧会を開催した。その上、桐生・伊勢崎・足利・米沢・八王子・名古屋・東京に支部を置くまでになった。東京でも日本図案会が組織されていた（並木他編 二〇一一 一七六〜一七九頁）。

要請された図案家で固定的に図案を買い取ってくれる機業家がいない人は、自作の図案をどのように機業家に販売したのだろうか。ここに二つの事例をあげてみる。一つは、『近代図案ものがたり』にみる図案家のくらしである。(6) 昭和一四、一五年前後は、図案を依頼される名図案家以外は「図案屋」は振り売りが一般的であった。依頼されることが少ない場合は、できあがった図案を心当たりの染工場、問屋、織元へ訪問し販売する。図案を竹簀で巻いた風呂敷を抱えて、朝、主人や番頭が店へ出てくるのを待ち、買ってもらったり持ってきた図案をベースとした改良版の注文を受ける。売れなくても批評をもらったり、他の図案家のものを盗み見たりその批評を聞いたりして、次の創作の足しにする。図案の値段は図案会へ加入すると一枚五円で売られ、振り売りは値切られて二円五〇銭程度、友禅より西陣の方が安値であったという。機業家を代わりに回って販売してくれるブローカーに依頼すると一円五〇銭程度になってしまう。中には見識のあるブローカーもいて、注文を取ってくれたりこういう図案が売れるという予想もしてくれる。図案家は割のいい商売という認識があり、評判が出ると弟子を取り親方になって月に百円の収入があったという。会は閉鎖的でアイディアを盗まれぬよう同業者を警戒する。評判の高い図案家のいる会は展示会の案内が出ると図案を予約しようと機業家、織元、問屋が殺到し、開場前から行列して待っている。

二つめは、後藤織物に図案を販売に来て、そのうち後藤専属の図案家になって桐生に移り住んだ京都の図案家・西野勘四郎の例である。西野は明治三四（一九〇一）年生まれの京都の図案家で、桐生に自作の下絵を売りに来るうち、後藤織物を訪ね戦後直後から取引するようになった。後藤家に起居し、しだいに後藤家のために図案を描くようになった。のちに後藤織物が桐生市内に西野のために家を建て、西野はそこに住んで所帯をもったという（後藤隆造氏への聞き書き二〇一八年六月二六日）。このように、京都で養成された作家は必ずしも京都の機業家だけに下絵を販売したわけではなく、広く各地で営業していたと推察される。

徒弟的紋工から職業的図案家へ

それまでは親方のもとに弟子が入って技術を見て習い独立していく、徒弟制の職工であった。比沼（一九七一）は自身の経験から以下のように語る。図案工になりたければまず、一〇年程度の年季で小遣いをもらいながら、新人は家事手伝いから振り売りに出る仕事をする。三、四年経つと、絵の具の調合、運筆の稽古、模写、写生ができ、五年経つと師匠から草稿をもらって絵に仕上げる作業を任されるようになる。一〇年経ったあと二年程度の御礼奉公を勤める。独立の時は、師匠から挨拶状をもらって師匠の得意先を回ることを許される。比沼は「このようにして多くの図案家希望者が誕生し、あるいは脱落して行った。めぐまれた時代であったと同時に、めぐまれる以前にきびしい試練をうけなければならなかった」（比沼　一九七一　一〇九頁）と結ぶ。

また後藤織物への聞き書きや、筆者のこれまでの工芸技術者への聞き書きから看取されるのは、徒弟制における訓練には親方の力量に依るところが大きい、ということであった。親方が上手く弟子を育て上げるには、弟子の技術を高める様々な指導法、弟子の意欲を長続きさせる粘り強さが必要であった。親方の資質によって図案家の育成が左右されるのでは、開国で輸出ないし内地向けの販売量増大が見込まれるこの時期、安定した生産体制にならない。均質に一定の水準をクリアした技能を継続的に輩出するためには、学校制度が適切であった。加えて言うならば、学校出の下絵描きは人間関係のしがらみがなく、機業家・問屋と距離が保てた。聞き書き調査の中ではしばしば、親方の人脈が強い場合には機業家を紹介され、独立当初は仕事がもらえて良いが囲い込みのようなことが生じて、条件の良い問屋、心安い機業家につき合いを変えることができなかったという不便が語られた。しがらみのない図案家は、腕が良ければ問屋・機業家が下絵を求めて門前市をなし（比沼　一九七一　一〇八頁）、また腕を上げようとセンスを磨こうと競争関係になる。それまで図案は旧知の取引先、親方の懇意筋など互いに相いれない販売ルートがあり、関係性の中で販売されてきた。それが個人を離れて、市場という供給と需要に率直で適度な緊張と競争のある場に、図案が一商品として投げ出された。その好例が図案の展覧会であった。こうしてそれまでの販売方法も変化し、図案制作者の意味合いも、徒弟的職工から職業的図案家へと変化していった。

図案家要請の背景には、前述の生産量の他に技術の目まぐるしい進歩があった。写し友禅やジャカードなど次々と新しい技術が開発される染織業界では、それぞれの技法に対応した図案が必要になってくる。加えて着物需要の増大で染織業者は多くの図案を必要とした（並木他編 二〇一一 一七六頁）。新しい技術でスムーズに製作できる破綻のない図案が必要だったし、それまでより多くの種類の図案が消費されたため、継続的安定的に一定量の新柄を確保することが必要になったということであろう。

こうして京都から地方へと新規図案の必要性が高まり、図案家も京都でいち早く養成されたと推定される。京都で養成された図案家は徐々に地方の機業家にも採用されていったと考えられる。

五　桐生における図案業界

桐生織物に関する文献を調べてみると、図案、意匠や図案家、紋工といったことに関する記述は、極めて少ない。調査を進めている文献から、現段階で散見される記述を拾い出して挙げてみたい。

産地内業界誌『桐生之工業』

桐生産地では、染織業界誌がいくつか存在し、輸出入の状況、海外の技術・産地の情報、日本各織物産地の情報、新技術紹介、懸賞募集の情報などが掲載されていた。そのうちの一つ桐生社発行『桐生之工業』（のちに『織物工業』）を取り上げ、明治後期の記事に図案改良への関心の高まりを見ていく。

『桐生之工業』は毎月発行されている。「意匠」が記事に出現するのは明治三三（一九〇〇）年第一六巻で、「織物意匠論」と題された記事である。「意匠が何れの美術にも必要にして欠くべからざる（中略）意匠如何は美術の価値を上下し、且つ死活に大々的関係を有す、織物意匠に於ても亦然り」と重要性を説いている。「京都風と桐生風」として両産地の帯地の模様を比べて西陣製は「高尚なり」。桐生製は「華美なりと雖も雅致に欠乏す」と西陣を意識して批評している。製織技術の差による模様の差で意匠が論じられている。明治三四（一九〇一）年八月発行第三五号では桐生社の図案部という部署が「第三回懸賞繻珍女帯地模様之意匠募集」として懸賞募集を行っている。管見に入る限り少なくとも『桐生之工業』における懸賞募集の記事はこれが初出である。以後、懸賞募集の記事はしばしば同誌に掲出される。また同じ号に「西洋風意匠の東漸」と題した記事があり、西洋式の意匠考案法を推奨し、斬新奇抜なグラフィックデザインの案出を求めている。群馬県立桐生織物学校図案科ではそのような考案法を指導している、と記す。明治三五（一九〇二）年三月発行の第四一巻では、桐生図案界をけん引した長澤時基が「意匠図案談」と題した一文を寄稿しており、どんな産業にも意匠はあって画工だけが意匠家ではない、と意匠を設計とか仕組みという意味にとらえて広義のデザインといった定義で説明している。発明をかたちにするにも画が必要で、これを訓練しなければならないからこそ学校の科目にもあるのであり、織物業においては「終始意匠を凝らさねばならぬ」し、絵を描く能力を養成しなければならない、と説いている。このように明治後期には桐生産地内でも、業界誌によって図案の重要性がしばしば指摘されていることがわかる。

図案展覧会や、図案の懸賞募集

図案の展覧会は、図案家にとっては手広く図案を販売する場であると同時に同業者の図案を見て研鑽を積むチャンスであった。また機業家や問屋にとっては広く新柄の図案を探し購入する場であると同時に流行を看取するチャンスでもあった。桐生には従来通り馴染みの紋工から図案を調達したり注文したりするほかは、京都から図案が持ち込まれ販売されていたのが最初であったと考えられる。京都で明治四一（一九〇八）年四月に設立された京都図案協会は、同年九月にはもう桐生・足利・伊勢崎で支部を拠点として機業家を招待して図案展覧会を開催していた。明治四二年九月に桐生織物同業組合主催の展覧会「桐生図案展覧会」が開催された。来場者は三三〇〇人と記録されている。成功に鑑み二カ月後の同年一一月に第二回、一九一〇年二月に京都図案展示会、同年四月には第三回桐生図案展覧会を開催している（桐生織物史編纂会 一九四〇 四一八〜四一九頁）。後藤織物には東京で開催された戦前と思しき図案展覧会ポスターが保管されている。後藤織物は東京で図案を求めたのか、あるいは桐生でポスターによる展覧会開催の宣伝を依頼されたものだろうか。東京のような機業地以外での開催の理由としては、東京では問屋や百貨店向けの展覧会だった可能性がある。

他方、懸賞募集は図案のコンペであり、レベルアップには直接的な効果があっただろう。前述の『桐生之工業第三五号』（一九〇一）でもあったとおり、大正二（一九一三）年に桐生御召秀友会による桐生御召図案の懸賞募集が開催され、応募点数は約六〇〇点であったという。一九一四年から一九一五年に桐生織物同業組合による帯地着尺の模様、および縞絣の懸賞募集が開催された、と記載されている（桐生織物史編纂会 一九四〇 四一九頁）。

桐生で活動した初期の図案家

元来東京近在にしても両毛地方にしても製品の多くは、絣や縞の模様であって、関西のような山水草花を配したものはなく、必要性についても無関心だった、と評される（島田多薫 一九二九 一三四頁）。昭和四（一九二九）年までの両毛地方の図案は、古く江戸時代には石田九野、笠原吉兵衛など伝説的な人物が桐生織物図案の嚆矢となった。明治初頭に笠原、石田の子孫が相次いで図案家として自由で柔らかい感覚の図案を提示するようになった。日露戦争が終結して人は綺羅燦然たる服飾を望むようになった。京都図案協会の理事長高坂三之助が着尺図案の必要について遊説して回ったことがきっかけで、図案振興の運動が台頭した。桐生では田中桐圃（喜久吾）・籾山桐水（文四郎）・石井豊川らが京都図案協会桐生支部などで先頭に立った。田中桐圃・籾山桐水をはじめ、山崎・金子・横田・西脇・小林・原田など図案家の名前を挙げて、彼らが発起人となり「桐生図案会」を創設したという。両毛ではほかにも秀友会、七星会などの図案団体ができたことが述べられている（寺岡 一九二九 一三〇～一三二頁）。織田萌編『染織図案変遷史』「現代図案家略伝之部」という章には全国の図案家二一三名のうち、五名の桐生の図案家が掲載されている。**籾山桐水**　明治一五（一八八二）年桐生生まれ、**田中桐圃**　明治一七（一八八四）年栃木県生まれ、**石井豊川**　明治一九（一八八六）年群馬県生まれ、**蜂須賀淳**　明治二二（一八八九）年生まれ、**菊地泰吉**（一好）

明治二五（一八九二）年桐生生まれ（織田萌編　一九二九　二〇八～二一二頁）。『桐生織物史人物伝』は桐生の人物にフォーカスし、図案家は六名紹介され、桐生で育成された人物もいれば、西陣からやってきた人物も掲載されている（桐生織物史編纂会編　一九三五　五三～六八頁）。**小阪半兵衛**　宝暦一二（一七六二）年関西の生まれ、小阪佐兵衛、石田九野桐生生まれで文久元年没、**彦部忠吉郎**　天保一三（一八四二）年広澤村生まれ、**長澤時基**　慶応元（一八六五）年山形県生まれ、である。長澤時基は、桐生図案業界の重要人物である。一八八四年印刷局のお雇い外国人キヨッソネの許で洋画を学び、米習と号す。一八九四年日本織物株式会社図案部に雇われて初めて桐生に来たのち、一八九六年町立桐生織物学校の教師、一九〇〇年群馬県立桐生織物学校教諭となった。一九〇三年第五回内国勧業博覧会に「菊花資料応用図案」を出品、一九〇四年米国セントルイスにて開催された万国博覧会では「日本古今織染紋変遷図」を出品し金牌賞を受賞した。（飯島義雄　一九九六　一〇五～一一三頁）。群馬県内だけでなく、愛知県の委託で図案を調製、群馬県の要請で中国向け輸出織物が好調だったため清国での意匠図案調査に赴くなど、活躍した。群馬県に図案調製所のないことに憤慨し、設立を提唱して明治四三（一九一〇）年に群馬県図案調製所が新設されると、初代所長となり企業の依頼に応じて図案を作るなど、県内の役職は枚挙にいとまがない。大正五（一九一六）年には桐生高等染織学校で教鞭をとった（桐生織物史編纂会編　一九四〇　四一七～四一八頁）。大正九（一九二〇）年没した。弟子に桐生市今泉町の蜂須賀淳、境野村の石井準太郎、伊勢崎町の柏木秀雄などがいる。桐生における図案の先覚者といわれている（桐生織物史編纂会編　一九三五　六六～六八頁）。詳しくは川越（二〇一九　七七～七九頁）を参照されたい。

群馬県図案調製所と桐生織物図案業組合

図案家の人脈に恵まれない機業家のために、プロの図案を県の図案家が作製するという群馬県図案調整所が長澤時基の発議によって設立された（桐生織物史編纂会編　一九三五　六七頁）。同所は明治四三（一九一〇）年四月一日に群馬県山田郡桐生町大字東安楽土村に設立され、長澤時基が初代所長に就任した。同所の規定には業務内容は「商工業者若しくは商工業に関する実業団体の依頼に応じ意匠図案を調整す」としている。「本県商工業者にして意匠考案を要し其図案の下付を受けむとするものは別記書式に依り所に願出ツべし」とあり、県内の商工業者の委託を受け、形状や配色などの希望に応じ図案を作成する業務をするところであると言える。飯島義雄（一九九六）は「各織物業者と図案家の個人的なつながりの中で行われてきたことへの限界性を克復しようとする動きの一つであったのであろう」と述べる（飯島　一九九六　一〇五〜一一三頁）。長澤以下、技手は発足当初は三名で籾山文四郎、石井純太郎、金子松太郎の名が挙がっていた。

図案家が桐生にも育ったためか、独自の図案家組合が設立されたようである。「現代図案家諸団体の過去及現状並に諸規定」によれば「桐生織物図案業組合」は、田中桐圃（喜久吾）ほか四八名の図案家により大正一四（一九二五）年九月二四日設立された。目的は自営業の弊害を矯正し、相互の親睦と地方産業の工場発展を図る。展開していた事業は八項目あり、織物の研究、視察、講習会開催、図案展覧会及参考資料展覧会開催、図案や技術の発明の保護奨励、料金の協定、官庁の諮問回答及び意見陳述、組合員などの表彰と列記されている。料金表も会則内に掲載してあった。「製紋料の部」と「図案文の部」に分かれており、「図案文の部」は織物図案と染物図案とに分かれ、料金が記されている。ここでは織物と染物両方の図案家が在籍しており、同組合で両方の図案振興に努めたものとわかる。組合長は田中喜久吾、副組合長は籾山文四郎となっている（織田萌編　一九二九　一五七〜一五九頁）。

以上、記録が乏しい桐生の図案界について、できる限りの描出を試みた。京都では明治前期にすでに図案の重要性を発見する萌芽が見られた。一方桐生では産地内業界誌が図案の重要性を促し、図案展覧会や図案の懸賞募集も行われたのは、明治後期を待たなければならなかった。図案家不足の中、人脈がなくても下絵が購入できるように県立の図案調整所もほどなく設立された。そのうち図案家が順次輩出されはじめ、京都図案協会桐生支部の影響か、桐生織物図案業組合が設立され、年ははっきりしないが桐生独自の図案家団体「桐生図案会」が設立されたようである。京都では図案業界の成立はステップを一から開拓していったが、桐生は京都というお手本があったためか、一つひとつのステップを比較的短い時間で駆け上がったようである。桐生ではこうして図案界が少しずつ形作られていった。

六　図案界発達の課題

図案業界が形成されてから、図案業界が考える発展を妨げている機業家側の要因が、少なからずあったようだ。桐生織物史編纂会編（一九四〇　四一四～四二〇頁）では「一、意匠図案の不振」と題して一九〇五年頃のデータを引用して、不振の原因について二点あったという。一点めは桐生で作られる図案と価格・賃金の関係である。文中で「紋屋」と呼ばれる図案家が図案を作り、機業家に見せセレクトされると、図案家は意匠図（後藤織物のいう星絵のことであろう）を作りそのよこ糸の数に一定の料金を乗じて機業家へ売り渡す仕組みになっている。次に意匠図をもとにジャカードの紋紙を作成しなければならないが、複雑な模様になるにしたがって紋紙の加工賃が高くなり、必要経費が増える。紋屋はつまり考案したデザインを意匠図へと変換した後のよこ糸の数で加工賃を得るに過ぎず図案の巧拙ではないので、より良い図案を創出しようという動機にならない。これが発展を妨げている、と記載されている。補足するとつまり、機業家の経営事情に合わせて経費のかさむ複雑な模様より単純な模様を選ぶこともあるだろうが、その時、単純でもインパクトのある上手い絵を上手さに比例して図案家が値段をつけられるのであるなら、意欲が持てるということだろう。そうなれば図案家はより巧みに意図して、機業家にとっては紋紙加工時の経費が少なく、かつ見た目には効果のある図案を描こうとする動機づけになる、と推察される。またこれには図案の値段はよこ糸の数で自動的に決まるのではなく図案家が決めることが重要となり、どんなに単純な図であっても機業家が欲しければ図案家の示す値段で買うことが求められることになろう。

二点めは、配色は機業家が自由に決めるという慣習そのものであった。デザインをまるごと買ってもらうのではなく配色は図案家の考案したものでないため、図案創案時のイメージと異なるものが作られる。これでは考案者の苦心が水の泡であり、制作意欲を殺ぐ。その上これが模様着物に新機軸が少ない原因とみられる、という。消費者の嗜好は華美な傾向にあるのに、流行に合った商品を提供できず時流の変化に追いついていない、というものである（桐生織物史編纂会 一九四〇 四一四～四一七頁）。この頃の桐生は製造側の論理から従来の売れ筋価格ありきで計画して、できばえ優先でなく、色数をよこ糸で計算した意匠費の上限で決めてしまうやり方であったのだろうか。

製造側である機業家の意向が、グラフィックデザインに強く反映していることは、後藤隆造氏への聞き書きでも明らかだった。下絵に彩色されておらず、墨で模様の輪郭だけ描いてある下絵が散見された。それは「彩色をしないで納品してくれ」と注文するもので、そのあと色彩は機業家である後藤織物の方で決める、という方法だった。どこにどの色をどんな明度と彩度で置くかや、色数といったことは、じつは糸を染める染色家とのつながりと、商品の価格設定といった経営そのものに関わるため、多様な対応には限界がある。そこで色は機業家の裁量なのであろう。しかしそこが図案家との相違なのである。

先の記述があったのはまさに、安価な商品路線を増やすことを桐生の多くの機業家が選択した時期であった。そして桐生では図案家のちからは弱かった時期であったと思われる。産地内業界誌で明治三三（一九〇〇）年に織物の意匠の重要性が叫ばれたのを皮切りに、明治三四（一九〇一）年に懸賞図案の募集があり、桐生織物組合の主催で展覧会が明治四二（一九一〇）年に行われたにもかかわらず、これらはみな機業家側、製造側の理屈におけるグラフィックデザインの重要性発見であったといえよう。大正一四（一九二五）年に図案業だけの組合ができていてもなお上記の告発があったのは、桐生での図案家より機業家が上の立場が続いていた証拠であり、図案の重要性も機業家論理での発見であったとみることができよう。図案が真に改良を遂げるには、図案という商品の価格設定システムという大きな問題が横たわっていた。

色は機業家の裁量でなく図案家の裁量で決め、それが功を奏している指摘も出た。時代は下って市村一亨が欧州へ視察に出かけて得た知見である。欧州での図案家は日本とは立場が異なる点を指摘する。欧州では図案から試作見本までを作ってカラーセットをつけて売るというやり方であることや、著作権は厳しく侵害すれば罰則があることなど、図案家は非常に責任ある仕事をしている、と述べている（奥村・市村 一九六五 七五～七九頁）。つまり図案家は色指定とその発色まで検証してから機業家に売るので、図案家の仕事の範囲が日本より広い。また描いた図案には権利があって他人が介入する余地はない印象を持つ。図案業界の発展には課題があるという、問題提起である。デザインの進展に伴って、デザイン制作も分業の中の重要な一部分に肥大して織物業の構造も変革を迫られていたことが垣間見える。

おわりにかえて

本稿では、産地の動向をデザインの側面からとらえる手段として、図案（グラフィックデザイン）改良を取り上げてきた。桐生における生産技術の変更、材料の進化、生産品種別の転換などここでは大きな流れのなかで、図案改良というファクターがどのように位置づけられて作用しているか、を明らかにしようという試みであった。その中で同時に図案家の成立が起こり、機業地に変革をもたらしたことがわかった。これに気づかせてくれたのは、後藤織物の図案家五名であった。彼らの作家性に深く分け入ることは不要だが、ただし彼らを調べることによって、多数の無名の図案家がデザインをもって機業地にいかに変動をもたらすことになったかを知るきっかけとなった。

本稿で得られた結果を以下に要約する。一九二〇年戦後恐慌以後、全国的に伝統的絹織物は需要縮小のための製品安と織物製造の織賃高のため、深刻な不況に陥った。代わって安価な人絹織物が登場する。この全国的な流れに桐生も同じく、一九二〇年代の桐生では人絹帯地という低価格の少ない品種を大量生産する商品への移行により、力織機による生産が有利となった。これにより力織機の導入が推進された。これに桐生の機業家・後藤織物も同様に動いた。後藤織物の五名の図案家は、大正末昭和初期から高度経済成長期あたりまで、後藤織物に図案を供給していた。少品種を大量生産する方針のもと、製品は低価格の人絹帯地をジャカード機で作るための下絵図案であった。後藤織物をはじめ、当時図案は重要性を認識し、機業地に図案の供給は盛んに行われた。その最初は京都で明治初期に遡る。京都では図案を改良すべきだと図案の重要性が発見され、図案家の継続的安定的な輩出を目的に明治一三年京都府画学校、明治三五年京都高等工芸高校が設置される。学校制度における図案家の養成は、徒弟的紋工から職業的図案家へと変貌の大きな後押しとなった。図案の懸賞応募による直接的なレベルアップが図られ、これに百貨店の髙島屋が大きく関与する。図案家が増えてくると、最初の図案家団体が明治三一年に設立され、京都・東京・各機業地で図案展覧会が開催され、図案が販売されるようになる。桐生においても図案家は、京都のあとを追うようにして同様の方法で育ち、図案界を形成していった。機業家に図案改良へと広く向かわせたのは明治四三年設立の群馬県図案調整所であり、長澤時基が活躍して桐生の図案改良をリードした。桐生織物図案業組合が大正一四年に設立されて桐生での図案家の成立となった。しかし図案家の立場が変わろうとしたとき、図案流通の仕組みは変わっても、図案の価格決定システム、図案家の権限はなかなか好転しなかった。図案改良を求めて図案界が成立したものの、整備発展には課題があったと考えられる。

今後の課題として、二つあげておきたい。一つは全国の機業地でも同じ傾向が見られたのではないかと推察できること。各地特有の条件の下で図案業界の成立を見たならば、比較し一定の類型や傾向がみられるだろう。二つめは、図案界発達の課題についてである。この課題の存在はつまり、図案の重要性が発見され、図案改良に重きをおいてもなお、根本のところで図案の重要性には気づいていなかったことであると推察される。川上から川下までの中で誰が一番強いかという議論はこれまで大きな論題であった。その中で図案制作の段階は川上の中でも小さな一部分であったものが、この時期にパワーバランスが変動しようとしていたととらえることができる。最も先鋭的に動いた場合、産地内分業システムにも影響を与える可能性がある。もし市村一亭のいうヨーロッパの図案家のやり方に桐生のやり方が変更された場合、図案家が色の指定から製品の試作をするとなれば、産地内の分業システムに少なからず影響を与える可能性がある。産地内分業の場合、全工程が一貫して流れるよう垂直的にグループを形成していることがしばしばみられる。ある工程の業者だけグループを超えて産地内で探すことは自由にできるとは言い難く、暗黙の了解を侵すので慣習上困難が生じることがあるのは、伝統的産業ではこれまでにえてして聞かれる説明である。例えば図案家の好む微妙な色がグループ内の染色工程業者で出せない場合、その色を求めて、その工程だけ産地内の他の業者に変更するとか、図案家が先鋭的ならば色の出せる染色業者を産地外であっても指定してくることも想定できる。もっとも下絵も桐生産地内でなく京都の図案家からグラフィックデザインを供給している時点で、すでに分業システムは再編されている、ともとらえることができる。少なくともこれまで考えられてきた産地内分業の工程の一つとしての「紋描き（下絵制作）」そのものではなくなってきているのかもしれない。もし図案家の権限を拡張して図案の改良を推し進めた染織の産地があるならば、分業システムの変容を考える試みとなるだろう。これらの可能性を考慮に入れて、今後研究をすすめていきたい。

（川越仁恵）

注

（1）日図の解説については、岡達也・加茂瑞穂（二〇一九、九頁）が詳しい。
（2）桐生内地織物協同組合三十周年記念誌編纂委員会編一九八五、一七二頁。「西野勘四郎　意匠　明治三四年四月三日生まれ桐生市広沢町二―三〇〇一」と記載されている。
（3）後藤隆造氏への聞き書き二〇一八年六月二六日。
（4）『桐生織物史　下巻』一九四〇、九八頁には評議員名を後藤定吉としてあるが、定吉は一九一〇年に没しているので、これは誤記で、正しくはその跡を継いだ後藤萬作のことであろう。
（5）千總は一五五五年創業の法衣業。明治六、七年頃友禅も取り扱っていた（並木他編二〇一二 一六二頁）。
（6）比沼 一九七一、一〇六～一〇九頁。著者は丹後ちりめんの本場で育ち織元や問屋を身近に見て過ごし、自らも図案家になった体験談を語る。

参考文献

『明日へ伝えたい　桐生の人と心』編集委員会編『市制施行八十周年記念　明日へ伝えたい　桐生の人と心』桐生市教育委員会、二〇〇三年。
飯島義雄「群馬県図案調製所と長澤時基」『群馬県立歴史博物館調査報告書　第7号』群馬県立歴史博物館、一九九六年、一〇五～一一三頁。
岡達也・加茂瑞穂編『展覧会　図案家の登場――近代京都と染織図案Ⅲ』京都工芸繊維大学美術工芸資料館、二〇一九年。

奥村巽哉・市村一亨「欧州の思い出（語る人奥村巽哉氏×市村一亨氏）」染織新報編『そめとおり　第一七九号』染織新報社、一九六五年、七五～七九頁。

織田萌編「現代図案家諸団体の過去及現状並に諸規定」『染織図案変遷史』毛斯綸協会、一九二九年（森仁史監修・横川公子解説『叢書・近代日本のデザイン三九』ゆまに書房、二〇一二年所収）、一五七～一五九頁。

織田萌編「現代図案家略伝之部」『染織図案変遷史』毛斯綸協会、一九二九年（森仁史監修・横川公子解説『叢書・近代日本のデザイン三九』ゆまに書房、二〇一二年所収）、二〇八～二一二頁。

川岸吉太郎編『桐生之工業　第四二巻』桐生社、一九〇二年三月。

川越仁恵「後藤織物所蔵の下絵と桐生の図案業界」『文京学院大学総合研究所紀要　第一九号』文京学院大学総合研究所、二〇一九年、六九～八七頁。

京都近代美術館編『生誕一〇〇年記念　小松均展』読売新聞社、二〇〇一年。

桐生織物史編纂会編『桐生織物史　下巻』桐生織物同業組合、一九四〇年（国書刊行会による一九七四年の復刻版）。

桐生織物史編纂会編「図案紋工」『桐生織物史人物伝』桐生織物同業組合、一九三五年、五三～六八頁。

桐生内地織物協同組合三十周年記念誌編纂委員会編『続々十年一糸　創立三十周年記念誌』桐生内地織物協同組合、一九八五年。

島田多薫「東京地方と染織図案の地位」織田萌編『染織図案変遷史』毛斯綸協会、一九二九年（森仁史監修・横川公子解説『叢書・近代日本のデザイン三九』（株）ゆまに書房、二〇一二年所収）、一三三～一三五頁。

田村均『ファッションの社会経済史――在来織物業の技術革新と流行市場』日本経済評論社、二〇〇四年。

寺岡順峰「両毛織物図案の変遷」織田萌編『染織図案変遷史』毛斯綸協会、一九二九年（森仁史監修・横川公子解説『叢書・近代日本のデザイン三九』ゆまに書房、二〇一二年所収）、一三〇～一三二頁。

並木誠士・清水愛子・青木美保子・山田由希代編『京都　伝統工芸の近代』思文閣出版、二〇一二年。

並木誠士・松尾芳樹・岡達也『図案からデザインへ――近代京都の図案教育』淡交社、二〇一六年。

西陣図案家百年祭記念出版委員会編「西陣織図案家年表」『西陣図案家百年祭記念作品集』マリア書房、一九八八年、同書は全頁番号の記載なし。

日図図案年鑑委員会編『昭和四〇年度版図案年鑑』㈳日本図案家協会、一九六五年。

橋野知子「第1章　問屋制から工場制へ――戦間期日本の織物業」岡崎哲二編『生産組織の経済史』東京大学出版会、二〇〇五年、三三～七四頁。

橋野知子『経済発展と産地・市場・制度――明治期絹織物業発展の進化とダイナミズム』ミネルヴァ書房、二〇〇七年
比沼悟『近代図案ものがたり』㈱京都書院、一九七一年。
株式会社若松HP、二〇一八年一〇月三〇日閲覧。http://www.wakamatsu-kayou.co.jp/chronology.html

第四章　ウール織物のデザイン
――日本におけるウール織物の展開と和洋の融合

はじめに

ウール織物は、ヨーロッパをはじめとする諸外国においては古くからの歴史をもつ在来的な織物であるが、日本では大航海時代に海外からもたらされた。幕末開港以降に本格的に市場に出回るようになり、生産が開始されるのは明治期に入ってからのことである。したがって、日本においてウール織物業は、綿や絹といった他の織物業とは異なり、「近代産業」の一つとして発展していったといってよいであろう。本章では、日本におけるウール織物業の生成および発展の過程について振り返りながら、そのなかで和服地における展開を例にとり、具体的には①一九世紀末から二〇世紀初頭にかけて民間において流行したモスリン、②第一次大戦期を画期として飛躍的に生産が増加した着尺セルに関して、加工技術の向上が生産拡大に寄与した側面に注目して検討を行う。さらに、着尺セルや洋服地の一大産地として発展した尾州産地（愛知県）は、古くから綿・絹といった在来織物の産地として長い歴史を有していた。そこで、綿・絹といった在来的な織物生産からウール織物生産への転換の過程や、その転換のなかで従来の織物の柄・デザインなどはどのように継承されたか、さらに、ウール織物の国産化の過程のなかで、いかにして国内最大のウール織物産地として成長したのかについても光をあてながら論じていくことにしたい。

一　日本におけるウール織物業のはじまり

「近代以前」ウール織物への関心のはじまり

すでにふれたように、日本ではウール織物はきわめて「近代的な」織物であり、明治期以降において本格的な生産が開始された。ただ、ウール織物自体が日本に伝来したのは、室町時代末から安土桃山時代の初頭、具体的には一五七〇～八〇年代頃とされている。大航海時代以降のヨーロッパとの交易のなかで、オランダ船の渡来などによって舶来品として日本にもたらされた。[1]しかしながら当時、ウールは武将の陣羽織、鞍覆といった特殊な用途に用いられたに過ぎず、[2]極めて貴重で贅沢な織物であって、一般に普及するものではなかった。その後江戸時代になり、庶民の生活水準の向上のなか、次第に輸入毛織物の総量も増大した。一八世紀後半以降、イギリスの産業革命にともなうウール織物生産手段の機械化により、生産量の増加が生じたが、[3]その影響から江戸末期には対外貿易においても薄地毛織物取引量の増加がみられるようになった。一八世紀末の寛政期以降、幕府財政の健全化の一環としてとられるようになった国産奨励・輸入防遏策の影響のなか、牧羊およびウール織物の国産化が試みられた。記録によるとはじめての試みは一八〇五年のことであり、当時の長崎奉行であった成瀬因幡守が中国から数頭の緬羊を買い入れ、肥前浦上村で飼育したが、この事業は頓挫した。続く一八一一年には、徳川幕府が長崎奉行に命じて中国から数十頭の緬羊を購入し、巣鴨の薬園において飼養した。この事業は成功して緬羊は三〇〇頭ほどまで増殖し、羅紗や呉絽の試織も行われたというが、その後薬園の火災により緬羊が悉く焼死し、結局この事業も挫折した。そして、近世期における牧羊およびウール織物製造のそれ以降の記録は残されていない。[4]

このころ輸入されたウール織物として、金巾《かなきん》、更紗、天鵞絨《びろうど》、桟留縞《さんとめじま》、羅紗、呉絽服綸《ごろふくりん》などがあげられる。[5]また、呉絽服綸の帯などが中流女子の嫁入調度として用いられるようになった。[6]このように、鎖国下の日本では、のちの開国後と比して限定的な取引であったものの、早くもウール織物に対する消費者側の需要が高まっていた。

幕末期、一八五八年に安政の五カ国条約が締結され、翌一八五九年七月より神奈川（横浜）、長崎、箱舘の三港が開港して本格的に居留地貿易が行われるようになると、イギリス、フランス、アメリカ、ロシアの交易船が入港するようになり、輸入される毛織物も、羅世伊多《らせいた》、イタリアンクロス、フランネル、ブランケットなど多種にわたるようになった[7]。長崎において取引されたそれが大阪の問屋などに仕入れられ、消費地へともたらされていったというが[8]、新たに貿易地として開港した横浜でも毛織物の取引は活発であった[9]。開港後の横浜貿易における全輸入品に対するウール織物輸入の割合は、一八六五年には全体の四三・七％に達し、呉絽、羅紗、毛布などが多く輸入された[10]。

このように、近世期を通じて日本では、ウール織物が次第に一般社会に浸透し始め、さらに幕末期に開始された居留地貿易により、その輸入量は急増した。しかしながら、取引量の増加にもかかわらず、日本において本格的なウール織物国産化が試みられるのは、明治期以降のことであった。この点については、歴史的にみてそもそも日本では原料となる羊毛を生産しておらず、その原料調達の試み自体が挫折してしまったという経緯が大きく関連しているということができる。

近代のはじまりとウール織物生産の開始

では次に、明治期に入り本格的に生産が開始されたウール織物業の展開について述べていくことにしよう。一八七〇年には陸海軍の服装が制定され、続く一八七一年には羅率（巡査）の制服、一八七二年には郵便夫、鉄道員の制服が制定され、一般官吏も洋服を着用するようになった[11]。そして、このような洋装に要する羅紗や毛布などのウール織物が広く需要されるようになった[12]。民間においても、和服地においてそれまで多く輸入されていた呉呂にかわり、モスリンが友禅縮緬の代用として用いられるようになり[13]、軍官需用としてその需要が増加するとともに民需用としての需要も増加した[14]。こうしたなかで、ウール織物は依然として輸入に依存する状況であり、国産化の必要性がますます高まることになった。

当時の内務卿であった大久保利通は、一八七六年、ウール織物の国産化の必要性について、太政官に具申書を提出した。大久保の建議にもとづき、一八七九年九月に官営千住製絨所が操業を開始した。なお、千住製絨所は日本で最初の近代的設備を備えた羊毛紡織工場であり、同時に民間羊毛企業の設立を誘発する、指導工場としての役割を担った[15]。この時期以降、民間において羊毛企業が開設され、一八八六年には後藤恕作により東京毛布製造が設立されたほか[16]、一八八三年には大阪北野では、大阪毛布が設立され、これを発端としていくつかの毛布製織工場が設立された。一八八七年には東京毛糸紡織が資本金三〇万円で設立され、一八九三年には資本金を五〇万円に増額して東京製絨と改称した。一八八八年には東京に日本毛布製造、大阪には大阪毛糸紡績が設立された。このようにして、民間の羊毛企業も誕生していったが、日清戦争期までは東西合わせて一〇社にも満たず、コスト、品質面で輸入品に対抗できなかった[17]。

明治期におけるモスリンの流行と加工技術の向上

モスリンの国内生産が大企業を中心に飛躍的に拡大したのは日清戦争後になってからであったが、そもそも、モスリンは、幕末から明治初頭にかけてのウール織物流行の中心であった呉絽服綸をその前身とするものであった。一八七二年頃にはフランスから輸入された縮緬呉呂がこれに代わり流行し、その後縮緬呉呂の捺染模様が輸入された[18]。それは鮮麗な模様を染め出した友禅モスリンであったというが[19]、これが友禅縮緬の代用となることから、唐縮緬またはメリンスと呼ばれ流行した。そして、メリンスの流行にともなって、一八七六年頃から緋唐縮緬に白抜きで模様を出すことが考案され、一八七〇年代における友禅モスリン（唐縮緬）の流行のなか、まず、国内商人のなかから友禅モスリンの柄行を考案して染色を海外に注文する者があらわれた。捺染モスリンは無地モスリンと比して極めて高価であるため、国内においてモスリンに模様法を施そうと試みる者がこの時期に早くも現れた[20]。

京都の友禅縮緬職人である木村藤吉は、モスリンの友禅加工の研究に没頭し、一八七六年頃には、白地のモスリンに縮緬と同法の友禅法を応用して加工することに成功した。そして、当時大阪で二枚白屋（二枚の型紙を用いて糊を施し、模様を附すべき部分を白く染抜き地色を染出す職業）を営んでいた島村徳兵衛の助力を得、白川（京都）に工業社を設立した。当時、京都の笠井という問屋から生地の供給を受けていたが、その笠井の番頭である堀川新三郎が工業社の監督にあたり、のちに堀川捺染工場となるのであった[21]。ただ、この時期における友禅加工では、紅の染料がウール織物に適さないという理由で、紅の入らない模様を染出すことができた程度にとどまった。しかしながら、堀川や岡島は紅入友禅の完成を目指し、次にコーチニューロ染料[22]を利用することに成功した。そして一八八一年四月、岡島式絣友禅寫染法を発見した。この方法は、すべての染料を糊絵具とし、模様は型紙にとり、生地を板に張ってその上から型紙を当て、桜の木のへらに糊絵具をとって刷きながら染付ける友禅法であり、これにより完全にして鮮明なモスリン絣友禅を作ることが可能になった。岡島式絣友禅寫染法の発明を発端として、日本におけるモスリン友禅の生産が本格的にスタートすることになる。染料の開発とともに友禅の技術の向上もみられ、従来の板揚地摺法から、生地を板に張り、型紙を当てて桜の木のへらに糊絵具を含ませて型紙の上から刷いていくという、板揚糊寫法に一八八七年に転換した。こうして、各地に友禅工場がつくられるようになった[23]。さらに、緋色に続き黒色の染料の開発もなされ、こうした技術革新の成果もあいまって、ウール織物への民間の需要がさらに拡大した[24]。とはいえ、この時期におけるモスリンの国内生産については、加工が主であって、生地についてはその多くが輸入に依存しており[25]、輸入された生地に染色（無地染）や友禅加工が行われた。こうした友禅加工技術の進化により、国内におけるウール織物の流行・需要はさらに広まることになる[26]。このようにして、先に軍官需用などにより製絨部門や毛布製造において開始した日本でのウール織物の生産は、モスリンをはじめとする和服地への民間需要の高まりの中で、先駆的な技術者による加工技術の向上がみられ、大衆衣料部門へと進出することになった。

大企業によるモスリン生産開始とモスリンの流行

繰り返しになるが、加工技術の向上がみられるようになった当初は、モスリン生地は輸入品に依存していたが、次に、有力洋反物商や商社などが国内におけるモスリン生地の生産に注目することになった。また、一八九六年三

表4－1　国産モスリン生産量、輸出量の推移
（単位：千碼）

年　次	生産量	輸出量	輸入量
1899	6,393	0	22,776
1902	10,243	0	16,552
1905	16,796	97	14,203
1908	27,445	355	9,395
1911	49,410	449	4,256
1914	50,347	584	113

（出所）　名古屋通商産業局（1955）29頁より筆者作成

月には輸入羊毛に対する関税が免除されたが、これは原材料である羊毛の輸入を促進することとなり、結果、好況ともあいまって日清戦後における大規模企業の設立およびモスリン業の進展に結びつくことになった。一八九六年には毛斯綸紡織、東京モスリン、日本毛織が相次いで設立された[27]。さらに、一八九九年には関税定率法が実施されて国内ウール織物に対する保護政策が強化されるようになり、輸入品に対して一層の対抗力を持つことになる。さらに二〇世紀に入り、日露戦後になるとモスリンの国内生産は、生産工程の簡便さもあいまって、さらに拡大する。一九〇七年には東洋モスリンが設立され、その他にも先述の毛斯綸紡織、東京モスリン、日本毛織などが相次いで増資や工場の増設を行った[28]。このようにして、以下の表に例示した一八九九年から一九一四年にかけての数値からも明らかなように、国内におけるモスリンの生産量は急増し、輸入モスリンを駆逐することになった[29]。このようにして、明治中後期から大正初期にかけて、モスリンの国内生産は大きく拡大した。

大企業における大量なモスリンの生産が、その後における日本のウール織物生産量の拡大を導きだした要因の一つであることは間違いないが、大企業による国内でのモスリン生産に先立ち、まずは友禅加工方法が開発され、加工技術の向上がみられたということは、重要なポイントであると考えられる。なぜなら、染色・加工方法の進展がまず先にあり、柄・デザインの流行が広まり、その需要に応じる必要が生じるなかで、素材としてのモスリンの大量生産が行われるようになったからである。デザインが需要を呼び、国内生産、消費の増加という流れに結びついたのであった。また、絹織物において在来的に展開していた友禅加工の方法がモスリンの加工に応用され、欧米ではあまりブームにならなかったとされるウールモスリンが[30]、近代日本において和服地として独自の発展をとげることになったということもその特色としてあげることができよう。すなわち、日本ではすでに友禅加工という加工方

法が前提として存在していたからこそ、ウールモスリンが「日本的」な発展を遂げることができたのであった。ここに、友禅加工方法を仲介とした、和洋の素材の融合、進化の過程の一端をみることができよう。

大正期以降のモスリン

このように、日清、日露戦後経営のなかで大企業を中心に大きな発展を遂げたモスリン業であったが、生産量の拡大から生産過剰におちいり、一九一二年には四八四八万㎡の生産高を記録するも、同年末からは不況状態となった。日本毛織、東京モスリン紡織、毛斯綸《モスリン》紡織、上毛モスリン、東洋モスリンの大手五社は、一九一三年にはモスリン連合会を結成し、生産制限を協議したがまとまらず、一九一四年六月にようやく五割操短が決定した[31]。しかし同年七月に第一次世界大戦が勃発すると、輸入品途絶のなかで相場は高騰し、再び好況にわくことになる。ただし、原糸や染料が不足する状況でもあったため、モスリン友禅工場のなかには休業に追い込まれるものも多く、また大手モスリン会社では他繊維を用いた織物製造の道が模索された[32]。その後一九一八年から一九二〇年にかけてモスリンの生産は急増し、二〇年七月には連合会を組織していたモスリン会社の発起で、有力羊毛工業会社が参加して羊毛工業会が結成されたが[33]、同年に生じた恐慌の影響により、モスリン価格は大暴落することになった。加えて、一九二三年九月の関東大震災は、東京を中心に集中していたモスリン会社に大きな打撃を与えることになった。こうしたなか、一九二六年には上毛モスリンが破綻、東洋モスリンが減資したのをはじめ、昭和期に入ると多くのモスリン会社が整理淘汰されていくようになる。なお、東洋モスリンは一九二九年に倒産している。こうして、不況の波とともに洋装化の波にもさらされ、モスリン生産は次第に減少していくことになり、梳毛紡績に転じる企業も多くみられるようになった。そして、大手企業によって生産された国産毛糸は、産地における織物生産に用いられるようになる。

ではなぜ明治期において大きな流行をともなったモスリンは、大正期において幾度かの好不況の波にさらされながら、その後生産の縮小を余儀なくされたのであろうか。この要因について、当時の営業者間では、①一般財界不況のため、②流行の変遷のため、③需給の均衡を得ざるため、④品質漸落のため、というような議論がなされていたという[34]。このなかで、①財界の不況、に関しては事実として否定できないが、この要因については他の商品についてもいうことができるため、特にここで検討することは避けることにしたい。問題となるのは②以下の要因であろう。モスリンが友禅物や着尺模様において縮緬や銘仙などを超えて多くの需要を得ることができたのは、図案が精巧でかつ加工品が艶麗であり、綿布よりも品質がよく、絹布よりも低価格である割には着心地がよかったためであった。これが、一般大衆の嗜好に合っていたのであるが、のちに図案に行き詰まりが生じた。また、一九二〇年代になると機械捺染が本格的に採用されるようになり、友禅工の失業問題がみられるようになったというが[35]、これは一方では技術革新の一環として肯定的にとらえることができるものの、その一方では細やかな技術が必要とされる友禅加工の場面においては、品質の均一化・低下をもたらしたのではないかと考えらえる。さらにモスリンの需要の中で多くを占めていた子供物が児童服に置き換えられ、和服地では一九二〇年代になると絹織物の中でも低級なものに属する銘仙が、大衆需要をえるようになり、モスリンに対して競争力をもつようになった[36]。このような要因があいまって、日本において独自の発展をとげた和服地用のウールモスリンは、その生産を徐々に縮小していくことになった。

日本では外来の織物としてもたらされたウール織物は、軍服、制服などだけでなく、モスリンというかたちで和服地にも応用され、民間での需要が高まった。はじめは生地を輸入に依存し、元々絹織物に施されていた友禅加工技術のウール生地への応用および加工技術の向上により国内生産が増加した。そして、日清戦争後においては大規模企業におけるモスリン生産が拡大し、生地自体も国産化が可能になった。このようにして、まずはモスリンの流行によって和服地におけるウール織物生産の伸びがみられたが、その一方で、ウール織物について考える際には、産地織物業の動向も見逃すことはできない。大正期以降において日本におけるウール織物の一大産地として成長する、尾西地域を中心とする愛知県の尾州産地[37]は、昭和期以降、洋服地生産が本格化する以前には、「着尺セル」とよばれる和服地用のセルジスの生産が盛んであった。そして、主に尾州産地において生産が開始された着尺セルは、モスリンと同じ和服地でありながらも、その生産が下降していくモスリンと比して、大正期においてその国内生産を拡大していく[38]。その要因は何であったのだろうか。こうした点にも注目しながら、次節では尾州産地におけるウール織物生産の展開について述べていくことにしよう。

二　大正期におけるウール織物業の展開と産地

尾州産地織物業とウール織物製造への転換

着尺セル生産の展開について述べる前に、本節では、在来的織物産地であった尾州産地の歴史的背景、ウール織物への転換過程について明らかにしていくことにしたい。そもそも尾州産地は、古く奈良時代から織物産地として知られ、最初に麻織物、つぎに尾張八丈などの絹織物産地として栄えた。そして、安土桃山時代のころからは綿織物産地としての名声を得るようになり、奥、一宮などがその中心となっていた[39]。また、尾張地方で棉作が開始された正確な時期は明らかではないが、隣接する三河地方が日本最初の木綿栽培地であったという関係上、比較的早期に棉作が開始されたものと考えられている[40]。江戸時代中期以降になると、縞木綿生産が尾西地域の農民層に広汎に展開するようになった。そして一九世紀前半、文政の頃から絹綿交織の結城縞の織出もみられるようになり、高級衣料として都市町人層に売さばかれることになった。このように、近世期においてすでに在来的な織物産地として発展していた。

では次に、近代以降の動向についてみることにしよう。維新後の尾州産地においては、養蚕の発展と絹綿交織物生産の増加がみられ、その一方で輸入綿糸ないし国内紡績糸の利用増加に伴う棉作の衰退がみられた。製品としては結城縞、桟留縞などの縞物中心であり、白木綿が少なく、縞物が多かったことが特色としてあげられる[41]。このように、元来縞物生産が多かったということは、前提として染色技術の蓄積があったことが認められ、さらに、その後着尺セルなどのウール織物の開発のなかで織柄を追求していくうえでの基礎となっていたということがいえよう。

　ところで、この地域においてウール織物への関心がもたれるようになったのは一八八二年頃のことであり、起村（現・愛知県一宮市）出身の渡辺弥七が名古屋において綿毛布を製造したことにはじまるといわれる。(42)その後、一八九一年に起こった濃尾大震災の影響により棉作が大打撃を受けるなか、綿織から毛織への転換を志すものが現れ、ウール織物について研究し、舶来品を真似てつくるものが現れた。一八九二、三年頃には起村の筧直八が経糸に綿糸、緯糸に毛糸を使用した交織物をつくり、一八九三年に開催されたシカゴ万国博覧会に出品した。(43)

　同じく一八九二、三年頃には、中島郡宮地花の酒井理一郎と三条（ともに現・一宮市）の加藤平四郎は、当時輸入された服地用セルジスを、「直観的に着尺用に応用せば需要の喚起は期して待つべき」(44)と感じて和服地の着尺用に応用することに着眼し、原料毛糸を横浜の外国商館から得て試織研究に着手し、着尺用セル（薄地の和服単衣用生地）を製織した。しかし、整理加工の設備が不完全なうえに染色整理法も未熟であり、商品化するにいたらず、未完成のまま挫折した。この要因として、当時の整理技術は砧式整理加工というものであり、たたいて艶を出して生地の精粗をならすという方法であり、この方法は毛交織物に対する整理方法として適切ではなかったということをあげることができる。(45)同じ和服地のウール織物であっても、モスリンにおいてはこの時期にはすでに友禅加工の開発が行われ、加工技術の向上がみられた時期であったが、後発的に開発が進められた着尺セルにおいては、加工技術の遅れから製品として市場に出回るまでにはタイムラグをともなうことになった。先述のモスリンの場合においても、加工技術の向上がさらなる民間の需要を引き寄せていったが、着尺セルの場合においても加工技術は重要な要素であった。すなわち、従来海外においては洋服地に利用されていたセルジス（サージ）を、日本国内において生産、流通させるには、まず和服地への応用という点に注目した酒井や加藤のような先駆的な機業家の存在が重要なファクターであったが、それを市場に出回らせ、民間の需要に応えるためにはたんに製織というだけでなく整理、染色といった仕上げ工程の技術が開発されるということが重要な要素であった。一八九八～九九年頃には、酒井、加藤、また起町の鈴木鎌次郎といった機業家や、名古屋市の愛知物産組などが相前後して綿毛交織のセル地および揚柳御召浴衣地を試織した。(46)なお、先述の筧直八は一八九九年、経綿糸六〇位の単糸に、緯五二位の毛単糸を用いたメカニク織二幅物など絹毛・綿毛交織物を生産し、東京三井呉服店へ出荷している[47]。

このように、大企業でのモスリン生産が本格化した日清戦争後において、尾州産地でもウール織物への関心および在来織物からの製品転換の方向性が模索された[48]。とはいえ、数々の試みがみられたものの、本格的なウール織物生産の開始には至らなかった。こうした状況のなかで、この産地において本格的にウール織物への転換を図るということへの先駆的な役割を果たしたのは、片岡春吉という人物であった。なお、片岡はのちに「日本毛織物の父」とよばれるようになる。

尾州産地におけるウール織物生産の開始と着尺セル

まず片岡春吉の活躍について記そう。片岡春吉は、一八七二年に岐阜県養老郡に生まれ、その後、海東郡津島町（現・津島市）において織機の付属具である筬《おさ》の製造業を営む片岡孫三郎家の婿養子に入った。家業の筬製造は手広く行われ、関東の織物産地である足利地方まで販路を有していたが、彼は「筬は織機の一部分として大なる将来を期し難き」と思い、織物製造業への転身を決意し、西陣や足利といった全国の織物産地を巡り、研究を行った[49]。そして視察の結果、絹織物や綿織物といった既成織物の模倣では競争は難しいと考え、新織物を取り入れることを模索した。そのような折、筬納入先の一つである東京モスリン会社の社員が女工募集のために地元を訪れ、モスリンの有望性について知るところとなった。そこで片岡は、ウール織物の将来性を見込み、その製造を志すことにした[50]。一八九六年には、筬納入先の一つであった東京モスリン会社に見習職工として入社し、修業した。一八九八年三月にモスリン製織の技術と知識を習得して帰郷し、はじめに縞モスリンを試作したが、整理染色の技術を欠き半製品にとどまり、失敗に終わった。しかしながら、片岡は次に、市場における輸入物のセルジスの需要の高まりに注目し、和服用のセルジスの試織に着手した。そのプロセスにおいては、セル地製織に都合のよい木製の二巾手織機を考案し、巻き取り機などを創り、片岡式織機を創作した。さらに、染色加工の過程においてはアルコールランプを拡大した瓦斯焼機を考案し、大型アイロンで艶出ロール機の代用をした[51]。このようにして織り出された特製小中柄着尺セルは、一九〇一年一一月に開催された第五回愛知県五二品評会に出品され、銅賞牌を獲得したが、これは国産として最初のセルジスであった[52]。さらに、一九〇二年には第二回全国製産品博覧会において縞セルを出品し有功二等賞銀牌、一九〇三年には第五回国内博覧会で二等賞牌を授与された[53]。このようにして、着尺セルは市場にその価値を認められるようになった。片岡は東京の呉服問屋である市田商店に販売を委託することに成功し、市田商店では一九〇三年から、片岡の工場で織られた縞セルに「ブドー・セル」の名前をつけて積極的な販売に乗り出した。ブドー・セルはやがて、シーズンの流行色をリードするようになった[54]。片岡は尾州だけでなく、日本のウール織物開発の先駆的存在として位置づけられるといえよう。なお、セルジスの品質向上にあたっては、一九〇一年に愛知県立工業学校が設立され、初代校長として着任した柴田才一郎による技術の教育・伝播も大きな役割を果たした[55]。

片岡の技術開発に触発され、一九世紀末から二〇世紀初頭にかけて、在来織物からウール織物への製品転換を図るものが現れはじめた。のちに産地内の有力な毛織物機業家となる鈴木鎌次郎は、一九〇五年には絹毛交織セルの織布に成功し、同じく有力機業家となる山本直右衛門も、綿毛セルの製織に成功した[56]。こうして、尾州産地においては先駆的な機業家たちが事業の安全性を証明しつつ、ウール織物製造へと転換していった。また同時に、染色技術の開発もみられ、生産の最終工程である整理作業の発達がみられた。

着尺セルにおける整理染色技術の向上

先に述べたモスリンの事例でも加工技術の向上が生産の向上に結びついていったが、着尺セルの場合でも当然のことながら同様であった。しかしながら、元々輸入生地に友禅加工を施すことで勃興していったモスリンと比して、着尺セルは和装地用のセルジスの生地自体を新たに開発していく必要があったため、加工技術の中でもとりわけ、生地の染色、整理に関する技術の向上が重要な役割を果たした[57]。まず、染色について言及すると、尾西産地は古くから藍草を栽培して藍玉を製造し、地元はもちろんのこと遠く北陸地方まで搬出していた[58]。明治初年のころまでは、在来織物の染色は主に地元で産出される藍玉を基礎にして、他に桃皮、芝、木附子、山添、うこん粉など植物性染料を用いて茶、鼠、黄、萌黄などの染色を施してきたが、一八七八年頃になると唐紅、岩紫、藍鼠粉、青竹、紺粉などの塩基性染料が輸入されるようになった。[59] さらに、ログウード、マドラス、ボンベイ、カルカッタ、ジャバ藍などの輸入染料が用いられるようになったが、使用方法が正しくなく、尾州縞の評判が低下したため、一八八四年には早くも愛知県中島郡染物組合が組織された。[60] このように、染色加工の分野において、尾州ではウール織物への製品転換が行われる前の早い段階から組合が結成され、組織的に技術の開発が行われていた。このことは、その後に続く産地織物業の発展の下支えとなったといえよう。組合その他による研究改良の結果、一八九〇年頃からは不良染料は用いられなくなり、一八九五年頃からは輸入品の人造藍を用いた染色方法が確立し、尾州産地では染色業者の数も多くなっていった。一八九七年には一宮茶周染工場の木村周吉は綿糸のシルケット染を開発した。翌一八九八年頃からは、産地の染色業者たちはセルジスの製織にともない毛糸染の染料薬品を研究し、毛糸を染色するようになった。[61] そして、日露戦後にはシルケット機の発明があり、それ以降も染色機械の改良発明がなされた。一九二〇年代になると、毛糸の機械染も開始され、さらに一九二四年には日本では最初となるチーズコップ染が開始された。[62] このようにして、ウール織物生産の拡大に伴い、尾州産地では染色技術が一層の進歩をとげた。

そして、染色技術だけでなく、整理技術の発達もウール織物業の発展に大きく寄与した。先述した第二回全国製産品博覧会では、片岡の出品した縞セルは賞牌を獲得したものの、足利産地から出品された織物のほうが、加工の進歩が著しかった。そのため、尾西産地の機業家と整理業者（艶屋）[63] とが合同して「一日会」を結成し、愛知県立工業学校校長の柴田才一郎らを招き、研究会を開催して技術の向上につとめた。[64] また、一九〇五年には尾西の有力な整理業者である艶金からは、墨清太郎が足利産地に赴き技術を習得するとともに楊柳機を買い入れた。とはいえ、従来の設備では純毛セルの仕上げに対応することはまだできなかった。そのため、尾州産地の機業家の多くは、京都西陣の整理業者に仕上げを委託していた。こうした状況のなか、尾州産地における整理加工技術の向上への努力は続き、愛知県立工業学校の先進的な設備を利用した整理作業が行われることもあった。[65]

さらに仕上げ技術や設備の向上への努力は続き、艶金では一九〇八年、ドイツやイギリスから脱水、起毛、乾燥などの諸機械をはじめ自動プレス、ロータリープレスなど整理に必要な機械を購入し、動力化整理工場を設立した[66]。これにより、本セル（ウール一〇〇％の着尺セル）の仕上げが可能になり、同地におけるウール機業の発達が促進されることになった。そして、艶金以外にも多くのウール織物整理業者が創られていった。なお、整理加工の過程においては、織布過程と同様に動力が不可欠であるが、この点については一九〇九年における一宮瓦斯の創立、一九一三年における一宮電気の創立により、ガス発動機、ついで電動機の利用が可能になることで下支えされていった[67]。こうして、次に述べる織布部門における発展、流通促進のための努力ともあいまって、尾州産地はウール織物の一大産地として成長していくのであった。

着尺セル生産の伸び

尾州産地における着尺セル生産は、明治末ごろから急激に発達し、大正期のはじめには生産をほぼ独占した。品質の面で国産製品としては他におよぶものはなく、着尺セルは尾州の特産物として全国的に名声を博した[68]。第一次大戦ブームの影響もあり、一九一七〜一九年にはとくに飛躍的な上昇を示し、愛知県下のウール織物生産額は、一九一七年には九七二万八〇〇〇円に達し、一九一九年には四五四二万八〇〇〇円にまで達したが、この時期にはその約八割が着尺セル生産であった[69]。一九二〇年恐慌に際しても、着尺セルは日本独自の特殊なウール織物であるため輸入品の影響もなく、好況を続けることができた[70]。このような成長の背景には、すでに述べてきたような先駆的な機業家たちの製品開発に向けての努力、力織機化の過程[71]、染色・整理業者の加工技術の向上に向けての努力が存在していたことはいうまでもない。加工技術の向上にあたっては、技術員を海外に派遣したり、友禅、銘仙、明石といった着物地の枠を採用して純日本美をデザインに追求することもあった[72]。

さらに、製造業者だけでなく、流通業者や同業組合も一体となった努力を行ったことも看過することはできない。地元問屋に加え、芝川商店、宇佐美商店、佐藤産業などといった東京、大阪の大手問屋も尾州織物を扱った。とくに芝川商店の産地への関わりは大きく、大量に製品を買いつけることで資金的なバックアップをすることもあった[73]。

また、尾西織物同業組合では、製品検査とともに意匠や組織の研究に注力してきたが、一九一八年からは着尺セルの図案を募集し、一九二四年には「魁会」という組織を結成し、図案家や組合員らが集まって意匠を研究した。そして、毎年流行色を選定して組合員の製品に用いらせた。同年以降、毎年春秋の二回、百貨店などで製品の批判会を開催するほか、展覧会、宣伝会を行って、尾州セルについての周知・広報に努めた。さらに、一九二五年には着尺セルの新製品「ウールライン」を開発し、全国に向けて販売した。この商品は、絹・綿に負けない軽さと粋な柄、優雅さを特長とする袷向きセルで、消費者の和服地の好みが、それまでの太番手の布から、細番手を使った華奢な布地へと変化してきたことに対応するものであった。(74) なお、「ウールライン」という製品名は、全国に懸賞募集して、約五〇〇〇通の応募の中から選ばれたものであり、当時尾州産地から近い距離にある日本ラインが、日本八景の一つとして有名になりつつあったことにも関連していた。「日本ライン沿岸で織られたウールライン」ということで盛んにPRされ、東京、大阪、名古屋などといった大都市の百貨店で宣伝会も開かれ、「優美な着心地のよい製品」として流行することになった。(75) こうして、機業家、整理染色業者、販売関係者、組合など、尾州産地織物業の生産・流通・販売にかかわる多くの主体による努力の結果、尾州産地はまずは和服用の着尺セル生産で大きく発展していくことになった。

なぜ尾州産地は成長したか

以上みてきたように、尾州産地では大正期においてウール織物への製品転換が図られ、まずは和服地である着尺セルの生産がみられるようになった。そして、大正期をつうじて着尺セル生産が堅調な伸びを見せ、染色・整理といった加工技術の向上をともないながら、ウール織物の一大産地として成長することになった。ではなぜ大企業におけるモスリン生産が停滞していくなかで、尾州産地における着尺セルは大正期を通じて生産を伸ばすことができたのであろうか。その要因として、以下のいくつかのことが考えられる。まず第一に、在来織物産地としての織物生産の経験である。もちろん、ウール織物生産をはじめるにあたっては、技術も機械もそのまま継承することはできないが、その経験は活かすことは可能であった。また、流通という側面においても、従来の販路を活かすということは大きな強みとなっていった。第二に、いささか逆説的ではあるが、近代になってからの在来織物産地としての成長の限界性である。遠州など他産地が在来織物産地として発展するなかで、その成長に限界がみられるなかで、むしろ尾州産地では、「次なる織物」としてのウール織物に注目し、産地としての差別化を図ることになった。もちろんこの点については、ウール織物生産への転換に注目した先駆的な機業家のたゆまぬ努力、産地が一体となって生産の拡大につとめたことなどを看過することはできない。第三に、産地織物業という特性を活かした、多品種少量生産が可能であったという点である。これは、需要におうじた柔軟な製品生産が可能となるというメリットがある。そして、ここにおいてもニーズに応じる生産者側の努力が大きな要素となったということはいうまでもないだろう。

また、一九二〇年代の不況状況のなかでも、輸入品との競争にさらされることがほとんどなく、好調な伸びを示すことができたのは、尾州産地において生産された着尺セルは、日本独自の着物用二巾の特殊な織物であったため、輸入品による代替のきかないものであったという要因も大きかったものと考えられる。この点、元々は輸入生地が高価であったために国産化がすすめられたモスリンと大きく異なっている。モスリンにおいてはこの時期において、大戦後の復興が完了したヨーロッパからの輸入品が増え、国産モスリンの競争力が低下していた。さらに、銘仙など国産の他繊維との競争にもさらされ、モスリン製造会社では休業や解散の憂き目にあう企業もあった。一方で尾州産地は、在来的な織物産地であったメリットを活かしつつも、着尺セルという和服地に適した独自の生地を開発することで他産地や諸外国に対して優位性をもつことになり、着尺セルは大正期を通じてその生産を飛躍的に伸ばすことができたのであった。そして、着尺セルの生産増加に際しては、生地の織布から整理加工、そして製品の流通にいたるまで、周辺の商社とも提携しつつ産地が一体となって努力を行ったという要因も大きく影響しているといえよう。

おわりに

本章では、日本におけるウール織物生産の歴史について振りかえりながら、和服地であるモスリン、着尺セルの展開に光をあて論じた。さらに、一大産地である尾州産地における在来織物からウール織物への転換および発展の過程について描き、和洋が融合する過程でどのような技術が引き継がれていったか、継承の強みはいかなるところに見出せるのだろうか、といった点に注目して検討した。

そもそも日本におけるウール織物生産の本格的な始まりは、近代に入ってからのことであった。明治初期の輸入品国産化の気運の中で近代的設備を備えた工場が官営をはじめとして、次に民間の手により発展していった。では、それ以前の日本においてウール織物の消費はなかったのかというと決してそのようなことではなく、大航海時代以降に海外からもたらされたウール織物は、武士階級のステータスシンボルとして、さらに江戸期になると富豪の贅沢品として、さらには庶民のあこがれの品として、人々の生活のなかでその存在感を増していくのであった。鎖国下においてすでに人々からのニーズがあった舶来品のウール織物は、幕末開港後、その取引量の増加とともに需要が増え、近代に入り、さらにいっそう需要が増加する。とはいえ、明治初期における国内でのウール織物の生産は、まずは製絨部門、毛布部門から開始された。民間における和服地の需要に関しては、まずは舶来のモスリン生地に着物地の友禅加工を応用することから始められ、染色加工技術の向上がさらなる需要をとりこむかたちで、ウールモスリンが流行した。そして、日清戦争後には大規模モスリン会社が相次いで設立され、生地生産を担うことになった。このようにして、まず和服地におけるウールモスリンとして、ウール織物の生産が拡大していくが、それは大正期における好不況の波にさらされ幾度となく危機を迎え、昭和期になると企業の整理がすすみ、生産も縮小していく。

このような流れとは別に、日本におけるウール織物生産の展開を考える上では、産地織物業の動向を看過することはできない。現在でもウール織物の一大産地として知られる愛知県の尾州産地は、元々は絹織物や綿織物の在来的な産地として知られていたが、近代になり他産地との競争にさらされるなかで、新たな道を模索するようになる。

そのなかで注目したのが、日本では近代に入り生産が開始されたウール織物であり、尾州産地ではサージを和服用に仕立てる「着尺セル」が展開することになった。元々縞織物を得意としてきた尾州産地では、産地内部での製織技術や整理染色技術の向上をともないながら着尺セルの生産が増加し、大正期をつうじて一大産地としての地位を確立していく。もちろん、モスリンの場合と同様に好不況の波にさらされるが、技術の向上や新製品の開発、製品の多様化、販売方法の工夫などを行い、小規模多品種生産の強みも活かしながら産地としての成長を遂げていく。このようにして日本では、在来的な技術、産地と融合しながら、和洋が融合するかたちでウール織物がまずは和服地から、民間の生活のなかに溶け込んでいくのであった。

本章での分析の対象外であるが、尾州産地では昭和期以降、洋装化の進展にともない洋服地生産が増加し、昭和戦前期を通じて拡大した。そして戦後においても、ウール織物の一大産地として栄え、現在においてもイギリスのハダースフィールドやイタリアのビエラと並び、世界の三大産地の一つとしての地位を維持し、国内におけるウール織物生産の約七割を占めている。このように、和服地への応用をきっかけにウール織物への製品転換を図った尾州産地は、その後洋服地生産へとシフトし、現在も日本だけでなく世界の一大産地としての存在感を示している。日本では、絹織物など他素材の産地では、現在では伝統的な和服地の産地としての存在感を示しているように思われるが、尾州産地はスーツ地、ジャケット地などを生産し、現代的なファッションブランドの生地生産も多く手がける。和服地、洋服地とその時期における人々のニーズに合わせた製品展開が可能となるのは、ウールという素材のもつ魅力の一つなのかもしれない。

（杉山里枝）

注

（1）　名古屋通商産業局『中部羊毛工業の実態と諸問題』中部産業連盟、一九五五年、二一六頁。

（2）　同右。

(3) D.T. Jenkins and K. G. Ponting (1987), "The British Wool Textile Industry 1770–1914" Scolar Press.2-3.
(4) 前掲名古屋通商産業局、一九五五年、二六頁。
(5) 前掲名古屋通商産業局、一九五五年、二六頁。
(6) 山田俊一『毛織要覧（昭和一二年）』大日本毛織工業組合聯合会、一九三七年、一頁。
(7) 前掲名古屋通商産業局、一九五五年、二六頁。
(8) なお、幕末開港期において、大阪には五軒の大洋反物問屋があり、これらの洋反物は総て長崎に行って仕入れ、それを船送りにし、店々で入札販売をしたが、長崎に輸入される洋反物の八、九分までがこの五軒問屋の手を経て仕入れられていたという（前掲名古屋通商産業局、一九五五年、二六頁）。
(9) 楫西光速編『現代日本産業発達史Ⅺ　繊維　上』現代日本産業発達史研究会、一九六四年、四八―五〇頁。
(10) 同右、四九頁。
(11) 前掲楫西光速編、一九六四年、六五頁。
(12) 同右、一九六四年、六五頁。前掲名古屋通商産業局、一九五五年、二七頁、大中満洲男編『毛工聯史』大日本毛織物工業組合聯合会、一九四三年、三頁。
(13) 前掲名古屋通商産業局、一九五五年、二七頁。
(14) 前掲楫西光速編、一九六四年、一六五頁。
(15) この千住製絨所の設立の経緯などについては、石井里枝「戦前期日本における羊毛工業の展開と企業・産地の発展」『國學院大學紀要』第五六巻、二〇一八年、五―六頁を参照のこと。
(16) 百年史編纂室編『日本毛織百年史』日本毛織株式会社、一九七七年、二五―二六頁。
(17) 同右、二七―二八頁。
(18) 『日本繊維産業史　各論編』二七四頁。
(19) 池上正一『モスリンと其取引』プラトン社、一九二六年、一二頁。
(20) 同右、一二頁。
(21) 同右、一三頁。
(22) コーチニューロ染法とは、南洋において産出される羽蟲の屍を乾燥し、それから絞り出した液を刷毛に取って模様を描き、色を出すという方法のことである。「実に燃ゆるばかりの」緋色を出したという（同右、一五頁）。
(23) 政治経済研究所編『日本羊毛工業史』東洋経済、一九六〇年、一〇〇頁。

(24)　前掲池上正一、一九二六年、一六―一八頁。
(25)　日本繊維協議会編『日本繊維産業史　各論篇』繊維年鑑刊行会、一九五八年、八三三頁。なお、この時期までの国内におけるモスリン生地生産がどれくらいであったのかについては、モスリンの製造工業について明らかにこれを示す記録がなく、不明であるという（前掲池上正一、一九二六年、二三頁）。
(26)　前掲日本繊維協議会編、一九五八年、二七四頁。
(27)　前掲名古屋通商産業局、一九五五年、二八頁。
(28)　ここで特に注目されるのは、日本毛織がモスリンに進出し、紡毛、梳毛両面から羊毛工業における優位を確立しようと図った点であろう（前掲政治経済研究所編、一九六〇年、一〇二頁）。
(29)　前掲名古屋通商産業局、一九五五年、二九頁。
(30)　似内恵子『明治・大正のかわいい着物　モスリン』誠文堂新光社、二〇一四年、二四頁。
(31)　前掲百年史編纂室編、一九九七年、八〇頁。
(32)　同右、九二―九四頁。
(33)　前掲政治経済研究所編、一九六〇年、一二三―一二四頁。
(34)　前掲池上正一、一九二六年、四四〇頁。
(35)　前掲政治経済研究所編、一九六〇年、一二六頁。
(36)　山内雄気「一九二〇年代の銘仙市場の拡大と流行伝達の仕組み」『経営史学』第四四巻第一号、二〇〇九年。
(37)　尾州産地とは、尾張の北西部で一般には尾西といい、現在の愛知県一宮市、稲沢市などの旧中島郡一円を指すが、津島市、葉栗郡などの産地も隣接しており、広義にはこれらの産地を含んでいる（前掲百年史編纂室編、一九九七年、九九頁）。
(38)　確かに、昭和期に入り洋服用ウール織物の生産が伸びていく際には、和服地の着尺セルの生産は減少するが、同じ和服地のものでも、着尺セルよりもはるかにモスリンのほうが急激に生産が減少した。例えば、モスリンの生産量・価格が一九二六年の一五四六万三〇〇〇碼・八六六八万四〇〇〇円から一九三八年には二六三〇万三〇〇〇碼・一五八六万八〇〇〇円にまで減少したのに対し、着尺セルのそれは二七四六万碼・三五〇九万三〇〇〇円から二七七九万九〇〇〇千碼・二八三八万一〇〇〇円までにとどまった（前掲政治経済研究所編、一九六〇年、一七四―一七五頁、大中満洲男『毛工聯史』大日本毛織物工業組合聯合会、付録一八、一九四三年）。
(39)　廣瀬長雄編『尾西織物案内』尾西織物同業組合、一九三一年、七頁。
(40)　玉城肇『愛知県毛織物史』愛知大学中部地方産業研究所、一九五七年、三一頁。

(41) 前掲百年史編纂室編、一九九七年、九九頁。
(42) 尾西毛織工業協同組合編集委員会編『毛織のメッカ尾州――尾西毛織工業九〇年のあゆみ』尾西毛織工業協同組合、一九九二年、三九頁。
(43) 同右、四〇頁。筧は、シカゴ万国博の出品事務委員を命ぜられていたという（森徳一郎編『尾西織物史』尾西織物同業組合、一九三九年、八九頁）。結局、この出品は物にならずに終わった（前掲尾西毛織工業協同組合編集委員会編、一九九二年、四〇頁）。
(44) 今井惣一『尾西セル工業組合案内』尾西セル工業組合事務所、一九三四年、五七頁。
(45) 前掲尾西毛織工業協同組合編集委員会編、一九九二年、四〇頁。
(46) 同右、四〇頁。前掲森徳一郎編、一九三九年、一〇〇頁。
(47) 同右、四〇頁。前掲森徳一郎編、一九三九年、一〇〇頁。
(48) 尾州産地におけるウール織物への製品転換の過程については、石井里枝「戦前期日本の毛織物工業における産地織物業の展開――尾西機業地を事例として」『國學院経済学』第六六巻第二号、二〇一八年、一八一―一八五頁に詳しい。
(49) 佐々木秀賢『毛織工業』一宮工業会、一九三六年、四四頁。
(50) 前掲尾西毛織工業協同組合編集委員会編、一九九二年、四一頁。前掲名古屋通商産業局、一九五五年、三〇頁。
(51) 前掲森徳一郎編、一九三九年、一〇〇頁。前掲名古屋通商産業局、三〇頁。
(52) 前掲森徳一郎編、一九三九年、一〇一頁。
(53) 前掲尾西毛織工業協同組合編集委員会編、一九九二年、四三頁。
(54) 片岡毛織創業九〇年史編纂委員会編『片岡毛織九〇年史』片岡毛織株式会社、一九八八年、三九頁。
(55) 前掲石井里枝、二〇一八年、一八二頁。
(56) 前掲佐々木秀賢、一九三六年、四八頁。
(57) その技術の優劣が製品の死命を制するといっても過言ではなかったという（前掲片岡毛織創業九〇年史編纂委員会編、一九八八年、四八頁）。
(58) 前掲今井惣一、一九三四年、六六頁。
(59) 前掲森徳一郎編『尾西織物史』尾西織物同業組合、一九三九年、一一五頁。
(60) 同右、一一五―一一六頁。
(61) 前掲今井惣一、一九三四年、六七―六八頁。

(62) 前掲今井惣一、一九三四年、六八頁、前掲森徳一郎編、一九三九年、一一八頁。
(63) 綿織物や絹綿交織物を石の上で砧打ちを行い、織物に艶を出すことを艶出しというが、この艶出しを業とするものを艶屋と呼んだ（墨金次郎『尾州艶屋物語――艶金とその中の私』大岩出版、一九七四年、一二頁）。
(64) 同右、三一頁。
(65) 前掲墨金次郎、一九七四年、三二―三三頁。
(66) 前掲名古屋通商産業局、一九五五年、三一頁。
(67) 前掲墨金次郎、一九七四年、三九―四一頁。
(68) 前掲名古屋通商産業局、一九五五年、三六頁。
(69) 前掲玉城肇、一九五七年、九六頁。その後着尺セルの割合は低下するが、昭和元年（一九二六）までは五割を超えていた。
(70) 前掲尾西毛織工業協同組合編集委員会編、一九九二年、六一頁。
(71) 前掲石井里枝、二〇一八年、一八二―一八四頁。
(72) 前掲名古屋通商産業局、一九五五年、三六頁。
(73) 前掲尾西毛織工業協同組合編集委員会編、一九九二年、七一―七二頁。
(74) 同右、一九九二年、九七頁。
(75) 同右、九八頁。

参考文献

愛知県編『愛知県の毛織服地』愛知県、一九三七年。

池上正一『モスリンと其取引』、プラトン社、一九二六年。

石井里枝「戦前期日本における羊毛工業の展開と企業・産地の発展」『國學院大學紀要』第五六巻、二〇一八年。

石井里枝「戦前期日本の毛織物工業における産地織物業の展開――尾西機業地を事例として」『國學院経済学』第六六巻第二号、二〇一八年。

伊東光太郎『日本羊毛工業論』東洋経済新報社、一九五七年。

今井惣一『尾西セル工業組合案内』尾西セル工業組合事務所、一九三四年。

大中満洲男『毛工聯史』大日本毛織物工業組合聯合会、一九四三年。

楫西光速編『現代日本産業発達史Ⅺ　繊維　上』現代日本産業発達史研究、一九六四年。

片岡毛織創業九〇年史編纂委員会編『片岡毛織九〇年史』片岡毛織株式会社、一九八八年。

佐々木秀賢『毛織工業』一宮工業会、一九三六年。

塩澤君夫・近藤哲夫『織物業の発展と寄生地主制――明治期における尾西地方の実証的研究』お茶の水書房、一九八五年。

墨金次郎『尾州艶屋物語――艶金とその中の私』大岩出版、一九七四年。

政治経済研究所編『日本羊毛工業史』東洋経済、一九六〇年。

大日本毛織物工業組合連合会編『毛織』各号。

玉城肇『愛知県毛織物史』愛知大学中部地方産業研究所、一九五七年。
D.T. Jenkins and K. G. Ponting (1987) "The British Wool Textile Industry 1770-1914".
艶金興業百年史編纂委員会編『墨敏夫――知と技の軌跡１００年』艶金興業株式会社、一九八九年。

名古屋通商産業局編『中部羊毛工業の実態と諸問題』中部産業連盟、一九五五年。

似内恵子『明治・大正のかわいい着物　モスリン』誠文堂新光社、二〇一四年。

日本毛織社史編集室編『日本毛織六〇年史』日本毛織株式会社、一九五七年。

日本繊維協議会編『日本繊維産業史　各論篇』繊維年鑑刊行会、一九五八年。

日本繊維新聞社一宮支局編『尾西毛織近代史』尾西毛織工業協同組合、一九五八年。

尾西毛織工業協同組合編集委員会編『毛織のメッカ尾州――尾西毛織工業九〇年のあゆみ』尾西毛織工業協同組合、一九九二年。

尾西市史編さん委員会編『尾西市史』通史編上巻、一九九八年。

廣瀬長雄編『尾西織物案内』尾西織物同業組合、一九三二年。

百年史編纂室編『日本毛織百年史』日本毛織株式会社、一九九七年。

森徳一郎編『尾西織物史』尾西織物同業組合、一九三九年。

山内雄気「一九二〇年代の銘仙市場の拡大と流行伝達の仕組み」『経営史学』第四四巻第一号、二〇〇九年。

山田俊一『毛織要覧（昭和一二年）』大日本毛織工業組合聯合会、一九三七年。

第五章　機械捺染とデザインに見る越境性

はじめに

わが国で機械捺染が始まったのは、明治三一（一八九八）年に、銅製凹型円筒捺染機、即ちローラー捺染機（口絵五頁）を輸入し、堀川新三郎が京都で創業したのを嚆矢とする。その後、明治三〇年代半ばには、さらなる技術導入・革新が進んだこともあり、機械捺染の飛躍期・黄金期に入り、それが戦前まで続く。本章では、機械捺染の発展を歴史的に論じるため、海外より機械捺染導入に至った経緯からはじめ、黄金期を築く要因の一つとなった、織柄を染柄で再現可能とするために各地でなされた創意工夫を絣柄を例にとり見ていく。また戦前から戦後へと続いた海外市場への進出のための取り組みを検証するため「アフリカン・プリント」に焦点を当てる。そして最後に、消費者のデザインのニーズと、それを敏感にキャッチしての生産者側の工夫を探るため、捺染だけでなく、織や刺繍なども駆使した例として、和柄、その中でも鷲・虎・龍のデザインを例にとり論じ、機械捺染とデザインに見る様々な越境性を明らかにする。

一　着尺の機械捺染、各地の取り組み

機械捺染導入前後——ミュールーズ、マンチェスター

機械捺染の国内への導入はどういう歴史的状況、経緯で進んだのだろうか？　海外からもたらされた染織品・染織技術が、国内の染織産業に多大な影響を与え続けてきたことは論を俟たない。五、六世紀には帰化人により養蚕

図5－1　（日本輸出向け）着物生地見本，フランス・ミュールーズ，Thierry-Mieng &Cie 社製，1863年

（出所）　Musée de L'Impression, et Centre Européen d'Etudes Japonaises d'Alsace (CEEJA), eds. 2015 P37

技術がもたらされ、京都の西陣織は一六世紀以降、明の織法に倣って開発を進めてきた。江戸時代には、東インド会社によりインド製の更紗・縞織物（桟留島・奥縞）が輸入され、それぞれを模したものから和更紗や唐桟の流行が始まった。また、機械捺染に関していえば、ネーデルラント連合王国時代（一八一五～一八三〇）のヘント（現、ベルギーの都市）の商工会議所の一八二五年の報告書に、同地で日本市場向けに機械捺染した記録が残っている[1]。そういった状況下、ペリーが黒船で来航（一八五三年・一八五四年）し、安政五（一八五八）年には安政五カ国条約が締結された。その結果、国内の五港が国際港として開港することが決定し、翌年には、横浜港が開港され、貿易が開始された。開港以前と以後の大きな違いは、開港地に外国人居留地が設けられ、外国人商人が住み商売をすることが許されたことにより、日本人消費者の需要に合わせた工業製品としての染織品が、以前より安価・大量かつ迅速に西洋より輸入されることが始まった点である。

産業革命を経た、当時の西洋の染織産業は、その高品質かつ大量の製品の新たな輸出先として日本市場に期待していたが、自国で生産したものを一方的に売りつけるのではなく、日本人消費者の需要・注文に合わせた製品を作り、受注に努めている。

フランスの例を挙げるならば、一八六二年には、フランス人は横浜の居留地に居住、自由に貿易をすることが許されたが、その翌年には、アルザス地方のミュールーズを拠点としたティエニー・ミーグ社（Tierry-Mieg & Cie）が、日本市場に特化した、木版で捺染した毛織物のモスリン（メリンス）のデザインを開始。一八六四年には、麻の葉、燕、草花をはじめとした日本の伝統的なデザインを「絞り風」に捺染した生地を、きもの・長襦袢用に生産・輸出している（図５−１）。明治維新直後の一八六九年には、同じくアルザスのタン（Thann）郡のシュレール・ロット社（Scheurer Rott & Fils）が、日本向けに、細密なデザインを最高で一六色をも使い、モスリンにローラー（機械）捺染している。幕末から明治初期、一八七〇年の普仏戦争の後アルザスがドイツ帝国に併合されてからも、この地方のテキスタイル産業は、日本の伝統的なデザインを、日本国内で生産できなかった毛織物に機械捺染できることを強みとし、この地方の日本向け輸出を牽引していった（Musée de L'Impression, et Centre Européen d'Etudes Japonaises d'Alsace（CEEJA）, eds. 二〇一五　五一頁）[2]。

フランスが毛織物（ウール・モスリン）プリントの輸出に特化していった時期、イギリスは綿プリントの日本市場を独占する方向に向かって行った。イギリスのマンチェスターは一七世紀以降、綿織物工業が発展し、産業革命において中心的役割を果たした地であるが、一八七〇年代以降の日本輸出向け綿プリントのサンプルや、日本の型紙を含む生産関連資料が、現在も大量に保存されている[3]。例えば、マンチェスター・メトロポリタン大学図書館所蔵の *A Collection of Printed Calico*（捺染キャラコ集）は、マンチェスターのキャラコ（もともとはインド産の平織りの綿布の意、産業革命により、イギリスで安価・大量に生産することが可能となる）プリントの大手であるストラインズ・プリンティング社（Strines Printing Company Ltd.）において、サイドボサム氏（Mr Sidebotham）が銅ロールに彫刻し、機械捺染したキャラコのサンプル帳である。このサンプル帳に貼り付けられ、現存する四七のサンプルには、一八七三年にデザイン登録されたとわかるものも含まれており、日本の伝統的な柄のものの他、パッチワークのサンプルが一一あり、全体として、一八七〇年代以降、遅くとも一九世紀末までの日本向けプリントのサンプルと考えられる。同図書館の記録には、一九〇四年付けのサイドボサム氏からの情報として、「アジアを拠点とするオランダ人商人からの特別で私的な注文により作った作品。このオランダ人商人は、日本人の代理として注文してきたが、日本人は、イギリスの文様には興味を示さず、彼らが用意した多彩色の和柄（coloured designs of their own）と、私（筆者注：サイドボサム氏の意）が興味にまかせ作り上げたパッチワークのデザインから注文した。……サンプルの内、隅が切り取られているもの数枚は、日本人商人が、中国貿易用に特注したもの」と記載されている[4]。

なお、この綿プリントに関する情報は、日本製布株式会社が明治四三（一九一〇）年に操業を開始する以前の国内状況を記述した、井川清による以下の文章と呼応する。「其以前に於ては金巾更紗はすべて輸入に待ち所謂書絵更紗と称する我邦固有の花鳥、唐草などの図柄を染付けた金巾綿布は阪神地方の問屋筋が図案と配色とを考案し之を貿易商館を通じて主として英国の捺染業者に註文し之が製造されて註文主の手に入るのは少くも七、八ヶ月の日子を要したのである」[5]（井川 一九四三 三一五頁）。

以上のような歴史的状況により、幕末以降、機械捺染された繊維製品が、西洋より大量・安価に輸入されることが始まった。その追い風となったのが安政五（一八五八）年に締結された安政五カ国条約である。この条約が不平等条約であったため、輸入品にかかる関税を自由に決める権限が日本側になく、低率の関税率に固定されてしまったのである。輸入品が大量・安価に流入することにより、国内産業が大打撃を受ける状況が続く明治期に、この流入を防ぎ、外貨獲得のため輸出を盛んにするため、日本人は技術導入・殖産興業に励まなければならないという認識は、広く共有されていたようだ。

このことは、友禅写染の新法の発明を賞した、以下の賞勲局の日本帝国褒章之記に明らかである。「夙にメリンス友禅の染法を発明して外国の輸入を防遏せんと欲し……外国の染業学士を聘して倍々改良に努む……今や全く斯品の輸入を杜絶するに至りしは即ち実業に精励し衆民の模範とす依て明治十四年十二月七日勅定の緑綬褒章を賜ひ其善行を表彰す」（村上 一九二七［二〇一二］ 一二五～一二六頁）。

また明治二八（一八八五）年設立の京都の五二会綿ネル（筆者注：ネルはフランネルの意）株式会社は、「当時盛んに輸入されて世に歓迎されつつあった伊太利ネルと称する捺染綿ネルの輸入防遏こそ刻下の急務なり」（明石編 一九四三 四九頁）とし、ローラー捺染機械を輸入、また捺染技術研究のため社員を海外派遣・留学させ、当時最大の工場を整えた。その結果、同社（明治四二年、日本製布株式会社に改名）の「精好な製品更紗はこれを又輸入防遏より進んで海外輸出に発展し、当時我邦染色界の覇王となった」（明石編 一九四三 五〇頁）とあることからも、技術導入・殖産興業の意欲を窺い知ることができる。

織絣を染絣で（先染めを後染めで）——ポンチングマシン・籠付・備後絣

以上のような状況で、明治三一（一八九八）年に、銅製凹型円筒捺染機、即ちローラー捺染機を輸入し、堀川新三郎が京都で創業して以来、大阪、和歌山、名古屋など各地の染色会社がそれに続いた。その後、大正期には機械捺染業者の数が急増し、機械捺染の飛躍期に突入した。導入当時はモスリン・綿ネルの捺染よりスタートしたのに対し、その後の飛躍の要因の一つは、綿の小幅（着尺地）の捺染の興隆にある。

ここでは、輸入した技術を、どのように国内の消費者のニーズに対応・発展させていったか（domestication）という過程を検討するため、当時、着尺の機械捺染のデザインとして特に人気があり、需要もあった絣柄に注目する。当時の庶民のきものは綿が基本であり、「殊に青少年男子は夏冬を通じて紺絣を常用し、又婦女子も家庭着は勿論、外出着にも羽織諸共絣大島絣を着用していた時代」（明石編 一九四三 五八頁）であった。しかし、織物の絣は、予め糸を染め分け、織り上げることにより文様を表すものである。緻密な計算のもと先染めされた糸を時間と手間をかけ織る必要があるため、高価なものとなるし、大量生産も難しい。それに対し、機械捺染がその飛躍期に至り、以下のように諸条件が改良された結果、品質のよい染絣を安価・大量に供給できるようになった（明石編 一九四三）。

①　ローラー彫刻の国内調達が可能となる：明治三〇年代半ば以降、国内でのローラー彫刻技術の修得が進み、また海外より招聘した技術者の指導・彫刻用機械の導入もあった。結果、彫刻業者が増え、またきもの用（着尺・小幅）デザインへのより素早くきめ細かい対応が可能となった。

②　ローラー捺染による絣柄のデザイン的自由度の向上：ローラーを使った機械捺染は、繊細・巧緻な文様を連続して再現するのに適している。そのため、染絣（後染）は、織絣（先染）の糸の一本、一本からなる「かすり」などの柄を緻密に再現できるだけでなく、デザイン的により自由な絣柄をアピールできる製品となっていった。

③　小幅の機械捺染の経営上の有利点：絣柄は色数が少なく、したがって使用するローラーの数が少なくてすむ

ため、小幅の機械捺染は、比較的小資本で起業できた。

以上のようなことから、染絣は庶民の好評を博し、また国内消費の一番のボリュームゾーンをターゲットにすることができたため、機械捺染は全国で展開していった。またその結果、機械捺染は、近代庶民の衣生活に大きく貢献した。

ここでは、京都・浜松・福山の各地方の、「染絣」への特色ある取り組みとその後の展開をそれぞれ見ていく。

京都――京都復興のため努力

海外より機械捺染を導入し、発展させていくには、様々な条件がそろわなければならなかった。そういう意味で、明治三〇年代の機械捺染の導入期、京都が業界をリードしていったことは、平安京の昔から染織の伝統に培われた、職人を含めた環境が整っていたことを考慮するとうなずける。

機械捺染開始当初は、地元で電力供給が確保できることが前提になるとはいえ、捺染機械や銅ロールのみならず、原布、染料、ローラーへのデザインの彫刻まで海外に依存していた。これらの難問に対し、京都の染色業者は率先して取り組み、徐々に国内で調達できる部分を増やしていった。これには、京都が、幕末の動乱、特に禁門の変にともなう元治の大火（一八六四年）で荒廃し、その後の東京遷都でさらに打撃をうけ、人口も三五万人から二〇万人余りに激減してしまった、その危機感をもって、その後の街の復興・産業振興に向けて官民で様々な施策に取り組んだ、進取の気風も大きく関係する。

京都の取り組みについて具体的に述べていくと、まず、最新の染色技術・知識を習得した染色職人の養成については、まず明治三年に、官営の京都舎密局（せいみきょく、オランダ語の chemie（化学）に由来）が設立され、お雇い外国人を含む教師により、工業製品の製造指導や薬物検定が始まり、続いて明治八年には、染殿と称した染織試験場が設立され、稲畑勝太郎などの留学帰りの新進気鋭が、最新の染料・染色技術について染色業者に教授した。また同一九（一八八六）年には、業者の努力により、京都染工講習所が開設され、職人養成機関が整っていった。[6]このように京都が産業振興のために取り組んで様々な条件をクリアした結果、明治三一年に、京都で機械捺染が開始されて以来、戦前の京都は、大小巾捺染機械台数・各種製品数ともに全国最多を誇った（明石編 一九四三 四一頁）。

また、染色デザインを支える美術教育についていえば、京都は、江戸時代の四条・円山派など、いわゆる京都画壇の伝統ある地であるが、明治一三（一八八〇）年に、全国の芸術大学のさきがけとなる京都府画学校（現在の京都市立芸術大学）を開校した。また明治三五（一九〇二）年には、産業デザインの専門教育を主眼とした、官立の京都高等工芸学校（現在の京都工芸繊維大学）が色染科・機織科・図案科の三科でスタートした。同校に教授として着任した洋画家浅井忠は、それ以前の二年間、フランス留学をしており、アール・ヌーヴォー様式のモダンデザインを持ち帰り、生徒をはじめ、関西画壇に多大なる影響を与えた。浅井の他、同じく渡仏・渡欧していた中澤岩太・武田五一・竹内栖鳳のもと、図案という分野を確立していった古谷紅麟、布施詰詮、寺田哲朗が育っていった。ここで重要なのは、京都の地場産業振興のため、こういったデザイン・工業・商業に携わる人たちの連携、ネットワークが緊密であり、そういった環境から機械捺染を支える図案が生まれてきた点である（並木・青木編 二〇一七）。

ポンチングマシン（点打刻機）という、機械捺染の銅ロールに絣柄を彫り付ける（凹部分が絣柄となる）、わが国独自の機械の発明が、昭和三（一九二八）年に京都の徳岡善九郎によりなされたのも、この地が、こうした人的資源を含めた環境が整っていたことによるところが大きい。実際、徳岡の経歴を見ると、彼は明治三八（一九〇五）年に、わが国ローラー彫刻の祖といわれた武田周次郎の武田彫刻所に徒弟として入社、大正二（一九一三）年に武田商会（明治三九年に設立）の彫刻盤部長となった。当時「京都はローラー彫刻の開発地とて全国捺染業者の彫刻注文殺到し来り彫刻業の繁栄利得思ふべし」（明石編 一九四三 一〇二頁）という状況であった。その後、彼は大正六（一九一七）年に独立し、徳岡彫刻所を創業し、昭和三（一九二八）年にポンチングマシンを開発するに至った。なお、二〇一七年に創業百周年を迎えた、現徳岡工業株式会社はグラビア印刷を行っている。[7]

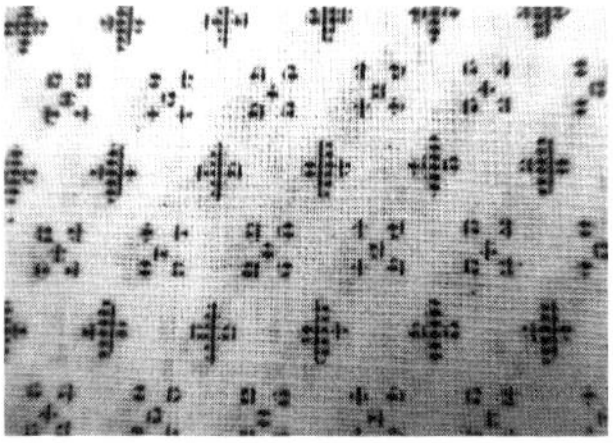

図５-２　相曽形染 籠付マンガン染
「浜松特産白絣マンガン」
染絣（白絣）
（出所）　栗原 2019b p. 13
浜松市博物館所蔵

浜松——籠付などの発明に積極的にチャレンジ

江戸時代中期以降、遠州浜松は、良質な綿の産地となり、また綿布の一大生産地にもなった。幕末には、藩士の内職や農家の副業として、藍染（先染）・縦縞の遠州織物が「笠井縞」、その後「遠州縞」として有名になり、次第にその販路を広げていった。また明治以降、国内外の様々な発明・改良（東海地方に浸透したガラ紡、輸入されたバッタン装置、動力織機発明に繋がる織機の改良など）を積極的に導入した結果、綿布の生産量が飛躍的増大した（浜松市博物館編 二〇〇〇）。

そういった染織技術の蓄積のある浜松の捺染の興味深い点は、他の捺染で有名な地と異なり、手捺染という段階を踏まず、いきなり機械捺染からスタートしたことである。「浜松の機械染色史概観」（栗原 二〇一九ａ）によると、すなわち、同地の池谷七蔵（一八五五～一九二二）が片面形糊付機を発明したことに端を発し、明治三三（一九〇〇）年四月、宮本甚七が、同地に日本形染株式会社（創立当時、日本木綿中形株式会社としたが、同年九月に改称）を創立した。当初は、東京方面の問屋の下請けとして糊付のみをしていたが、その後、ローラー捺染機を導入し、浜松での機械捺染（地染）に乗り出したのである。『日本形染株式会社概覧』には「幾世紺絣　明治三十九年十一月ヲ以テ英国式両面捺染機ノ設備ヲ了リタリシカ、此ノ機械ニ因リ織絣ニ代用スルニ染絣ヲ以テセンコトハ会社初年来ノ宿望ナリキ……」（栗原 二〇一九ａ 九頁）とあるが、これが、わが国最初の着尺物機械捺染による抜染絣となる。この幾世紺絣は、「彫刻は絣部分で簡単且つ精緻、本物の織絣に彷彿たる以上に廉価で自由な絣柄を現はし得る特徴があり、当時全盛時代のことゝて大衆に歓迎され織絣を圧倒するの観があった」（明石編 一九四三 五三頁）。

前述の京都の節では、絣柄を染めるための工夫として、絣柄を銅ロールに彫り付けるポンチングマシンの発明について述べたが、この節では、浜松の籠付（篭付、籠染めともいう）マンガン染による白絣（図５-２）について記す。まず、その製作工程を以下、簡単に述べる。(8)

① 籠を作製するために、まず厚さ〇・三ミリほどの真鍮板の表裏にニスを塗り、図案を彫った型紙を置き、揮発油を含ませたボタン刷毛で上からこする。これより型紙に彫られた図案の部分のニスを取り除く。この板を硝酸液に浸すと、図案の部分が腐食して貫通、透かし彫りのようになる。その後、真鍮板の両端を接続し、円筒型の「籠」とする。これで連続する柄が完成する。

② 捺染機には、二つの籠が設置され、生地の表と裏から、「籠」の柄の部分に、色糊を置くことができる。これで片面ずつ異なる処理・発色も可能となる。

③ マンガン染は、「マンガン染料で染め、酸化力を持った糸と、染めていない糸で織られた布に、酸化して発色する染料（アニリン黒）で模様を捺染する。するとマンガン染料で染めた糸だけが黒く染まり、マンガン染料で染めていない糸は白いままなので、あたかも絣織のような絣模様が染め上がるのである」（栗原 二〇一九a 一〇頁）。即ち、織った生地に籠で捺染した後に、亜硫酸ソーダ液に浸すと、糊置した部分のみが染まって絣模様となり、その他の部分は抜染（漂白）されて白くなる。結果、織ったような白絣模様ができる。

以上の工程から、籠付マンガン染が、たんなる捺染ではなく、織（先染め）と染（後染め）の両方からなるものであり、さらに言えば、籠の作製の前段階として、従来の型紙も用い、またマンガン染の織・捺染と抜染が、化学染料の知識を駆使して施されたものであることがわかる。この複雑な工程を経て、一見しただけでは、織絣と区別しがたい染絣ができあがる。(9) 浜松の機械捺染の発達は、機械化・化学染料に積極的にチャレンジし、独自に発明・改良していくことによるところが大きく、そういう意味では、まさに近代化を象徴する動きであるが、真鍮板の両面にピッタリと型紙の表裏と微塵の狂いもなく合わせる技、糊の炊き方、注ぎ方には、熟練の職人技が必要であったことも忘れてはならない（菊池 一九八三）。

マンガン染は、大正四年に開発された染色技術であるが、昭和八年創業の相曽形染は、昭和二九（一九五四）年以降、新しい柄を次々と染絣に応用し「浜松特産白絣マンガン」として製造、人気を博した。また近江上布や琉球絣の織柄を写した製品は、各々、滋賀や沖縄、東京のデパートに送られ、そこから販売されるものもあったという（池川 二〇一九 一六八頁）。

福山――備後絣の伝統を生かす

江戸時代初期より、備後福山藩（現在の広島県福山市に藩庁・福山城が所在）では綿花の栽培が奨励され、江戸後期には、伊予絣、久留米絣とともに日本三大絣の一つとも称される備後絣《びんごかすり》が製造されようになった。備後絣は藍染めの織絣である。一般的に、織絣は、白い絣模様になるべく計算された箇所を糸などで括り防染した織糸を藍甕に浸して染め、その染め分けた糸を織るという工程を経て加工される。藍には防虫効果があり、また手織りの綿布は、厚く丈夫で保温効果も高いことから、備後絣は女性用の耕作作業着に多く用いられた。その絣柄を、同地の松本末太郎が、大正一四（一九二五）年に設立した備後藍絣株式会社（現山陽染工株式会社）において染絣として繊細に再現、機械捺染することに成功した[10]。具体的には、まず綿布をローラー捺染機で藍染め（地染め）し、その後抜染するという工程を踏むもので、正藍抜染法ほか多数の特許権に基づく抜染絣（口絵四頁）である。その当時はわが国で「本藍抜染絣としては備後藍絣株式会社が唯一の存在」（明石編 一九四三 一六五頁）であり、量産化された製品は安価で良品であるということから、「正藍特許新久留米絣」・「正藍特許しずや上布」などの商品名で飛ぶように売れたということである（山陽染工編 一九九二 三一頁）。

まとめ

以上、明治後半から始まる機械捺染の導入から、昭和前期の機械捺染の飛躍期に、輸入した技術を、どのように国内の消費者のニーズに対応・発展させていったかという過程（domestication）を検討するため、当時、着尺の機械捺染のデザインとして特に人気があり、需要もあった絣柄に注目し、京都・浜松・福山の対応をみた。各地が、それぞれの強みを発揮し、元来、織柄であった絣を、様々に染柄で再現していった過程を論じた。こういった過程を経て、昭和時代初期の機械捺染は黄金期を迎えた。この時期にローラー捺染機の普及率が最も高かったため、今日でも、機械捺染とローラー捺染が同義語のように使われることがしばしばある。

以上のような状況を、明石は以下のように概観している。

時代は移って大正となったが日露戦争後の好況を享け、更に第一次欧州戦争中の好況に会し、今や広幅捺染物の海外輸出の道開け、或は着尺捺染物の大流行を来し、又前期中曾て見なかったセルやベッチン、関東絹布の捺染等原因となり全国諸地方に捺染業勃興し、既設工場にありては機数を増加し、しかのみならず時代の進展と共に従来の手工捺染を機械捺染に改変するものなど相続き、大正時代より企業総数は百二十三にして、昭和元年より同十五年に至る期間の企業総数は実に百七十の多きに達している。（明石編 一九四三 一三頁）

戦時中は、多くの捺染会社が、企業整備や捺染機供出の要請など、様々な苦難を強いられた[11]（上田 二〇一七 三頁）。戦後はそれを取り返すように、きものの需要に応える形で、機械捺染は盛り返した。しかし戦後二〇年を過ぎ、きもの人口が減ったこと、また（それを受けて）きもの業界がきもののフォーマル化へ戦略的にシフトしたこともあり、七〇年代には小幅（着尺）の機械捺染は激減した（吉田 二〇一九）。前述の相曽形染も、完全廃業は平成二四年であるが、「昭和六〇年、カゴを回すのをやめた」ということである（池川 二〇一九 一六九頁）。また、京友禅の染屋として大正八（一九一九）年創業の亀田富染工場も、自社サイト（https://pagong.jp/kameda/）で、「着物の需要のあった時代では一〇〇人以上もの職人が染めに従事しておりました。また、手捺染の他にも機械捺染も行われていました。下の写真は小幅（着物の反物の幅）の機械捺染の様子です（昭和三〇年ごろ）。しかしみなさんもご承知の通り着物人口が減るにつれて業務縮小を余儀なくされ、平成に入ってからは染めの仕事のうちの一〇〇％が洋服地となりました」と、小幅の機械捺染の仕事がなくなったことを証言している[12]。その中で唯一の例外は、二〇〇七年から出てきた新しい加工方式であるインクジェット方式による機械捺染である。「インクジェット方式のみ二〇〇九年は生産量が増加しており、他の加工技法は減産のままである。二〇〇七年度から生産量の統計を京友禅協同組合連合会でとっており、二〇〇七年度一万三七二二反から毎年増産し、二〇一〇年度は三万四八八反である」（田中 二〇一二 四〇～四一頁）。

次の二節では、捺染産業の動向を二つの別の方向から見ていく。一つは、機械捺染の戦略的取り組みとして、手染めなどによる別の染色方法により染めたものを、機械捺染により、より安価・大量に再現・生産し、海外進出をする試みを「アフリカン・プリント」を例にとり論じる。もう一つは、和柄・和テイストのデザインに注目し、機械捺染を含めた、様々な加工法でデザインを表現する、デザイン優先でのグローバルな戦略を論じる。

二 「アフリカン・プリント」――手染めを機械捺染で、海外市場への進出の例として

明治期より殖産興業による外貨獲得を目指していた日本は、様々な商品開発に乗り出したが、戦前に海外市場向けの製品を開発・販売するのには様々な困難がともなった。広幅捺染物の海外輸出も例外ではない。明石はこの点に関して「只惜むらくは模様染としては異邦士女の嗜好に投合してその流行の先端を行くべき意匠柄を遠隔の地に於て染出輸出することは頗る困難な事情にて、只安定な柄物のみに止まる現状にあり」（明石編 一九四三 五六頁）と言及している。輸出・販売ついては、商社の情報収集・発注・送金・販路などのシステムが確立していなかったためもある。[13]また、二〇世紀初頭までに、全地球の八五パーセントが公的あるいは非公式的に西欧の植民地支配下におかれ、宗主国の国々の工業製品を売る市場として植民地の貿易を独占・管理していった。とりわけ世界恐慌以後の一九三〇年代は、西欧各国が植民地を抱え込みブロック経済化を進めたため、日本商社が、アジアやアフリカに直接販路を広げることには大変な困難がともなった。[14]

またここで忘れてはならないのは、海外へ輸出する場合、きものの反物の幅である小幅物では通用しないので、いわゆる広幅物を製作しなければならないことである（このため、日本の捺染産業の業界内においては、多くの場合、小

幅と広幅で「棲み分け」がなされていた)。広幅の幅は、和服時の場合と洋服地の場合で異なるので、ここでは辞書を引用しておく。

広幅：広幅織物の略で、布地の幅の広い織物の総称。和服地では並幅（約三六センチ）より広いものを広幅または大幅といい、とりわけその二倍の幅（約七二センチ）の織物をさすことが多い。また洋服地では一四七〜一五〇センチ（五八インチ）幅の布地をさし、ダブル幅、全幅ともいう。この場合、和服地の広幅物に相当する幅をシングル幅または半幅ともいう。(15)（ブリタニカ国際大百科事典 小項目事典）

そういった海外市場に機械捺染が乗り出していった経緯であるが、備後藍絣株式会社の場合、備後絣という地元の伝統ある織物を、染絣で表現することからスタートしたように、当初は、国内消費を想定した小幅物の機械捺染をもっぱらとしていた。しかし、会社創立の数年後の一九三〇年代以降は、一〇万人単位の農民が大陸に入植していく事態となり、それにともない大陸の市場に目を向けることになった。実際、昭和八（一九三五）年、満州から広幅生地の藍無地染めの大量受注を受け、これ以後、海外市場向け「広幅物に転向し、イギリス、ドイツ、オランダなどの先進諸国と競合して、アフリカ、中南米、オーストラリア、インド、南洋方面への輸出を行うようになった。なかでもアフリカについては、昭和一二年だけでも、実に一〇〇万ヤードを輸出するという急増を見るまでになった」（山陽染工編 一九九二 三二頁）。

上記のアフリカ市場向けの広幅物は、「アフリカン・プリント」と総称されるものである。(16)「アフリカン・プリント」はアフリカ製プリント生地を意味するのではなく、一九世紀の早い段階より、ヨーロッパの機械捺染産業がインドネシアのロウケツ染め、バティックのデザインや色をアレンジし、アフリカ市場向けに開発したプリント生地のことを指す。その代表に挙げられるのが、現在も最高級品を生産するオランダのフリスコ社（Vlisco B.V.）製「アフリカン・プリント」である。日本も二〇世紀前半よりアフリカ向けにプリントした生地の生産・輸出を開始した。

技法に関して言えば、伝統的なバティックの場合、まず布の両面に、チャンティンと呼ばれるロウ付けのための道具を使用して手描き、またはチャップという銅型スタンプ（一八四〇年以降）でロウを置き防染する。また多彩色の場合、模様部分を手で彩色し、そこをまたロウで伏せる。その後に浸染することによって布の両面を地染めし、その後布を煮るなどして脱ロウするといった工程を経る。それに対し、「アフリカン・プリント」のリアル・ワックス・プリントの機械捺染の場合、まず布の両面にロウをローラー・プリントし、その後、インディゴ浸染、脱ロウ、その後二色目の地色を染色することもある。その後、布の片面に木製ブロック（後に、ローラー捺染機）を使い、色を追加するものである。要するに、手染めの工程を機械化することにより、ワックス・プリントの生産の省力化・量産が可能となったのである。

「アフリカン・プリント」のベースカラーは、アフリカ人消費者の好みを反映し、インディゴ（藍）である。この点、備後藍絣株式会社（昭和一七年二月、「山陽染工株式会社」に社名変更）の場合、本藍（同社の称するところの「正藍」、自然染料）で機械捺染できることが最大の強みであった。それに加え、創業者の松本末太郎がろうけつ染めの機械化・量産化に成功したことが、リアル・ワックス・プリントのアフリカへの大量輸出の道を開いた。しかし反対に言えば、戦前から、戦中の中断をはさみ、戦後に続いた同社の輸出品「正藍ワックスプリント」は、どこまでも藍染めの技術と一体化していた藍単色（モノトーン）の製品で、アフリカでは非常に好評ながらも中級品とみなされていた[17]（山陽染工編　一九九二）。

そのため、アフリカ市場の高級化指向に対応するようにというバイヤーからの要請もあり、昭和三〇年代から、インディゴの他にも色彩を施した多彩染ワックスプリント、すなわち高級品「リアルワックスプリント」の開発に乗り出した。フリスコ社製のリアルワックスに匹敵するものを目指し、走行性スクリーン捺染機を自社で製作、様々な開発と改良を経て完成したリアルワックスは、一九六〇年代、アフリカ西海岸のガーナ、ザイールへの大量出荷となった。現地の度重なる政変・経済変動と不況、第一次・第二次オイルショック、円高などの影響により、出荷量は安定しなかったが、八〇年代前半の最盛時には、出荷量が年間四五〇万ヤードに上った（山陽染工編 一九九二 一二八頁）。最終的には、一九九〇年代初めに山陽染工はアフリカ市場より撤退することになったが、これが日本製「アフリカン・プリント」の、最後の撤退となった。

山陽染工は、リアル・ワックス・プリントに挑戦し、世界のリアル・ワックス三社（あとの二社は、イギリスのキャリコ・プリンターズ・アソシエーション（Calico Printers' Association）とオランダのフリスコ社）に加わることができた（山陽染工編 一九九二 一二三、一三〇頁）が、これとは異なる「アフリカン・プリント」の戦略をとった会社もある。その一例として、ここでは京都の大同マルタ染工株式会社のイミテーション・ワックス・プリント（口絵五頁）を取り上げる。京都の大同染工株式会社は昭和一七（一九四二）年に創立、その後、一九七〇年から二〇〇八年まで大同マルタ染工株式会社として操業の後、閉鎖した。京都が戦時中大規模な空襲を免れたこともあり、終戦翌年一九四六年秋から、供出を免れたローラー捺染機を用いていち早く生産復帰を果たし、一九六〇年代には製品の八割を海外に輸出する大手輸出専門業者となった。一九六五年から一九七〇年が、同社の全盛期で、プリント加工数量・輸出比率共に日本一を誇ったが、その内の四〇パーセント近くはアフリカへの出荷であった（上田 二〇一七）。

同社の主力製品である「アフリカン・プリント」は、イミテーション・ワックス・プリントであった。時間のかかる蝋防染の工程を省いたものであるが、精巧なものは、「蝋染め特有の氷割れ文様（クラック）も、機械捺染の彫刻ロールと捺染技法の改良によって、プリントで表現される」（上田 二〇一七 一〇頁）。また、イミテーション・ワックス・プリントやカンガ（東アフリカで衣類などとして使われる一枚布）に理想的な捺染機になるよう改造し、色数も八色から十色に増やし、高級な製品づくりと能率の向上を可能とした（上岡 二〇〇六 七七頁）。同社が、フリスコ社の製品を意識し、製品開発をしたことは、現在京都工芸繊維大学美術工芸資料館所蔵となっている大同マルタコレクションのサンプル生地や、同社の関係者の証言から明らかである。

なお、日本製の「アフリカン・プリント」のデザインは、捺染会社や西澤株式会社・東洋紡・伊藤忠・丸紅などの商社の意匠室が創案したものの他、個人の図案家より買い付けたりした（並木他 二〇一九 九八頁）。西澤の場合、現地営業所が注文を取り付けるほか、情報収集も行い、それをもとに大阪本社でデザインした。また現地のインド系の貿易商・商店主で、長年、西澤のエージェントを務めながら、デザインを提供したケースも報告されている(Ryan 二〇一三 三〇四頁)。

三　和柄のグローバル戦略――「鷲・虎・龍」を手捺染、機械捺染、織、刺繍で[18]

ここまで、国内の機械捺染産業に焦点を当て、(一)織柄(先染め)を染柄(後染め)で、(二)手染めを機械捺染で模倣・再現するものとして、それぞれ、きもの用の小幅の機械捺染と輸出用の広幅の機械捺染を見てきたが、残念ながら当該産業は斜陽・衰退に向かっていると言わざるを得ない。この最終節では、機械捺染による安価・大量生産の戦略から目を転じ、和柄・和テイストのデザインに注目し、機械捺染を含めた様々な加工法でデザインを表現する、デザイン優先によるグローバルな戦略を論じる。

『デザインがイノベーションを伝える』の中で、著者の鷲田祐一氏は、「オタク」「かわいい」の論理的再解釈の必要性として、こういった「アニメや漫画を題材にしたデザインや、ストリートカルチャーをもとにしたファッショントレンドに対して嫌悪感を持っている人が多い。しかし、海外の消費者の視点で見れば、現在の日本文化が発信しているもっとも魅力的な情報は、『オタク』『カワイイ』関連のものであることから目をそらしてはいけない」と述べている(鷲田 二〇一四 二二七頁)。

この「オタク」「カワイイ」の先駆と位置づけることができる、日本文化より生まれたデザインで、明治以降現在まで、海外を含めた、様々な社会集団の消費者を魅了してきたものに「和柄」と言われるものがある。和風の柄という意味では無数に存在する和柄であるが、ここでは鷲・虎・龍に注目し、染織品・服飾の様々なジャンルを越えた、また染・織・刺繍という加工技術を越えた、消費者へのデザインとしてのアピールと、それを敏感にキャッチしての生産者側の工夫を歴史的観点より論ずる。そして、それにより、それぞれの長所・短所、コストパフォーマンスを考え染織技術が選択されるため、完全な淘汰はなく「共存」している状況であることを明らかにする。

　戦前から戦後にかけての和柄のグローバル化に多大な貢献をしたのは、アロハシャツである。アロハシャツの研究者で著述家でもあるリンダ・アーサーは、一九二〇年代・三〇年代ハワイでのアロハシャツの独特な発展には、（一）西洋人の身体、（二）日本のきもの生地、（三）中国人移民の仕立て屋、（四）フィリピン風のオーバーシャツの着こなし、（五）ハワイ製、という五つの文化が関与していると述べている（Keane and Quinn 二〇一〇）。最初は、そういったハワイの多文化コミュニティーに住む地元民のシャツとしてスタートしたアロハシャツであるが、一九三〇年代半ばに、ハワイ・アメリカ西海岸間をマトソン汽船やパンナム航空が就航し、観光客が多数ハワイを訪れるようになると、土産品としてアメリカ本土にシャツの人気は広まっていった（ブラウン&アーサー 二〇〇五 二〇頁）。しかし、その人気を決定づけたのは、なんといっても、アメリカ海軍太平洋艦隊の基地のあるハワイに、二〇世紀を通して多数駐屯した軍人の存在である。彼らは、土産としてだけではなく、戦争記念品としてもシャツを購入した。また、派遣され駐留したアジアの各地、とりわけ日本・韓国・ベトナムにアロハシャツを広める役割も果たした。また、彼らがアメリカ本土に持ち帰ったアロハシャツは、一九六〇年代以降のカリフォルニアを中心としたサーファーブームと結びついていった。

　こういった歴史を持つアロハシャツであるが、日本人移民用のきもの生地からスタートしたという経緯もあり、初期のデザインは、和柄、特に富士山、ドラゴン、トラが好んで用いられてきた（ブラウン&アーサー 二〇〇五 二一頁）。その後、三〇年代半ばから、トロピカルフラワー、ヤシの木、サーファー、フラガールといったハワイ特有の柄へと人気が移行していった。そういった変化にも関わらず「最初のうちは日本でプリントされた生地が主に使われていた」（今井編 二〇〇一 一七頁）という。戦後、ハワイでジャパン・シルク（Japan Silk）という生地問屋を立ち上げた日系二世の重村猛は、戦前京都から仕入れた「友禅は二八インチの狭幅（筆者注：約七一・一二センチ=和服の広幅に相当）のレーヨンのカベチリメンでした。その幅でもラージのシャツがカツカツできるんです。一九三五年～一九三六年の話です」（今井編 二〇〇一 三二頁）と話す。この時期は、着尺より幅の広い生地を手捺染するため、友禅の型紙をモデルとした、スクリーン捺染技術が実用化された時期と重なる[19]。

ここでスクリーン捺染技術について説明すると、型紙使いの友禅を染める写し友禅（本書第一章参照）は、作業がしやすいように小幅の布を台上に貼りつけ、その上へ型紙を置いて、駒ベラを用いて化学染料を糊に混ぜた色糊を型紙を通し刷り込んでいく必要がある。その捺染生産の効率を高めるため、スクリーン捺染は「サイズの大きいスクリーン染型（シルク紗使用）を平台上に置いて、色糊を染型上に流し入れ、その色糊を長い棒の先端に横状箆（ヘラ）になった方式で往復一回スキージング（掻く）で捺染できるようにした。印捺が終われば、印捺した個所の隣接部分へ染型を順々に移して、スキージングを繰り返した」[20]。技術は変化するが、スクリーン染型を使った手捺染は、友禅のような繊細な多色刷りを得意とし、アロハシャツの柄を表現するのに適していた。その後、さらに生産効率を上げるオート・スクリーン捺染機も開発された。

重村は、戦後一九五五年頃に京都の友禅の生地の輸入を再開するが、三六インチ幅（洋幅・ヤード幅ともいう、約九一・四四センチ）のカベチリメンを輸入したのは彼が最初だという。そういったアロハシャツ用の生地を染めるため、手捺染とともにスクリーンやローラーによる機械捺染も、要求される技術や品質、ロットの数、コストパフォーマンスに応じて、並行して使われた。ハワイの日系人生地問屋などの活躍や、戦後復興期の京都友禅業者のきめ細かな対応もあり「美しい多色刷りを請け負った京都の染色工場が黄金期のアロハを生んだ」（今井編 二〇〇一 三四頁）と言われている。

戦後のアロハシャツの柄については、例えばH・トーマス・スティール（H. Thomas Steele）が「デザインが変わり、伝統的な柄（筆者注：ハワイ柄）は、虎・鷹・龍で代用され、ダイヤモンドヘッドは、富士山に取って代わられた」（Steele 一九八四 七六頁、筆者訳）と述べているように、和柄の人気が復活した。しかし戦前と全く同様というわけではなく「戦前は比較的地味な柄で綿素材を中心とした和柄アロハが、レーヨン素材の色彩豊かな和柄アロハへと発展していったという」（今井編 二〇〇一 六二頁）。

『アロハシャツの真実』には、前述したことを証明するような大変興味深い写真が、以下のキャプションとともに載っている。

朝鮮戦争当時、つまり一九五〇～一九五三年の米兵たち。おそろいの黄色いトラ柄のアロハシャツを着ているが、写真の解説には「休暇を利用して日本で買ってきた」とある。つまり、その頃すでに日本でアロハシャツを売っていたということになる。戦後日本の観光客の大半は米兵だった。このシャツはメイド・イン・京都。（今井編二〇〇一　七頁）

今日でもトロピカル・リゾートとしてのハワイの観光人気は衰えを見せない。そして、その人気にあやかる形で、「〇〇（日本、韓国、中国、東洋など）のハワイ」を売り文句にし、観光事業を推進する場所には枚挙にいとまがない。そしてそういった場所がハワイらしさを演出するための必須アイテムとして、アロハシャツは利用され続けている。例えば、近年「中国のハワイ」として人気のある海南（ハイナン）島は、シャツだけではなく揃いのショートパンツもある「海南島服」をリゾートウェアとしてプロモートしている。海南省政府観光開発局のサイトは、これを島の名産品に挙げ、以下のように説明している。「別名『ハイナン・アロハ』。ビーチの近くなどで盛んに売られています。カップルや親子連れがお揃いの島服を着ている姿は海南島ではよく見る光景。現地で買ってそのまま着用、バカンス気分をさらに盛り上げましょう。種類豊富なのでじっくり選んでお土産にも」(21)。

図５－３　鷹・富士山・松柄の海南島服
（個人所蔵）

その様な海南島服の中に、筆者は、富士山・鷹・松をデザインしたものを発見した（図５－３）。まさに伝統的なアロハの柄であるわけだが、和柄がハワイの観光リゾートとしての権威を象徴する正真正銘の

図5-4　スカジャンの例・リバーシブル

鷹・富士山・日本地図（広島・長崎に印有）・桜の刺繍（左）。絡み合う黄金の龍の刺繍（右）

（出所）東洋エンタープライズ 2005 pp. 34-35

(authentic) デザインとみなされ、「中国のハワイ」を権威づけるために利用されるという、多極的な調査の必要なグローバルな研究テーマに発展していることがわかる。

また、このアロハシャツのグローバル化を結果的に牽引した米兵の動きを追ってみていくと、戦後日本に駐留した進駐軍は、日本にアロハシャツを広めるとともに、スカジャンの消費者にもなっている。スカジャンは、戦後まもなく日本で発明され、横須賀ジャケット、スーベニア・ジャケットの略と言われている。文字通り、米兵のお土産として売れるものは何かと、現在もスカジャンの企画・製造の大手である東洋エンタープライズ社の創始者である小林進氏が、その前身会社・港商の社員であった時に考え、「ベースボールジャケットを模して、そこに彼らに喜ばれそうな派手な刺しゅうを入れて売る」ことを思いたった結果、誕生した。「オリエンタルの象徴としての鷲、虎、龍といったモチーフが刺しゅうされたジャンパー」（図5-4）は、米兵に大人気となり、日本にある米軍基地のPXで売られるようになった（東洋エンタープライズ 二〇〇五 七〜八頁）。

米兵を軸にして考えると、アロハと同様の鷲虎龍のデザインが施されたスカジャンの人気はうなずけるが、アロハシャツが捺染で鷲虎龍を表現したのに対し、スカジャンは、桐生の横降りミシンの職人の手による大変手の込んだ刺繡によって鷲虎龍があしらわれたものが代表的である。しかし、その人気から、他地方でも制作されており、五〇年代に製作された、鷲虎龍の絵柄を手捺染したスカジャンや（東洋エンタープライズ編 二〇一〇）、西陣織の織柄で鷹を表現したヴァーシティジャケットも確認できる（カバー袖）。

そしてさらに米兵の動きを追っていくと、その動きにつれスカジャンに変化が起こっていることが確認できる。基本は依然として鷲、虎、龍のモチーフであるが、米軍基地のある環太平洋各地をはじめとした様々な地名やその地を象徴するモチーフが入り込んでいるものが出てくる。また、戦友同士の仲間意識を高めるためや戦争記念品として、所属部隊名を揃いで、刺繡で入れたものなども製作された。そういったものもやはり日本で刺繡・制作されていたが、例外はベトナム戦争時に当地で製作された「ベトジャン」と称されるもので、ベトナムの地図とメッセージが手刺し刺繡されているのが特徴である（東洋エンタープライズ 二〇〇五）。

日本では、その後、アロハシャツは湘南の太陽族、スカジャンはカミナリ族といった若者文化と結びつき、独自の発展を続けていった。刺繡に注目するならば、派手な刺繡を施した特攻服を纏って卒業式や成人式へ参加する若者が、毎年のようにメディアに取り上げられている。

海外でもスカジャンの人気は続いている。二〇一五年七月にアメリカと国交を回復したキューバの首都ハバナで、二〇一六年三月、ローリング・ストーンズは、初めてのコンサートを行った。キューバ革命の後、西側の危険な音楽として禁止されてきたストーンズの屋外コンサートは入場無料で、五〇万人の観客が詰めかけ、まさにキューバの雪解けを象徴するイベントとなった。そのコンサートに、メンバーの一人、キース・リチャードは虎柄のスカジャンを纏ってあらわれ、演奏したのである。(22)

以上の事例を考察すると、和柄のグローバルな戦略の可能性が見えてくる。現代日本人にとってはあまりにもありふれている、またはヤンキー文化などのサブカルチャーと結びつき、あまりいい印象を持たれていないかもしれない「鷲・虎・龍」であるが、あらためて検証してみると、こういった和柄の現代的・潜在的なポテンシャルは無視できないものがある。しかし、それを利益を生み出すものにするには、デザイン優先による戦略で、様々な染織技術でもって、海外市場を含んだニッチなマーケットへ挑戦する、色々な意味での越境性が重要であると思う。

（鈴木桂子）

注

（1）この件に関しては、二〇一九年一〇月一二日、マリア・ウロンカ=フレンド博士（Dr. Maria Wronska-Friend、ジェイムスクック大学上級リサーチフェロー）にご教示いただきました。ここに厚くお礼申し上げます。

（2）更紗から始まったミュールーズの染織が日本の文様を取り入れた経緯については、廣瀬（二〇一〇）を参照のこと。

（3）二〇一八年九月にイギリスのマンチェスター・メトロポリタン大学図書館、マンチェスター中央図書館その他のアーカイブで調査。

（4）MMU Library. Ref/ F746.0421/ SID: Sidebotham. Japanese Cotton Prints

（5）金巾（カナキン）、キャリコ、更紗の明確な定義は、歴史的に変化し難しいが、いずれも綿の平織りの綿布。特に目の細かく高級な加工を施したものをキャリコという傾向ある。また更紗はそれに模様を捺染したものを多く指す。

（6）当時の京都の取り組みの詳細については、明石編（一九四三）、青木・上田（二〇一六）、上田（二〇一九）を参照のこと。

（7）武田周次郎の詳細については明石編（一九四三）、青木・上田（二〇一六）を参照のこと。またポンチングマシンについては、上田文その他制作・監修の動画（二〇一八 https://www.youtube.com/watch?v=7Aw1Pbboxq0）を参照。

（8）製作工程の記述については、菊池（一九八三）、栗原（二〇一九ａ）を参照のこと。

（9）二〇一八年六月二二日、静岡文化芸術大学にて型紙展示の見学及び型紙資料調査。栗原雅也氏（浜松市博物館館長）、四方田雅史氏（静岡文化芸術大学教授）、冨田晋司氏（公益財団法人静岡県労働者福祉基金協会研究員）にご教示いただきました。ここに厚くお礼申し上げます。

（10）二〇一九年一月二一日、山陽染工株式会社へ訪問し、同社経営管理本部・戸板一平氏、生産部・畑田治彦氏にお話を伺い、見本裂や資料を拝見しました。両氏にここに厚くお礼申し上げます。http://www.arc.ritsumei.ac.jp/lib/app/projects/jurc/b1//pc/003970.html

（11）和歌山染工株式会社の沿革に、「昭和一九年五月　本社工場　軍により徴用される　企業整備により、捺染機18台のうち13台供出スクラップ」、「昭和二〇年七月　本社工場戦災による焼失」とある（http://www.wsk.co.jp/contents/company/outline.html 二〇一九年八月二一日最終アクセス）。

(12) https://pagong.jp/kameda/（二〇一九年八月二一日最終アクセス）、また岩佐（二〇一五）も参照のこと。
(13) 二〇一七年一〇月四日、西澤株式会社相談役、冨江文雄氏談。氏にここに厚くお礼申し上げます。
(14) 戦前のアフリカ市場向けの日英の綿製品を中心にした貿易摩擦については、Prestholdt（二〇〇八）を参照のこと。また、日本とアフリカ市場を繋ぐインド洋貿易については、Suzuki（二〇一八）を参照のこと。
(15) https://kotobank.jp/word/%E5%BA%83%E5%B9%85-122002（二〇一九年八月二一日最終アクセス）
(16)「アフリカン・プリント」については、上田（二〇一七）、吉本（二〇〇六）、Wronska-Friend（二〇一七）を参照のこと。
(17) 山陽染工株式会社は、昭和三〇年代より藍と同じ成分をもつ化学染料のインディゴを利用し始め、昭和三〇年代後半には、自然染料による正藍染めに終止符を打った。二〇一九年七月二五日、同社取締役 経営管理本部 本部長 戸板一平氏よりご教示いただきました。ここに厚くお礼申し上げます。
(18) この節については、Suzuki（二〇一九）を参照のこと。
(19) http://www.nissenkyo.or.jp/history/page13.html（二〇一九年八月二一日最終アクセス）。
(20) http://www.nissenkyo.or.jp/history/page14.html（二〇一九年八月二一日最終アクセス）。現在、手捺染の場合、日本では傾斜テーブルが使われている。
(21) http://www.kainanto.jp/shopping/specialties/index02.html（二〇一九年八月二一日最終アクセス）。
(22) ローリング・ストーンズのコンサート時の写真については、https://www.huffpost.com/entry/what-the-rolling-stones-a_b_10015206（二〇一九年八月二一日最終アクセス）を参照のこと。

参考・引用文献

青木美保子・上田文『京都近代捺染産業の軌跡――ローラー彫刻の祖　武田周次郎とその後』京都工芸繊維大学美術工芸資料館・立命館大学アート・リサーチセンター　文部科学省　共同利用・共同研究拠点「日本文化資源デジタル・アーカイブ研究拠点」、二〇一六年。

明石厚明編『日本機械捺染史』日本捺染史刊行会、一九四三年。

井川清「更紗から見たる捺染の沿革」『日本機械捺染史』日本捺染史刊行会、一九四三年、三一四～三二〇頁。

池川恵子「相曽形染の想い出――鈴木啓仁一人語り」『浜松の染色の型紙――機械染色の型紙を中心として』浜松市博物館、二〇一九年、一六七～一七〇頁。

今井今朝春編『アロハシャツの真実』ワールド・ムック三一四、ワールドフォトプレス、二〇〇一年。

岩佐朋子「京都府繊維産業における退出行動」『横浜市立大学論叢社会科学系列』六六（一）、二〇一五年、一～一六頁。

上岡学正「日本のプリント産業とインドネシア、アフリカ向けプリント更紗」『更紗今昔物語――ジャワから世界へ』財団法人千里文化財団、二〇〇六年、七六～七七頁。

上田文『京都からアフリカへ　大同マルタコレクションにみる一九六〇年代京都の捺染産業――報告書（増補版）』京都工芸繊維大学文化遺産教育研究センター、二〇一七年。

上田文「京都の機械捺染と近代の絣――デザイン、技術、図案家をめぐって」『デザイン理論』七四、二〇一九年、一九～三三頁。

菊池昌治「伝統の技法を探る『遠州の籠染め白絣　相曽形染・相曽武志さん』」、『染織α』No.二六（一九八三年五月号）、一一四～一一九頁。

栗原雅也「浜松の機械染色史概観」『浜松の染色の型紙――機械染色の型紙を中心として』浜松市博物館、二〇一九a年、七～一〇頁。

栗原雅也「浜松市博物館が所蔵する機械染色の型紙」『浜松の染色の型紙――機械染色の型紙を中心として』浜松市博物館、二〇一九b年、一一～一六頁。

山陽染工編『彩　山陽染工の歩み』山陽染工、一九九二年。

大同染工株式会社『大同染工ノ20年』一九六二年。

田中宣子「京都小幅友禅業の衰退傾向分析と将来展望」『龍谷ビジネスレビュー――龍谷大学大学院経営学研究科紀要』No.一三、二〇一二年、三五～五三頁。

東洋エンタープライズ『スカジャン』エイムック一一〇二、枻出版社、二〇〇五年。

東洋エンタープライズ編『Japan Jacket Book』東洋エンタープライズ、二〇一〇年。

並木誠士・青木美保子編『京都近代美術工芸のネットワーク』思文閣出版、二〇一七年。

並木誠士・上田文・青木美保子『アフリカンプリント――京都で生まれた布物語』青幻舎、二〇一九年。

浜松市博物館編『近代の織物――遠州の織物の歴史』浜松市博物館、二〇〇〇年。

廣瀬緑「染織とグローバリゼーション――アンディエンヌ（更紗）からジャポニスムへ」『比較日本学教育研究センター研究年報』第六号、二〇一〇年（〇三）、一〇九～一二一頁。

ブラウン、デソト、リンダ・アーサー（Brown, DeSoto, and Linda B. Arthur）『アロハシャツの魅力（*The Art of the Aloha Shirt*）』アップフロントブックス、二〇〇五年。

松島睦編『Suka Jacket スカジャン』椎出版社、二〇一六年。

村上文芽『近代友禅史』ゆまに書房、一九二七年［二〇一二］。

吉田満梨『現代におけるきものビジネスとユーザー変化』（立命館大学 土曜講座 二〇一九年一月二六日　講演原稿）、二〇一九年。

吉本忍「ジャワから世界へ　Part 1　ジャワ更紗を模した近代のプリント更紗」、『更紗今昔物語——ジャワから世界へ』財団法人千里文化財団、二〇〇六年、一六～三三頁。

鷲田祐一『デザインがイノベーションを伝える——デザインの力を活かす新しい経営戦略の模索』有斐閣、二〇一四年。

Keane, Maribeth and Brad Quinn, "Hawaiian Style: The Roots of the Aloha Shirt," *Collectors Weekly*, July 23, 2010. https://www.collectorsweekly.com/articles/an-interview-with-aloha-shirt-author-and-scholar-linda-arthur/（二〇一九年八月二一日最終アクセス）

Musée de L'Impression, and Centre Européen d'Etudes Japonaises d'Alsace (CEEJA), eds. *Impressions du Soleil Levant: 150 ans de relations Alsace-Japon*. I.D. l'Édition, 2015.

Prestholdt, Jeremy, *Domesticating the World: African Consumerism and the Genealogies of Globalization*, Berkeley: University of California Press, 2008.

Ryan, MacKenzie Moon, "The Global Reach of a Fashionable Commodity: A Manufacturing and Design History of *Kanga* Textiles," (Dissertation) University of Florida, 2013.

Steele, H. Thomas, *The Hawaiian Shirt: Its Art and History*, Cross River Press, 1984.

Suzuki, Keiko, "Kimono Culture in Twentieth-Century Global Circulation: Kimonos, Aloha Shirts, Suka-jan, and Happy Coats," *Linking Cloth/Clothing Globally: The Transformations of Use and Value, c.1700–2000*（*ICES Series of Studies in International Economy*, vol. 1), ed. by Miki Sugiura, Institute of Comparative Economic Studies, Hosei University, 2019, pp. 272–298.

Suzuki, Hideaki, "Kanga Made in Japan: The Flow from the Eastern to the Western End of the Indian Ocean World," *Textile Trades, Consumer Cultures, and the Material Worlds of the Indian Ocean*, Pedro Machado, Sarah Fee and Gwyn Campbell (eds.), Palgrave, 2018, pp. 105–132.

Wronska-Friend, Maria, "The Early Production of Javanese Batik Imitations in Europe (1813–1840)," R. D. Jenny (Ed.), *Glarner Tuch Gespräche* (Vol. 10–11), Glarus, Switzerland: Comptoir von Daniel Jenny & Cie. 2017, pp. 49–58.

第Ⅱ部　売り手とデザイン

第Ⅱ部扉写真　新銘仙（湖月）長着。（越阪部三郎氏寄贈資料、所沢市生涯学習推進センター所蔵）

第六章　消費市場の発達と技術・価格・デザイン

一　明治中期から現在までの日本の生活水準の確認

第Ⅰ部では、主に生産技術と意匠（デザイン）に着目して日本の織物・染物の発展経緯を見てきた。そこではそれぞれの技法の伝統と機械導入による技術革新が、絵柄の開発と絡み合いながら進んできた姿を、興味深く理解することができた。

第Ⅱ部では、消費者と流通へと視点を移し、市場構造の変化と、それに呼応して大きく変化した織物のビジネスの姿に着目したい。時代背景としては、明治中期から大正、そして第二次世界大戦以前までの時期をA期、そして第二次世界大戦後から現代までの時期をB期とする。

ここではまず特にA期に着目したい。この時期の日本の国力および生活水準を国際比較するために、図6‐1にMaddison Historical Statistics のデータを掲出する。ちなみに、一八七〇年は明治三年、一九〇〇年は明治三三年、大正元年（明治四五年）は一九一二年、終戦が一九四五年である。

これをみるとA期（一九〇二年から一九四二年ごろ）の日本は、当時世界で最も生活水準が高かったイギリスと比較して一人当たりGDPが約四分の一程度であった。しかしアジア各国と比較すると、当時の中国、韓国の三倍程度、台湾の二倍程度に達しており、アジア随一の発展度であったことを確認できる。当時の日本を除く東アジア地域は、奴隷化された植民地を除いては世界で最も未発達な地域であった。

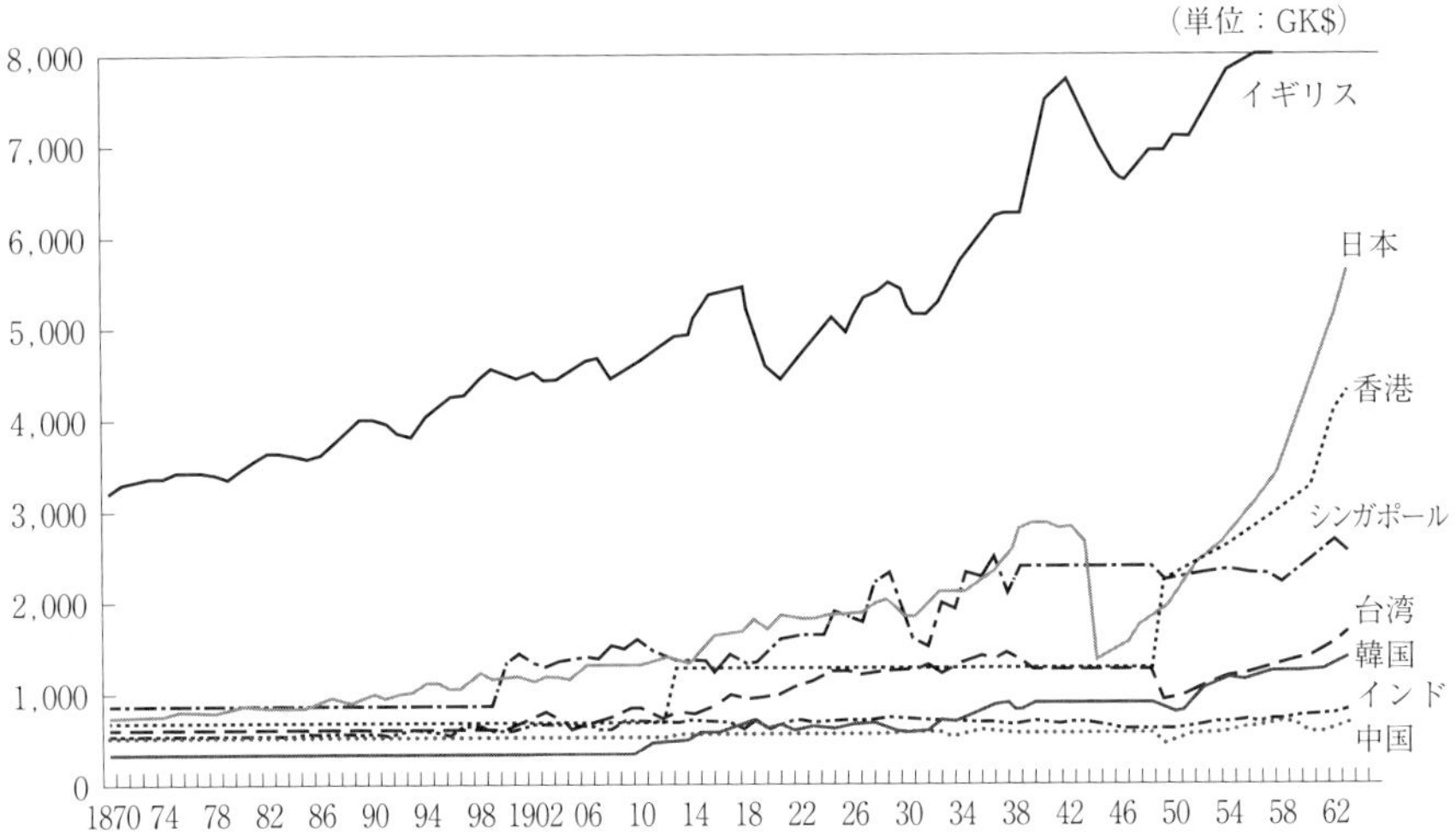

図6－1　アジア各国の1人当たりGDPの推移

注：Geary-Khamis（ゲアリーケイミス）方式による比較
（出所）　Maddison Historical Statistics

世界一の先進国と比して四分の一程度、最貧地域の二～三倍程度の一人当たりGDPという相対的関係を現代に当てはめてみると、いわゆる「新興国」にちょうど当てはまる。現代（二〇一九年）において世界で最も生活水準が高い先進国の一人当たりGDPはおおむね四万～五万ドル程度である。また最貧国グループはアフリカに多いが、その水準はおおむね一〇〇〇～二〇〇〇ドル程度である。それらの間で、例えば中国やマレーシアは約一万ドル、タイが約七〇〇〇ドル、インドネシアが約四〇〇〇ドルである。これらアジア「新興国」に共通する特徴は、農村が近代的な住宅やショッピングモールに刷新され、先進国から大量のブランド品が導入され、道路は先進国から輸入された自動車やバイクで溢れ、郊外には大量の労働者を雇用する工業団地が作られ、というような事柄である。つまり、時代が一〇〇年ほどずれてはいるものの、A期の日本は、まさに世界全体でみると「新興国」だったといえそうだ。

二　「新興国」日本の中間層の発達

「新興国」の、このような急激な近代化（まさに言葉のとおりmodernization）は、その国の所得分布にも大きな影響を与える。いわゆる中間層の発達である。中間層とは、様々な定義があるものの、その社会の所得分布の上位一〇％以下の人口で構成される富裕層や、下位三〇～四〇％程度の人口を占める貧困層や農村部人口を除いた、中間に位置する層といえる。多くの場合は都市在住の給与所得者として定義される。所得の分布というものはどこの国でもごく一部の突出した富裕層が非常に多くの所得を持ってしまう構造があるため、人口構成の視点でみると、必ずしも「中央」ではなく、「中央」よりもやや上位に位置づけられることが常である。感覚的には、いわゆる「中の上」の生活者と一致する。

中間層がなぜ注目されるのかというと、国の発展による日常的な生活スタイルの変化が最も顕著に表れる層だからである。また国家経営の視点に立てば、近代国家における生産消費両面での「主役」であるため、豊かな中間層の育成こそが国家成長の重要な目標にもなる。特に「新興国」における中間層の生活では、家屋の改善による衛生環境の急激な改善、家電やインフラなど「生活の道具」の改善と、それらに伴う生活時間の大きな変化（家事に費やされる時間の減少による余暇時間の拡大）、家事の外部化、教育環境の改善、核家族化の進展、男女差別の縮小、伝統的因習からの解放、各種メディアへの接触増大、などの変化が顕著に見られる。事実、A期の日本でも、近代都市文化の発達の姿として、これらのことが実際にめまぐるしく進行したと考えられる。

日本の明治中期の「中間層」（当時は「新中間層」と呼ばれた）は、佐々木（二〇一二）によれば、「官公吏、軍人、医師、弁護士、管理職などの、専門職あるいは官僚的組織従事者によって構成され、近代以前の政治、経済の指導者層とは異なる出自の人々で構成されていた」とのことである。この層は、明治維新時に作られた華族文化の影響を受けつつも、華族が近代以前の男尊女卑型かつ大家族世襲型の因習に重きを置いたのとは対照的に、男女平等核家族型かつ実力主義型の価値観を形成したということだ。そしてそれを実現した背景に、この層が子女教育を非常に重視したという特徴があったことも指摘されている。

また、住居についても、中村（二〇一〇）によれば、明治末期から大正期にかけて、日本の大都市の中間層の住居においては浴室を木造の壁から西洋風の白タイルに改装することが大きな流行になっていたという。この背景には、後述する日本政府（当時の文部省）による「生活改善運動」による衛生環境改善という目的が大きな影響を与えていたようである。

これらの先行研究が描き出しているA期日本の中間層の価値観や特徴は、前述した現代の「新興国」中間層の特徴と、時代こそ違うものの、驚くほど共通していることが確認されるであろう。

現代の「新興国」中間層の研究において、もっとも注目されるのは、年収がおおむね一万ドルに達すると急に消費生活が豊かになるという現象（苅込、中川、宮嶋 二〇一〇）である。この現象は二〇世紀後半から現在まで、中国や東南アジアで繰り返し確認されており、その原因は、それまでローエンドの商品を選んでいた人たちが、この水準を超えてくると、もう一つ上のランクの商品を好んで選ぶようになるからだとされている。最低限の機能だけではなく、個性やブランドイメージ、あるいは良いデザインを求めてくるようになるということだ。中間層の消費傾向がそのようになってくると、いわゆる富裕層と貧困層に二極化された消費（このような二極化された消費は、実は世界のどこでも、そしていつの時代でも見られるものである）ではなく、その国独特の「消費文化」が出現・明確化してくる点が重要である。もし、このような中間層が作り出すその国独特の「消費文化」の出現というフレームワークが当時の日本にも当てはまるとすれば、まさに本書の中心課題に接近することができるようになる。

ところで、現代の年収一万ドル程度という水準は当時の貨幣価値でどの程度になるのだろうか。これを推計するのは実はなかなか難しいのであるが、一九〇〇年ごろから現代までの歴史において世界で最も物価変動が小さい国としてイギリス（北村 二〇〇二）の例を参考にすると、この間の消費者物価の変動は、当時を一としたときに、約五～六であるから、単純に割り算すれば、年収一五〇〇～二〇〇〇ドル程度となり、図6－1の当時の一人当たり

GDPの推計ともあまり矛盾しない水準になる。ただし、当時の日本国内の物価をドルで表現しても全く現実味がないため、これを何とか日本円に換算したくなる。しかし、日本円は、当時と現在の比較では、比較対象物品にもよるが実に三〇〇～四〇〇〇倍ものインフレ率を記録しており、しかも社会階層や比較対象物品によって統計に非常に大きなばらつきがあるため、ほとんどあてにならない。他方、例えば明治中期ごろの地方公務員の年収がだいたい二〇〇円～三〇〇円程度であったという事実があるので、こちらのほうから考えるほうが、いくぶん現実味がありそうである。この頃、年収が五〇〇円～五〇〇〇円のレンジに入る層のことを「中等階級」（本論でいう中間層よりはいくぶん富裕層寄りの層と考えられる）と呼んだが、日本全体の人口に占めるこの階級の比率は一九〇三年時点でわずか二・三八％、一九二二年時点でようやく一一・五％だったという（前田 二〇〇二）。したがって、本論が焦点をあてる中間層は、これよりやや下、つまり年収にして三〇〇円～五〇〇円程度と考えるのが妥当であろう。ちなみに銀座で一三〇年前から不動産業を営む株式会社小寺商店の「不動産豆知識」によると、A期の銀座の土地の坪単価がちょうど三〇〇～五〇〇円程度だったそうだ。現在の銀座の土地の坪単価は一億円を超えており、ここだけを見ると全く計算が合わないが、実はバブル経済以前の水準では銀座の土地の坪単価も五〇〇〇万～六〇〇〇万円だったという事実を考え合わせると、当時と現在の都市の集中度と開発度を勘案すれば、何とか辻褄が合わないわけでもなさそうだ。総合すると、当時の年収で三〇〇～五〇〇円程度（当時の国際比較の視点では年収一五〇〇～二〇〇〇ドル程度）というのは、年収をすべて投じれば繁華街の土地を猫の額ほど買えるぐらい、つまり現在でいえば年収一〇〇〇万～一五〇〇万円ぐらいの生活（中流の上、あるいは上流の下ぐらい）と考えれば、大きな間違いはないであろう。

現代日本の年収一〇〇〇万～一五〇〇万円ぐらいの生活者、あるいは現代「新興国」における年収一万ドルぐらいの生活者といえば、郊外の快適な集合住宅に居を構え、まあまあ快適なクルマを所有し、家の中は便利な家電が溢れ、それほど家計を気にせずに家族で外食を楽しみ、年に何回かの旅行を楽しみ、というような日常生活を思い浮かべることができるであろう。さらに、このような共通性に加えて、それぞれの国独特の文化や価値観が反映された消費の特性（例えば日本でいえば和風なものが好まれるとか、中国でいえば派手で目立つ「面子消費」（Wang 2008）が好まれるとか）も明確化する。

三　中間層にとっての日常おしゃれ着の出現

ところで、現代の「新興国」中間層の研究において欠かせないのは、ファッションアパレル消費の拡大という現象である。例えば身近な例でいえば、今東南アジアの中間層消費者の間では、日本のユニクロやＭＵＪＩ、あるいはＺＡＲＡやＨ＆Ｍといったブランドが大人気である。世界中に戦略展開をするこれらグローバルブランドが、「新興国」中間層にとっては、まさにハイファッションの象徴になっており、そこに大きな市場が生まれている。そこで、第Ⅱ部をはじめるにあたって、以下、Ａ期の日本の織物・染物の産業を、当時の「新興国」中間層のファッションアパレル消費というフレームワークで捉えなおしてみよう。

Ａ期において最も重要な社会変化は、洋装の普及、そしてそれによる和装から洋装への日本社会全体での大きな変化であろう。「書生」の対語という位置づけで、英語の「gentleman」の訳語として「紳士」という言葉が定着したのはまさにこの時期であるが、神野（二〇〇八）によれば、この時期に多数の「紳士論」を説く出版物が発刊され、社会で成功するための礼儀作法として普及したという。例えば上島長久著『紳士読本』（一九〇三年）、波多野鳥峰『紳士と社交』（一九〇八年）などがその好例とのことである。神野はまた、同時に「紳士」が着るべき男性向けのファッションとしての洋装の「紳士服」もこの時期に大きく進化したこと指摘する。ちなみに、日本の洋装産業の人材育成にとって重要な役割をはたしてきた2つの職業専門学校はともにこの時期に創設されている。文化服装学院は大正一三（一九二四）年、ドレスメーカー女学院は大正一五（一九二六）年の創設である。つまり当時、イギリスやフランスから導入された洋装は、まさに中間層にとって外来ハイファッションそのものであったといえるだろう。

このような洋装への大きな変化の中で、和服はいったいどんな位置づけになっていたと理解すべきであろうか。まず大きな問題は男女格差である。宇野（一九八四）によれば「社会の近代化とほとんど接点がなかった女子には、男子にみられるような近代化と洋装化の相関をみることはできなかった」という状態で、女性の日常的な服装は実はほとんど和服であったという。明治初期のいわゆる鹿鳴館時代には、洋服は「文明」の象徴、和服は「蛮風」の象徴というふうに位置づけられ、男女ともに一気に洋服のブームが発生したわけであるが、その後、日清戦争、日露戦争を経て、日本社会が国粋主義的になるにつれ、和服の位置づけが再評価され、同時にコルセットなどが及ぼす健康への悪影響なども指摘されるようになり（夫馬 二〇〇七）、一部富裕層を除く中間層以下の女性を中心に、和服はしたたかに生き残っていったのである。また興味深いことに、夫馬の研究によれば、この頃「洋装の中で衛生上好ましい点は和服の中に積極的に取り入れるという考え方も出てくる。明治二一年の後半から三五年に至ると、和洋折衷、あるいは和服を基本として日本独自の改良服を求める姿勢が見られる」とあり、まさに「新興国」中間層らしい、わが国独自のファッションの萌芽が読み取れる。

またこの頃、婦人雑誌が多数発刊され、その中ではファッションの話題が頻繁に取り上げられるようになってきていた。石田（二〇〇一）はそれらの中でも特に存在感があった実業之日本社刊『婦人世界』（一九〇六年創刊）に着目し、その社会的意義を詳細に検証している。『婦人世界』はなんと三〇万部の発行部数を誇り、その後、現代まで続く婦人ファッション誌のフォーマットを作り出したとされている。競合誌としては『主婦之友』や『婦人公論』（ともに一九一六年創刊）、『婦人倶楽部』（一九二〇年創刊）、『婦女界』（一九一〇年創刊）などがあったが、それらはファッション誌というよりも、実用誌や教養誌という側面に重きをおいていた。『婦人世界』の当時の想定読者の年収はなんと八〇〇円だったという。現代でいえば、さながら年収二〇〇〇万円のプチセレブマダムというところだ。姉妹誌である『少女之友』も大人気であった。石田の検証によれば、『婦人世界』は、他人と共有しうる美意識として「流行」を追うことの重要性を説明し、趣味としてのファッション消費を定着させることに寄与したと考えられる。この雑誌が重視した美意識のキーワードに「婦人美」というものがあり、日常生活の中に高い美意識を根付かせようとする意図が明確に見られた。ちなみに「割烹着」はこの雑誌の中で初めて大衆向けに提案され、その後普及した「ヒット商品」であるという。まさに当時、和服を主としながらも、新しい住居環境で中心的かつ効率的に家事を切り盛りする女性を応援する商品提案であったのだろう。

このように、洋装の普及という大きな流れの中で、実は婦人服の世界では、和服を中心にして、中間層がいかにおしゃれをするか、という流れがはっきりとできたのがこの時期の大きな特徴といえる。そしてそれは、「新興国」中間層による、分厚くかつ豊かな独自性を持つわが国独自の消費文化の発露と分析することができる。

四　明治中期から大正期の「着物」市場のカテゴリ整理と市場成長

このような経緯をあらためて全体的に俯瞰してみると、明治中期以前とA期の比較で、和装市場の変化について、図6－2のようなまとめができる。

明治中期以前では、和装の市場は、富裕層だけを対象にした高級な和服（いわゆる御召）の市場と、一般市民が日常作業用に着る和服の市場に大きく分断されていた。高級市場は、第Ⅰ部で説明したように、京都を中心にした限られた産地の職人が技術とデザインの粋を尽くして生産した商品によって占められており、他方、日常作業着市場は、江戸時代の小袖に由来するカジュアルな和服であるが、主に京都以外の産地によって大量生産される綿・絹・麻織物などによって構成されていた。両者の間の技術やデザインの移転は、ほぼ「京都から他地域への流出・伝搬」の一方向であり、価格帯的にも全く重なる部分がないほど乖離していた。

しかし、明治中期以降のA期に入ると、中間層の成熟によって、この二つの市場の隙間に大きな市場が出現することになった。この市場のことを、ここでは全体として「略服」市場と呼ぶことにする。なお、図6－2では、それぞれの市場の価格帯のイメージを把握しやすくするために、あえて現在価格でいえばだいたいいくらぐらいなのかを付記してみた。これをみると明らかなように、高級な御召の市場は現在の高級和服市場にそのまま受け継がれ

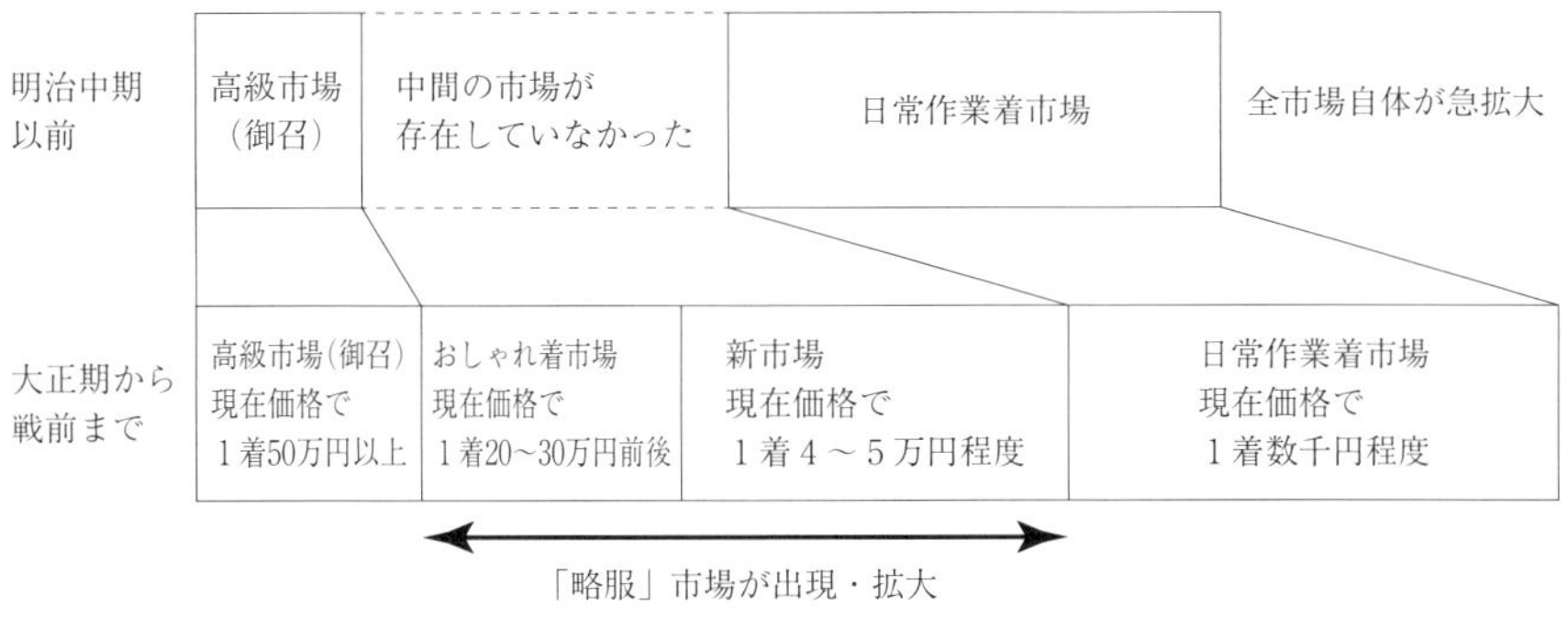

図６－２　戦前期までの和装市場の変化

（出所）　筆者ら作成

ているが、ちょっとした財産になるほどの高価格である。いっぽうその対極の日常作業着市場は、現在でいえばファストファッションの価格帯である。そしてその隙間に出現した「略服」市場は、高いものは現在のハイファッションの価格帯、安いものはさながらセレクトショップの価格帯に当たる。

「略服」という名前は、当時の男性の洋装市場で生まれた「略礼服」に由来する。青木（一九七二）によれば、明治中期までは、男性の洋装の正式な礼服は燕尾服であったが、明治中期以降からモーニング・コート型あるいはフロック・コート型の服が「略礼服」として採用されるようになったという。前述したように女性はこの時期も和服が中心の生活であったので、その呼び名も洋服特有の「略礼服」から省略し、「略服」となったと思われる。「略服」というと、辞書などでは「平服」「普段着」と同意だと説明されている場合があり、もっと安い価格帯のものと誤解されやすいが、実際には普段着というよりもちょっとおしゃれをしたい時などに着る、いわゆる今でいう「勝負服」のような価格帯と考えるべきである。

前述したように、「中等階級」から発生した豊かな婦人文化によって、当時の「新興国」中間層市場の萌芽として生まれたおしゃれ着の市場は、高級な御召の半値程度ではあるものの、それでもなかなか高価な価格帯の市場であった。しかし、中間層消費のさらなる進展によって、さらにその下の価格帯に、巨大な「新市場」も誕生していったことを見逃してはならない。この巨大な「新市場」がいったい何者であるのかを理解するためには、もう少し当時の社会環境を詳しく理解することが必要である。その際に重要な役割を果たしたキーワードは「簡易生活」というものである。

五　明治維新の急激な変化の反動としての「簡易生活」

明治維新によって、社会が大きく改革され、新しいビジネスが多数興り、華族だけではなく前述の「中等階級」やその下の「新中間層」など、様々な出自の人々が表舞台で派手に活躍した明治初期から中期は、鹿鳴館時代に象徴されるようなきらびやかで急激な西洋化の流れとともにあり、たしかに日本の近代史に大きく刻まれる激動の時代であったが、そのような大きな社会変化に日本国民の全てがしっかりとついていけたのかというと、実はそうではなかったとする研究が多い。農村や貧困層はそもそもそんな改革についていけてなかったのは自明であるが、より注目すべきは本論の主人公である「新中間層」ですらも、急激な社会変化と伝統的な生活の狭間で、かなり難しい状況に置かれていたという事実である。具体的には、家の外では浪費的な近代的生活を強いられる一方で、それを支えられるほど十分に収入が上昇したわけでもなく、かつ家庭内では、以前よりも家族が小さくなったとはいえ、伝統的な習慣やつき合いを維持しなければならず、そのためにはかなりの手間や労力がかかる、という状況である。久井（二〇一二）によれば、当時の「新中間層」は一握りのエリートと、その他大勢の一般的な給与所得者によって構成されており、特に大正期に入って後者が激増したことで、その生活環境の改善が急務になっていったという。この板挟み状況を解消するために登場したのが「簡易生活」の概念である。

前述したように、当時の文部省は、このような中間層の置かれた状況を改善することを目指して、「生活改善運動」を展開した。久井（二〇〇八）によれば、この運動は、文部省の外郭団体であった生活改善同盟会／中央会が、全国の行政組織とその外郭団体、婦人会、女子青年団、教化団体、各種任意団体などと連携して推進されたという。その目的は社会変化に対応した「生活」と「消費」を実現することとされ、全国各地で各種の講習会・展覧会・講演会などが開かれたとのことだ。これらによって、明治期まで「中間」「中等」「中産」など様々な概念で説明されてきたこの層が、大正期に入って「中流」という概念で徐々にまとまっていった契機にもなった（久井 二〇一二）。やがてこの「中流」意識は、大正末期から昭和初期にかけて「サラリーマン」という概念の普及へとつながっていく（鬼頭 二〇一四）。

明治から大正時期の文化風俗に詳しい文筆家の山下泰平は、自身のブログ「山下泰平の趣味の方法」の中で、様々な資料をもとにして、生活改善運動および「簡易生活」の姿をいきいきとかつ批判的に描いている。「簡易生活」とは、要するに（一）衣食住を簡単にする、（二）交際を単純にする、（三）時間を節約する、という生活であり、例えば、盆暮れの挨拶回りにたくさんの時間とコストをかけていた伝統的習慣を廃止して暑中見舞いや年賀状だけで済ませることを勧めるとか、無駄に大きく不便かつ不衛生な従来の家屋に住み続けるのをやめて、都市近郊の新しい「文化住宅」に住み替えることを勧めるとか、食事・炊事についても調理やメニューを簡易化したり台所の調理器具を刷新したりして食事を作る時間を短縮し、逆に食べる時間を長くとるようにするとか、などのかなり細かい生活提案が含まれていた。このような生活スタイルの刷新によって、生活コストを大幅に削減しつつも合理性と文化度を高め、それによって生まれた余力を質の高い労働や消費に回すべきというメッセージが込められていた。山下によれば「簡易生活の最終目的は多少のトラブルが起きても動じない経済力を持ち、健康で効率化された毎日を送ることによって、個々人の能力を最大限にまで発揮させることにある。生活を簡易なものとすることで、仕事や趣味に集中できるようになり、楽しく安定した生活が送れるという理屈だと考えるとわかりやすいだろう」とのことである。

このような「簡易生活」の普及によって、和服のおしゃれ着市場のさらに下の価格帯に巨大な「新市場」が生まれたと筆者らは考える。現在の価格相場でいえば一着数万円程度で買える、華美ではないけれど品が良く人前でも着れるカジュアルな和服というカテゴリである。和洋折衷のデザインも好んで使われた。この市場の存在は、より上位価格帯のおしゃれ着と混同されやすく、これまでの服飾研究の中ではあまり着目されてこなかったように思わ

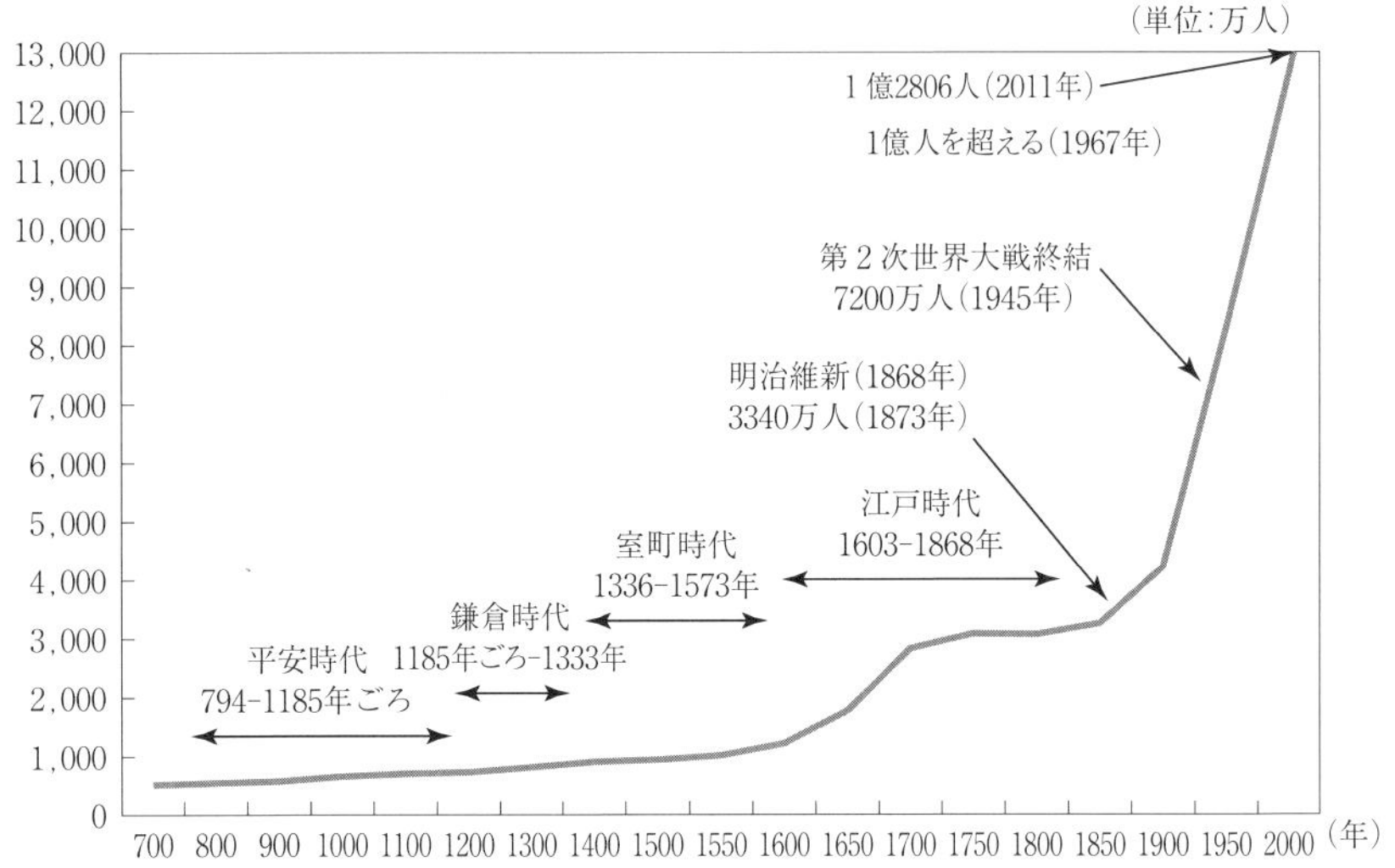

図6-3　日本の人口の移り変わり

(出所)　国土交通省「平成21年度国土交通白書」図表1を参考に筆者作成

れるが、本書のように、建築から教育、あるいは経済学から庶民風俗研究までの、多様な領域にわたる幅広い資料を突き合わせ、当時の「中間層」の生活水準の中で矛盾のない価格帯を想定し、同時に第Ⅰ部で説明したような当時の生産側の詳細な技術革新と商品戦略等の検証結果を参照することで、その存在が浮き彫りになってきた。

この「新市場」の存在の認識によって、A期全体にわたって、和装は、単価が下がりかつ洋装の普及侵食を激しく受けつつも、産業全体としては実は大きく拡大していたという重要な事実の全体的な理解が可能になった。

六　市場成長の原動力

低廉化・競争激化にも関わらず市場全体が急拡大する、という一見矛盾する現象が起こるのもまた「新興国」中間層の消費の特徴であり、現在にも通じている。このような市場成長の原動力は、根本的にはこのA期全体を通じての人口の爆発的増加である。**図6-3**はわが国の人口長期的推移を示しているが、A期はまさに日本で人口爆発が発生した最初の時期にあたり、わずか五〇年の間に三五〇〇万人から七二〇〇万人へと人口が倍増した時期に重なることが確認できる。現在でいう人口ボーナス期の到来である。

人口ボーナス期には、良質な労働力が安く手に入るため、企業活動は活発化し、海外からの新技術導入などにより技術革新も一気に進む。その姿はまさに第Ⅰ部で説明したとおりである。また人口の激増分が、所得ピラミッドの底辺を占める貧困層ではなく、ここまで述べてきたような中間層であるということは、商品単価の低下や競争激化の悪影響よりも、未開市場開拓による好影響のほうがはるかに大きいという状況を生む。さらに余剰生産力を生かした海外輸出も可能になってくるので、資本家や経営者のマインドはきわめて積極的な状態が長く維持されるさながら、現在でいう「ブルーオーシャン戦略」である。

このような消費に先導される形での新市場の出現は、同時に、流通構造の劇的な進化も誘発する。A期の織物業におけるそれは、新しい業態としての百貨店の台頭、およびそれが既存の伝統的な卸売業との競合・共存をする姿といえる。この点こそが第Ⅱ部の焦点である。

さらにそこで形成された新しい産業システムは、戦後のB期にも引き継がれ、和装市場のさらなる劇的な変貌（拡大・進化と衰退）へと続いていく。この点についても第Ⅱ部で事実と経緯を追いながら、詳細な検討を進めていきたい。具体的には、第七章では主にA期について、第八章では主にB期について検討をしていく。

（鷲田祐一）

参考文献

青木英夫「欧米文化の明治風俗に及ぼした影響――主として服装について」『英学史研究』第五号、一九七二年。

石田あゆう「大正期婦人雑誌における女性・消費イメージの変遷――『婦人世界』を中心に」『京都社会学年報』九、二〇〇一年、五五―七四頁。

宇野保子「日本における洋服受容の家庭　明治中期」『中国短期大学紀要』一六、一九八四年、二四―三三頁。

苅込俊二、中川忠洋、宮嶋貴之「中間層を核に拡大するASEAN消費市場――購買力ある中間層の増加に伴い、耐久財の普及が加速」『みずほ総研論集』、二〇一〇年（三）、六五―一〇二頁。

神野由紀「近代日本における消費と男性――ファッション消費をめぐる言説を中心に〈特集〉ファッション・デザインとメディア〕」『デザイン学研究』特集号、一六（一）、二〇〇八年、八―一三頁。

北村行伸『金融研究』日本銀行金融研究所、二〇〇二年。

鬼頭篤史「大正末期～昭和初期のサラリーマンの模範像――『実業之日本』における「サラリーメンの頁」を中心に」『京都大学大学院人間・環境学研究科紀要』二〇一四年。

株式会社小寺商店の「不動産豆知識」

佐々木啓子「近代日本における都市中上流階級の階層文化と教育――その理論的検討と歴史社会学的分析枠組みの提示」電気通信大学紀要二四巻一号、二〇一二年、一九―二九頁。

中村裕太「中流住宅の理想の浴室――大正期における浴室の内装の改良と入浴経験」京都精華大学紀要第三六号、二〇一〇年。

久井英輔「戦前生活改善運動史研究に関する再検討と展望――運動を支えた組織・団体をめぐる論点を中心に」『兵庫教育大学研究紀要』第三二巻、二〇〇八年、一五七―一六八頁。

久井英輔「大正期の生活改善における〈中流〉観の動向とその背景」『広島大学大学院教育学研究科紀要』第三部第六一号、二〇一二年、二七―三六頁。

夫馬佳代子編著『衣服改良運動と服装改善運動』二〇〇七年。

前田愛「大正後期通俗小説の点かい」『近代読者の成立』岩波現代文庫、二〇〇一年。

山下泰平ブログ「山下泰平の趣味の方法」http://cocolog-nifty.hatenablog.com/entry/2016/12/02/182800
Wang. J.、松浦良高『現代中国の消費文化』岩波書店、二〇〇八年、二二一―二二五頁。

第七章　着物の流行と百貨店の役割

はじめに

新しいデザインの登場には、第Ⅰ部で議論されたように、絹はもちろん綿や毛織物など着物の素材ごとに異なる製造技術と、それを製造する能力が求められる。したがって、技術革新によってどのような新しいデザインの着物が生まれたのか、そしてそのデザインの登場が産地の発展にいかに貢献したのか、さらに結果として消費にいかなる変化をもたらしたのかを考察することは、非常に重要な視点である。しかし、新技術とともに生まれた新しいデザインが、消費者に確実に受け入れられるとは限らず、また、必ずしも消費者の間で広がり流行するわけでもない。生産段階で生み出されたデザインが、消費者の間で流行するための仕組みが必要である。

着物の場合、生産者と消費者の間に様々なタイプの商業者が介在し、彼らが生産者のデザインの意図を消費者に説明し、消費者の潜在的需要を生産者に伝えた。このような商業者の活動により、生産者は新しいデザインを生み出すことができるようになり、消費者は新しいデザインの着物を消費することができるようになった。つまり、生産者と消費者をつなぐ商業者の役割は、売買を仲介するだけでなく、デザインを創出するうえでも非常に大きいといえる。そこで、本章では、着物流通における様々なタイプの商業者の中でも、明治後半から昭和初期にかけて大きく発展した百貨店に注目しながら、どのように百貨店が新しいデザインの誕生に貢献してきたのか、また一つのデザインがどのように流行へと変化してきたのか、その過程を検討する。

一　江戸後期の呉服太物流通

三越(1)は、一九〇五年正月の新聞紙上で、呉服店から百貨店へと移行したいという抱負を消費者に伝えた。いわゆるデパートメントストア宣言と呼ばれるこの決意表明は、三井銀行から移籍した高橋義雄の改革が、一定程度の成果を見せ始めていたこと、それにより三越の改革の方向性が定まったことの結果であった。この改革を主導した高橋は、百貨店化する前の店舗の様子を次のように描写している（高橋 一九三二 二五三頁）。

駿河町一番地の角に、二階建の店舗があって、丸に越の字の紺暖簾を掛け列ね、頑丈なる欅の框を鍵の手形に遶らして、番頭受持の売場が十一箇所あり、来客が馴染の番頭を見掛けて注文を出せば、番頭は居ながら大きな声を発して、小僧や何々を持って来いと伝令し、小僧が其声に応じて倉庫より品物を四角な平板の上に載せて売場へ持ち出せば、番頭は之を受取って顧客に示す手順であるが、紺暖簾に依りて店内を薄暗く為し置くのは、品物の見得を良くする為めだと云ふ。又成るべく少く品物を出して客を満足せしむるのが、番頭の秘骨だと云ふ

高橋はこのような店内の様子を、旧態依然とした販売方法であると痛烈に批判した。しかし、もともと三越は、松坂から江戸に進出した一六七三（延宝元）年当時、非常に革新的な販売方法を導入した店舗であった。第一に、「現金掛け値なし」をキャッチフレーズに、現金でかつ客の身分にかかわらず誰にでも同じ価格で販売したこと、第二に、店前売《たなさきうり》（店舗販売）をしたことである。換言すれば、当時、現金での取引は珍しく、節季払いと呼ばれる盆と暮れの二回払いなど掛売りが一般的であり、価格は顧客と店員の交渉によって定められていたということ、そして店舗を持った商いより行商などの方が多かったことを意味している。一八世紀に入る頃から、京都・江戸・大坂の三都に商品が集まるようになり、京都は原料や半完成品の集荷地・加工地として、江戸は大都市の消費に応え

るための商品の入荷地として、そして、大坂は全国の流通網の結節点となっていた。江戸時代、有力呉服商は、図7‐1のように、絹織物を仕入れて、京都で加工をして販売した。三越では、京本店で絹織物を仕入れて加工を行い、江戸の営業店である江戸本店・向店・芝口店と、大坂本店に送って販売していた（三井文庫 二〇一五 八―九、二四―二七頁）。

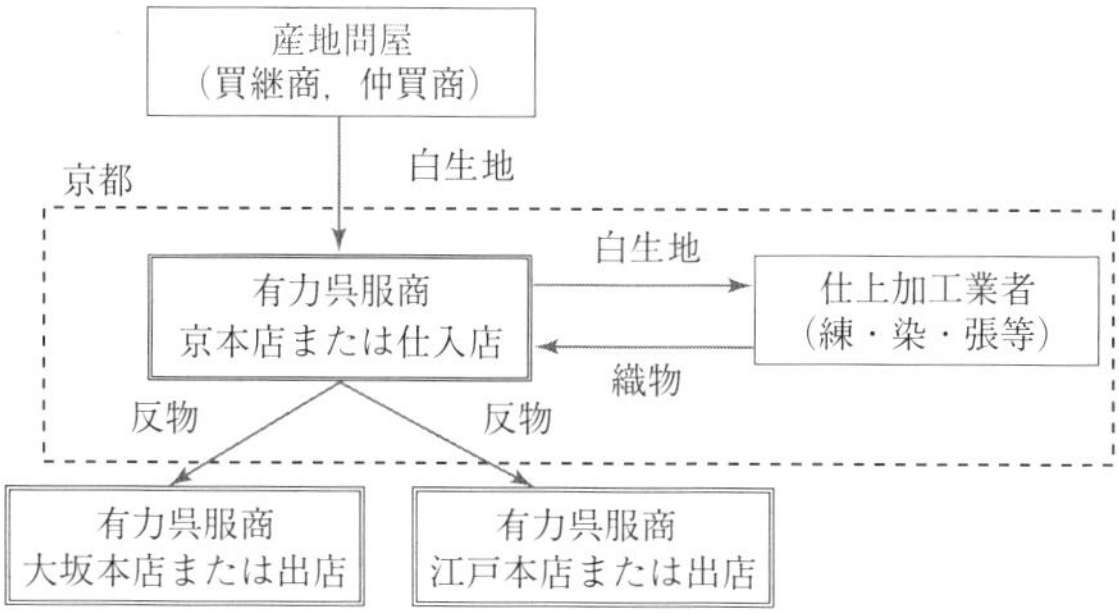

図7‐1　江戸時代における有力呉服商の絹織物の取引経路

（出所）　林（1978）25-26頁を参考に著者作成。

呉服商の販売には、店舗で販売する店前売の他、次のような方法があった。第一に、得意先の屋敷に商品を持ち込んで販売する「屋敷売」、第二に注文を聞いて後から商品を持参する「見世《みせ》物商い」があった。主たる販売先は武家であり、主な販売品目は、高級絹織物や生木綿であった（林 一九六七 五〇頁）。第三は「呉服持下り」と呼ばれた方法であり、一八世紀後半から地方農村の経済圏が発達したことにともなって出現した新たな販売方法であった。従来の問屋仲間を通さず産地から直接消費地へ販売した。地主等の富裕層に販売するだけではなく、各地の呉服店に対して卸売をし、農民を含んだ大衆層を最終消費者として、主に縞や縮などの木綿織物や絹綿交織品を販売していた（林 一九七八 二〇―二一頁）。

後に百貨店となる比較的規模の大きな呉服商は、一八世紀後半から産地問屋を兼業し、産地で直接買い付けた。この流通経路は、明治維新以降も、大きく変化をすることなく維持された。

また、産地問屋は、その取引形態によって買継商と仲買商とに分けられる。各産地の慣習によって呼称が異なる場合もあるが、基本的に、買継商とは商品の所有権をもたずに市場取引を仲介し、その仲介手数料によって収益を得る商人のことを指す。関東織物の場合、すべての取引は買継商を介し、市《いち》での市場取引によって売買された。他方、仲買商とは、商品を買い入れて所有権を有し、相対取引により取引する。西陣織物の流通経路はこれに該当した。

ただし、買継商も商品を買い入れて販売する場合があった。また、越後地方では、買継商と仲買商による取引が両方行われるなど、産地によって取引形態は異なっていた（商工省商務局 一九三〇 一九―二〇頁）。

江戸時代中期以降、各地で養蚕・製糸業が盛んになったことから、呉服商の商品仕入先は、丹後、長浜、桐生、足利などの新たな絹織物産地へと広がっていった。とりわけ、桐生、足利を含む北関東（上州・武州）の絹織物産地は注目を集めた。[2] 一八世紀に入った頃には、越後屋、白木屋、大丸屋、松坂屋、戎屋、布袋屋《ほてい》をはじめ、規模の大きな呉服商四〇軒は藤岡（現在の群馬県藤岡市）に仕入担当者（買役《かいやく》）を派遣し、買継商を通じて絹市で生絹《きぎぬ》（地方《じかた》絹《ぎぬ》）を買い上げるようになった（林 二〇〇三 三九頁）。一八世紀前半には、京都で加工染織し、江戸と大坂で販売する呉服商は、一大勢力として台頭した。こうした有力呉服商は、産地で直接商品の買い付けをし、加工仕上げについては、京の専属の委託先（下職）に依頼するか、自家の染色・加工場で行った。その代表格が三越である。三越は、一七二二（享保七）年以降からは、藤岡で買継商を通さずに直接織元から買い上げるようになり、京都で染色加工仕上げし、一七三〇年から五〇年代にかけて売上を大きく伸ばすことに成功した。[3]

他方、一七世紀前半からの贅沢禁止令[4]によって、農民は木綿か麻布を着用することが命じられた。これにより木綿の需要が高まり、一七世紀後半以降、大坂や三河などから原料の繰綿《くりわた》や木綿織物が江戸を経由して関東へ流入し、一八世紀後半には関東地方でも生産が増大した。農民は木綿市に生木綿《きもめん》を持ち寄り、木綿（太物《ふともの》）商はそれを買取り、水につけたり干したりを繰り返して晒《さらし》木綿にして販売した（林 二〇〇三 五八―六六頁）。一八世紀になると、木綿の商品市場はさらなる広がりを見せ、有力呉服商が木綿・繰綿を扱う別店を設けて呉服太物商となり、産地仲買や買継問屋から直接仕入れて発展した（武居 二〇一三 一四八―一五六頁）。

これらのことから、有力呉服商は、原材料となる生絹・生木綿や、繰綿を自らのリスクで買上げ、加工仕上げをして販売するという加工問屋の性格を有していたことが分かる。加工問屋としての呉服商の活動には、相当額の運転資金と正確な与信管理ならびに為替業務が必要であった。そのため、有力呉服商の中から金融機能を高度化し、高利貸しを兼務する商人も登場した。一八世紀半ばには、その中でも規模の大きな呉服商が「京都二十軒組」と呼ばれ、江戸では十組《とくみ》仲間の呉服太物株仲間でもあったので「呉服拾仲間二十軒組」と称した（奥田・岡本 一九五七 一六頁）。すでに、このメンバーの中に、三越、大丸、白木屋という、近代に百貨店へと移行する呉服商が含まれている。江戸後期、既に競争力のあった彼ら呉服商が、以下で検討するような意匠改革をもたらし、呉服市場をさらに発展させることになるのである。

二　百貨店の誕生とマーケティング活動

百貨店による意匠改革と取引関係の見直し

前節で取り上げた江戸時代から競争力のあった呉服店は、三越に続くように、明治時代半ば以降、百貨店化を推進していった。そして、百貨店によって呉服に流行が持ち込まれたことは、多くの既存研究が指摘していることである（初田 一九九三、神野 一九九四、藤岡 二〇〇六）。田崎・大岡（一九九九）が指摘するように、東京における流行が、明治維新後の社会変動に伴い上流階級の嗜好や生活様式が中流層や大衆へと広がっていく過程として生まれていったのに対し、大阪では東京より遅れ、第一次世界大戦後に現れた富裕商人や企業経営者を核とした上流階級の出現によってみられるようになった。時期の相違はあるものの、東京および大阪のいずれの大都市でも、百貨店が積極的に流行を創出したことによって、消費者は買い物を楽しむようになったといえる。

流行創出のために百貨店が行った改革は、まず、店頭を座売りから陳列販売に転換し、商品を消費者に積極的に見せる販売方法をとり入れるようになったということ、いまひとつは、百貨店が産地とつながり、新しいデザインを作りだす仕組みを構築したことであった。例えば、百貨店の中でもいち早く呉服デザインの改良に取り組んだ三越の高橋義雄は、回顧録の中で、当時の呉服店が扱っていた商品のデザインの貧弱さとその改革への意欲を、次のように述べている（高橋 一九三三 二五九―二六〇頁）。

従来東京の各呉服店は、婦人服の裾模様を注文せらる丶場合に、模様見本帳なる者《ママ》を備え置いて、其中より選り出させる方法なので、徳川時代より在来のこぼれ松葉、松の実散し、折鶴、七宝盡し、つなぎ麻の葉と云ふが如き染色織方の型本を繰り返へすに過ぎず、夏着と冬着とに格別の差違なく、妙齢の令嬢と中年の婦人とが、殆んど同様の裾模様を用ゆるのみか、模様の地味なるに堕って、其位置が極めて低く、折角の新調も人の印象に残らざるもの、比々皆な是れであるから、今日諸事新規を競ふの時勢に当り、斯かる流行後れの型式は、早速打破せざる可らずと思ひ、私は染織物模様改善の為め、新に意匠部と云へる一局を設け、住吉派の老画家片山実道、又当時の新進画家福井江亭、島崎柳塢、高橋玉淵等を傭ひ入れ、新規に様々の裾模様、長襦袢模様等の見本を作り、或は客の好みに応じて、即座に新図案を作成する事と為した。又染織物生産地に檄を飛ばして、新意匠作品を奨励し、春秋二期に織物展覧会を開いて、其技巧を競はしめた。

つまり、高橋が三越に着任した時の着物の販売方法は、呉服の裾模様だけを収録した「模様見本帳」を見せながら販売するというものであり(5)、またデザインは、季節を問わず同様で、しかも、裾の一部だけに地味な模様が入っているに過ぎなかったため、着用者の年齢による違いもなかった。高橋は、その理由を生産者との取引関係に問題があると分析した（高橋 一九三三 二六一頁）。当時の呉服問屋および小売店は、産地より商品を仕入れる際、「縞柄」や「模様柄」と注文するだけで、細かな指定をするわけでなく、また新しい商品を創作するのではなく、ただ出来合いの商品を選び取るだけであった。そのため、産地の織物業者は、新しいものを製造して失敗するよりも、平々凡々と紋切型の商品を作り続けることを選ぶようになった。すると、次第に同質的な商品ばかりが市場に出回り、価格競争が激化する。その結果、問屋はより多くの手数料を得ようと買い叩き、織元は少しでも利益を得ようと粗製濫造に走るという弊害が現れていた。

そこで、高橋は、三越の理事に就任した一八九五年、東京本店の二階売場をすべて陳列場に改装した。ガラス張りのショーケースに商品を陳列し、顧客が自由に商品を比較購買できるようにしたのである。また、同年、店内に意匠部を設け、著名な画家であった福井江亭《こうてい》（一八六六―一九三七）、島崎柳塢《りゅうう》（一八六五―一九三七）、高橋玉淵《ぎょくえん》（一八五八―一九三八）らを嘱託として雇い入れ、新柄の開発を進めた（三越 二〇〇五 三四―三五頁）。さらに、翌一八九六年、仕入係であった山岡才次郎と意匠係で画家の福井江亭、調査係の中村利器太郎を伴い、仙台で仙台平の機元を視察し、その後は、米沢、新潟、小千谷を回って機業家に会い、織物の改良を促すとともに、三越で開催する織物展覧会に優良品を出品してくれるように約束を取りつけて帰京した（高橋 一九三三 二六一―二六四頁）。

高橋は、東北巡業の間、機業家に対して、消費者の販売動向と三越の意匠部が考案した縞柄や模様柄を伝えて新商品の開発を促した。そして、生産者との取引関係を見直し、新たに開発する商品は仲買人を通さず直接三越が買い取ることを申し出ることによって、織元の新商品開発に係るリスクを小さくし、実行力のある提案としたのである。さらに、三越が新柄を継続的に提案できるように、意匠部だけでなく全店での取り組みへと拡大し、外部の協力も得られる仕組みをつくった。具体的には、一九〇〇年、売場、仕入、意匠の三部門の代表者で組織された商談会という名の商品研究会が発足し、染色技術の向上と新図案の宣伝を行った。商談会の研究成果は、一九〇一年から本店で開催された新柄陳列会で発表され、入賞者には賞品が贈られた。さらに一九〇二年からは、一般からも裾模様の図案を募集する懸賞募集図案発表会を開始した（三越 二〇〇五 三五―三六頁）。

流行情報を伝えるメディアの発達――美人画ポスターと雑誌

百貨店による意匠改革は、生産者との関係だけにとどまらなかった。消費者との関係も見直し、消費者へ積極的に新しいデザインを発信し、洗練されたデザインによって、より多くの顧客を店舗に誘引しようとしていた。衣服やデザインの流行を全国的に生み出すためには、その流行を具体的に消費者に伝えなければならない。特に衣服の流行は、視覚的イメージを伝達するメディアの発達が不可欠である。明治期、流行伝達の役割を担ったメディアは、精巧に印刷された美人画ポスターであった[6]。新橋の売れっ子芸者が、流行のデザインがあしらわれた和服姿でそのモデルをつとめた。洋服姿のモデルが登場することもあったが、美人画ポスターには圧倒的に和装モデルの女性が描かれた。懸賞がつけられた初期の美人画ポスターは、原画を募集して選定したあとに、その原画に企業名あるいは商標のみを書き加える方法で作成された。

伊東深水《しんすい》（一八九八―一九七二）など、画壇を代表するようになる日本画家たちも原画製作を手がけた。江戸時代から伝わる浮世絵の木版多色刷技術に加え、(7)石版・銅版による印刷技法がヨーロッパから導入され、一九〇〇年代に原画を忠実に再現した印刷が可能になり、手工業的印刷方法による精密な多色刷りの大判の美人画ポスターが多数作成された。美人画ポスターは、商品、店舗、企業のイメージを視覚的に伝達する役割を果たした。そして、人の多く集まる、駅構内、銭湯や理容店内などの街角に掲示され、不特定多数の人々に対して直接的に流行の視覚的イメージを伝える「近代広告」の嚆矢となった。

一九〇〇年代から一〇年代にかけ、印刷技術の発達を背景に雑誌や書籍の表紙、挿絵、口絵、ダイレクトメール（絵葉書）など、商業グラフィックの分野が大きく花開いた。一九一〇年代には、三色版オフセット印刷などの印刷技術が発達し、多色刷大量印刷が可能になった（日本印刷産業連合会ホームページ）。その結果、女性向けの雑誌が多く出版され、そこには和服姿の女性が描かれた表紙絵や挿絵が掲載された。一〇代の女性を対象読者とする少女雑誌としては、『少女界』（一九〇二―一二）、『少女世界』（一九〇六―三一）、『少女の友』（一九〇八―五五）、『少女画報』（一九一二―四二）など、結婚前および既婚女性向け婦人雑誌として、『婦人畫報』（一九〇五―）、『婦人世界』（一九〇六―三三）、『婦女界』（一九一〇―五〇）、『婦人之友』（一九〇八―）、『主婦之友』（一九一七―二〇〇八）、『婦人倶楽部』（一九二〇―八八）がある。婦人雑誌は、女性に対する啓蒙的な評論や文芸関連の記事とともに流行情報を掲載し、多くの女性読者を獲得した（平井 二〇〇五 三―五頁）。

また、百貨店各社は、独自の流行情報を顧客へ伝える広報誌を発刊し、表紙を画家に依頼した。一八九九年に刊行された三越の『花ごろも』を皮切りに（一九〇三年～一九〇八年は月刊誌『時好』が発行され、それが一九〇八年からは『三越タイムス』と名称変更）、一九〇二年に飯田呉服店（髙島屋）『新衣装』、一九〇四年には白木屋の『家庭のしるべ』（一九〇六年から『流行』に改題）、一九〇六年に松屋の『今様』と、伊藤呉服店（松坂屋）の『衣道楽』、一九〇七年に大丸の『衣装』と、各社発行の雑誌が次々に刊行された。(8) さらに、私製絵葉書が一九〇〇年に認可されて以降、美人絵葉書がブロマイドとして人気を博し、百貨店もダイレクトメールとして絵葉書を顧客に郵送した。ダイレクトメールを積極的に顧客とのコミュニケーション手段に活用し始めたのである。

大正時代に入ると、雑誌の商業出版が軌道にのったことにより、竹久夢二（一八八四―一九三四）、高畠華宵《たかばたけかしょう》（一八八八―一九六六）、蕗谷虹児《ふきやこうじ》（一八九八―一九七九）といった挿絵画家が活躍した。鏑木清方（一八七八―一九七二）のように、雑誌や新聞の挿絵画家としてスタートし、その人気によって名声を高める画家も出てきた。彼らは洋服の女性も描いたが、和服の女性も多く描いた。とくに竹久夢二は、和服の女性モデルの姿を独特のタッチで描き、若い女性の人気を集めた。竹久夢二は、一九一四年に「女と子供に寄する展覧会」を日本橋三越で開催し、ＰＲ誌『三越』の表紙なども手がけた。また、東京美術学校洋画科を卒業した橋口五葉《はしぐちごよう》（一八八一―一九二一）は、一九一一年に三越百貨店の懸賞ポスターに応募し、一等賞を獲得している（「此美人」）。

つまり、百貨店が行った改革は、小売店頭を座売りから陳列販売へ、また取扱商品を呉服だけでなく洋品も含めて多様化するといった店頭の販売方法を一新しただけではなかった。消費者に新しい小売業としての百貨店を理解してもらうために、美人画ポスターや絵葉書、さらには自社の機関誌を発行し、積極的に情報を発信していった。消費者とのコミュニケーション方法を改革していったのである。それは、田村（二〇一一）が指摘するように、明治末期から大正にかけて変化した消費市場に対応し、山の手に住む新興の中産階級を贅沢消費に取り込むためのものであった（一四六頁）。これらのメディアを通じて、百貨店が提案する新しいライフスタイルを羨望する新しい消費者層が育成されていったといえる。百貨店がこのような関係を消費者と構築していたことが、次節以降で検討するような流行創造の基盤となっていたのである。

三　流行創出機関としての三越「流行会」

三越の新しい図案を研究する活動は、流行という現象を論じあう研究会へと発展していった。衣装や調度などの流行や社会風俗の傾向などを研究することを目的に一九〇五（明治三八）年六月に結成された流行研究会（流行会）や、日露戦争後の元禄模様のブームを一過性の流行に留まらず、常に流行を作り出す常設の機関を作ろうとして同年七月に結成された元禄研究会はその代表である（9）（三越 二〇〇五 六四―六五頁、神野 一九九四 一二四―一二九頁）。

三越の呉服部門を刷新しようと考えた高橋は、自然と流行が生まれるのを待つのではなく、流行を自ら作り出すことに果敢に挑戦した。高橋は三越に入店する前、一八八八（明治二〇）年から九〇年にかけて、欧米を視察した時、パリで知った洋服店の流行創造の仕組みに感銘を受けた。パリの洋服店が毎年、新しい洋服のスタイルを作り、それが欧州だけでなくアメリカへも伝播していくことに驚いたようである。「祖母の着た着物を、孫娘が襲用する場合さへある我国などの到底企て及ばざる所」だと述懐している（高橋 一九三三 四一五―四一六頁）。そして、当時は衣服の流行にほとんど気にかけなくなっていたとはいえ、江戸時代には市松模様や菊五郎格子などが流行ったり、人気俳優や評判妓女のスタイルを模倣したりすることがあったことを指摘し、新しい流行が生まれないのは、明治維新後の社会変動で人々の消費意欲が委縮しているためだと分析した。そこで、高橋は、日清戦争後の好況期、黄地に柳桜と胡蝶を染め出した伊達模様を発表し、流行を誘発しようとした。しかし、その時は手応えを得ることができなかった。そして、日露戦争の勝利に沸く中で発表したのが、明治好みの新しい元禄模様であった（高橋 一九三三 四一六頁）。

三越が考案した新しい元禄模様は、意匠部が収集していた古画や、図案家たちが面白いと思ったデザインを模様集としてまとめていたことが大いに役立った。高橋は、その模様集帳の中から優れた模様を十数点選び、元禄模様の衣装を作った。それを新橋の一流芸者に着せ、帯紐、髷の結い方、櫛や簪に至るまで元禄の型を追ったデザインで揃えた。そして、一九〇五年の春、高橋が自ら作った元禄花見踊という曲で新橋芸者に踊らせたところ、雑誌や新聞がこの発表会を報じ、さらには絵葉書となって全国へと伝播していった。その後、歌舞伎座ではこの踊りが元禄花見踊として演じられ、好評を博した。こうして元禄模様は、衣服や髪飾りだけでなく、元禄櫛、元禄下駄、元禄足袋、元禄煙管、元禄団扇、元禄手拭、元禄ネクタイ、元禄友禅などに適用され、すさまじい勢いで広がっていった（高橋 一九三三 四一七―四一八頁）。

さらに同年、三越の機関誌『時好』で日本画家・久保田米僊が元禄時代の美術や文芸を紹介する記事を掲載し、三越が元禄風の裾模様と友禅模様をテーマとした懸賞図案募集を始めたことによって、元禄ブームは全国へと展開していった。そして、このブームのメカニズムを解明するとともに、三越の商品開発や店内の催し物へと活用するために開かれたのが元禄研究会であった（神野 一九九四 一二七―一二八頁）。しかし、この研究会での議論が三越の商品開発に活かされることはなく、第二回研究会では三越の積極的な関与が認められるものの、主宰者の戸川残花が白木屋呉服店の意匠部顧問に就任した一九〇八年ごろには元禄ブームも衰退し、三越と研究会との関係は途切れた（岩淵 二〇一六 六三―六四頁）。

それに対し、流行会は一九〇五年に始まり、一九二三（大正一二）年の関東大震災によって終了するまで、一九年間続く活動であった。神野（一九九四）によれば、流行会の活動は、懸賞模様図案の審査と商品研究が行われた第一期（一九〇五年六月〜一九〇八年一〇月）、研究者らの文化人をメンバーに加え、講演会を積極的に開催しながら、社会風俗の現象の一つとして流行を解明しようとした第二期（一九〇八年一一月〜一九一四年一〇月）、一般大衆への啓蒙活動として展覧会が多数開催され最盛期を迎えた第三期（一九一四年一〇月〜一九一七年一〇月）、そして再び懸賞図案の審査や例会などでの講話などの活動に戻り衰退していった第四期（一九一七年一〇月〜一九二三年）に分けられるという（一三九―一九七頁）。

流行会から生まれた商品の一つが、三越ベールである。薄地の絹織物で作られたこのベールは、日本髪の上に被る洋風の商品として、一九〇八年三月三越が発売したものである。色や大きさ、刺繍の有無などの種類は豊富で、髪型を崩さずに路上の砂塵を遮り、しかも美しく見えるということから、大流行した。流行会では当初頭巾について議論されていたが、それが次第にベールについての研究となり、和装の女性にも取り入れやすい洋風商品として開発された。まさに、「時代の風俗にマッチした実用的でしかもおしゃれな商品」であった（三越 二〇〇五 七〇頁、神野 一九九四 一四〇頁）。その他、尾形光琳の光琳祭を開催して、光琳式明治模様を懸賞募集するなど、三越の流行会は次々と新しい流行を作り出していったのである。

四　髙島屋の「百選会」

三越が流行会を通して流行とは何か、どうすれば新しいライフスタイルを流行として発信できるかについて検討したのに対し、髙島屋はライフスタイルの創出というよりむしろ新しいデザインを創り出すことに注力した。一九一三年、髙島屋は呉服染織の新しい意匠の創造と発表の場として百選会を設立し、一九九四年まで呉服図案の募集を続けた。第一回は、西陣をはじめ全国の織物産地に対して、新機軸の商品デザインを呼びかけ、集まった作品から優れた作品を買取り、それを京都店と大阪店で発表した。藤岡（二〇〇六）が明らかにしたように、髙島屋は一八九一年から外国向け帛紗の懸賞図案募集、一九〇五年には着物と帯の調和を競う「衣裳好み陳列会」、さらに一九〇六年からは呉服の新柄を募集する「ア・ラ・モード呉服新柄募集」などを開催し、積極的に新しいデザインやスタイルを生み出してきた。百選会がこれらの懸賞図案募集と異なるのは、また、三越の流行会との相違を見つけるとすれば、学識経験者や図案家だけでなく、機業家を積極的に参加させたことである。

当初は新しいデザインの作品を募集し、京都と大阪の店舗で展覧した後、出品者全員を京都伏見の髙島屋創業家の別邸に招き、講評会を行っていた。しかし、回が進むにつれ、関東の各産地や米沢、越後、尾州、沖縄などの遠隔地からの出品者が増加したことから、講評会を行うのが次第に困難となり、毎回の優選品や入選品をまとめた「百選会図録」を京都店で作成し、賞状とともに出品者に贈った。これは、生産者にとって流行を知る絶好の機会になったという（高島屋 一九七一 一五七頁）。そして、一九一四年秋の第四回から、以下のように流行色を示し、出品を求める作品像を具体的に示すようになった（高島屋 一九七一 二七二頁）。

仏国里昂《リヨン》に於て開会中の万国都市博覧会出品中特に衆目を引ける同市の絹織物に就きて同地山崎領事代理よりの報告中に
本年の流行色
目下の流行色は俗称「ターゴー」（樺色）廃れて鉄御納戸、空色、浅黄等紺気を帯びざる青色並に「カーキー」より出でたる枯艸色薄曙色等とす
世界流行品製造の中心と称せらる、里昂の流行色と当春以来弊店の如きも盛に称揚し来りし吾邦の流行品とが偶然相似寄れるが如きは頗る注目に値すべき処にして呉服界の一快事ならずや

百選会は、菅原教造東京女子師範学校教授や中井宗太郎京都市絵画専門学校教授らを顧問に迎え、流行に関する世界の動向や日本古来の習慣や文化などを議論しながら、色や模様を含めた毎回のテーマを趣意書という形で発表した。一九一五年の第六回百選会の募集時には、「新古の刺繡を模倣して必しも刺繡に依らざる刺繡式の製品」や「曲線を巧に応用したる柄、紋様」といった技術的な要望や、「男子向の余り光らず硬からず而も婉かしからぬ着尺」や「令嬢の晴着として適当のもの」といったターゲット層に関する指示が趣意書に含まれるようになった（高島屋 一九七一 二七二―二七三頁）。また、一九一九年の第一三回から戦争によって百選会の組織が変更されるまでの第六八回（一九四〇年）まで、当時を代表する歌人であった与謝野晶子が、流行色に対して独自の表現でその色を伝えている。たとえば、第一三回の流行色は緑であった。それを彼女は、「万物発育の陽春を象徴する其のグリーンを以て平和色と致します」と名づけたのである（高島屋 一九七一 二七七頁）。与謝野晶子は約二〇年にわたり、顧問として百選会の作品を審査した。高島屋は、彼女自身の新しい時代を拓く感覚を百選会に取り込みたかったとと

もに、岡田三郎助や菊池寛など彼女の文学者や美術家との人的ネットワークを百選会に加えることによって、企業の活動の域を超えて百選会に文化的な広がりを持たせたかったといわれている（髙島屋史料館 二〇一五 一五八頁）。

さらに、一九二一年の第一七回百選会からは、百選会の使命、流行色やデザインの要望についての言及に加えて、趣意を具体的に表明するため、数種の標準図案を提示している。これは、産地の中でも特に熱心に百選会に参加していた桐生や八王子、越後十日町の生産者や買継商から求められたことであったという。産地の生産者が利益を度外視してでも新しいデザインの商品を作ろうとしていたため、髙島屋の担当者は、産地を回り、生産者に対して百選会の趣意書で示された標準図案や製作図案を提示しながら、毎回の趣旨を説明して回った。当時の染織界では、デザインこそが競争力の源泉であると考えられていたため、図案を外部に公開するということは考えられなかった。そんな中、百選会は標準図案という形で一般に基準となる図案を公開し、新しい流行を業界全体で作っていこうとしたのである。新しいデザインの基となる標準図案は、髙島屋三店で合計二五名（一九二〇年代）在籍していた図案部員によって考案され、提示された（髙島屋 一九七一 序文、一五九、二八〇―二八一頁）。

百選会は毎年二月（春季）、五月（夏季）、九月（秋季）に新製品の陳列発表会を京都・大阪・東京で開催していたため、製作者に対して趣意や標準図案、流行色を発表するのは、それぞれ三～四カ月前であった。趣意書発表会には関東や越後などから団体で参加する生産者も含まれ、二〇〇〇人に達したという。その際、ドロシー・エドガース（髙島屋のデザイナー、後にＧＨＱ繊維部長）や与謝野寛、黒正巌（京都大学教授、大阪経済大学初代学長）などを講師に招き、社会情勢や服飾に関する講演を求めることで、製作者の創作意欲を刺激した。図案を商品化した生産者の作品は、百選会の顧問と髙島屋三店の代表によって審査され、選ばれた作品には毎回、与謝野晶子や堀口大学などが詩や歌を詠んだ(10)。その後、三店で入選作の盛大な発表会が催された（髙島屋 一九七一 序文）。

陳列された作品は、店舗での発表前に七～八割が得意先に売れていたという。店の販売員にその作品がいかに素晴らしい作品であるかを伝えると、販売員はそれを顧客に話す。また、新聞記者や有名人を招待して作品を説明する。そうした広報活動が、販売へとつながり、売れ筋商品はますます売れていった（髙島屋 一九七一 一六〇頁）。流行が髙島屋の百選会から生まれていったのである。そのため、生産者が新しい商品をつくる場合、まず、次の季節の髙島屋の百選会の趣意書はどのように書かれているだろうかと考え、それを見てから作品をつくるというようになった。また、自らの商品に百選会の「におい」をとり入れようとする生産者が現れた。こうして、百選会の色や模様が一過性のものではなく、染織界全体へと広がっていった。まさに、百選会は流行を発信する機関となっていたのである（髙島屋 一九七一 一六一頁）。

ひとたび百選会が流行を発信し始めると、問屋にとって百選会は、シーズン前にどのような商品を仕入れるべきかをいち早く知ることができる貴重な機会となった。また、自ら主導して作った商品を百選会に出品し、髙島屋に批評してもらうことによって、次シーズンの流行を的確に理解することができた。さらに、入選された商品を仕入れることにより問屋は売れ筋商品を確保することができた。そのため、百選会への参加は商業者にとって大きな動機となっていた（髙島屋 一九七一 九三頁）。

加えて、百選会は生産者における技術の向上に大きく役立った。従来の図案は平面的であったが、百選会の図案は工芸的なものが多かったため、それを実現するために図案が立体的になり、織物の組織を立体的に考案していった（髙島屋 一九七一 一六〇頁）。例えば、大正時代のお召などは縞や絣でも極めて平凡なものであった。従来の絣では飽き足らなかったので、髙島屋が正倉院の鳥毛立女屏風を参考にした花鳥絣の標準図案を作成した。それは、お召の組織の立体感を図案で表現したものであり、絣に金糸や銀糸を使うという斬新さに加え、絣の製造方法を大きく変化させることに貢献した（髙島屋 一九七一 一八六─一八七、一九八頁）。

このように、髙島屋は百選会を開催することによって、流行色を発信し、着物のデザインを創造した。その活動は、百貨店の内部にとどまるものではなく、全国の機業家に新しい商品を開発する機会を設けるとともに、産地と百貨店が直接つながる契機となった。

五　略服市場の誕生と百貨店

百貨店が新しいデザインの創造に大きく寄与し、流行を発信する仕組みを作り上げたことによって、前章で指摘されたように、新たに外出や観劇、旅行などの時に着用する略服市場が生まれた。銘仙は、その代表的商品である。第二章で議論されているように、一九〇八年頃から「解《ほぐ》し織《おり》」と呼ばれる新しい染色技法が開発されるなど、地味な縞柄だった銘仙のデザインが一新された。さらに、化学染料により色の彩度が高くなり、複雑な絣模様を織り出した色鮮やかな「絣銘仙」が登場した。伊勢崎、群馬県桐生、埼玉県秩父、栃木県足利、東京都八王子等の北関東全域で生産されるようになった銘仙は、一九二〇年代には大量生産できる体制が整い、大胆で色鮮やかな模様を施すことができるようになった（伊勢崎織物同業組合編 一九三一 四―五頁）。その結果、常用着であった銘仙は、一九二〇年代にデザイン性を訴求することによって外出着としての役割が付され、日常着と外出着という二つの市場を掌握しながら大きく成長していった。それは、一九二〇年代における国内の織物市場全体が停滞していたのとは対照的な動きであった（山内 二〇〇九 四頁）。つまり、これまでの着物市場にはなかった価格帯、すなわち、高級品市場と日常品市場の中間市場としての略服市場が誕生したのである。

先の百選会の作品は訪問着などの高級品が比較的多かったが、趣意書の中では度々銘仙を取り上げている。例えば、一九二〇年秋の百選会の趣意書には、要望の一つとして、「国民的平常着」を挙げている。そして、「決して我々の希望中最も下位にある物ではありません。我々は丁度西洋人が平常着に用ふる紺サージの様な経済的な目的に副ふた万人向の平常着が出現する事を望みます。勿論その原料は国家経済の上から云っても、国産品に仰がなければなりません。しかし我々が要望するのは、幾分平常着の理想に近い在来の銘仙などよりも、更に一層国民的な新組織の製品を得る事です。さうしてそれが十円から十五円の価格を超えない事です」（髙島屋 一九七一 一七九―一八〇頁）と、銘仙を略服の基準にしている。

山内（二〇〇九）によれば、銘仙は、関東大震災後の百貨店の大衆化戦略とともに生産量を拡大していった。一九二三（大正一二）年の関東大震災によって店舗を消失した三越は、三越マーケットを設置し、日常的な着物や食料品を販売することで、消費者の需要に対応した。顧客層を従来の高所得者層だけでなく、下方へと拡大することによって、各百貨店は激しい価格競争を繰り広げていた。中でも、定期的に開かれる特売会は、顧客に低価格を訴求する絶好の機会であり、百貨店は、利幅が小さいものの、低価格であるために一定の販売量が期待できる特売会を繰り返し開催し、そこに銘仙を利用した。銘仙は、絹織物としては安価でありながら、直線から曲線まで多様な模様を表現することができるため、おしゃれを意識した商品であり、特売会の商品に適当であった（六―九頁）。

例えば、「良品廉売」を掲げていた松坂屋は、一九二九年上野店を開店した。当時、百貨店間では激しい価格競争を繰り広げていたが、各社の業績の優劣は銘仙の売れ行きで決まったという。したがって、新店舗を設立した松坂屋にとって、銘仙の販売競争に負けるわけにはいかなかった。そこで、「震災直後に名古屋から現金の札束を背負って取寄せ、両毛の産地へ急行し、現金を突きつけて、徹底的の安値仕入れに成功した故智に倣ひ、常務の戸谷氏を先頭に両毛五大産地（桐生、足利、舘林、伊勢崎、佐野）の織元に札束を前にして、徹底的な値切り戦術を敢行した」。そして、新聞で「銘仙の大市」という広告を出したところ、同業他社より格段に安い銘仙（他社が縞銘仙を四円で販売しているのに対し、松坂屋は三円八〇銭、模様銘仙が五円に対し四円五〇銭など）を求めて消費者が殺到した。そして、一日に一五〇〇反も売れれば上出来だと考えていたが、広告の反響によって初日に五〇〇〇反が売れた。追加で仕入れた商品も含めて、一〇日間の催しに六万五〇〇〇反の銘仙が売れていった（塚本 一九五〇 一六七―一七九頁）。こうして、百貨店の目玉商品として、銘仙は戦略的な商品となっていった。

また、銘仙産地は、雑誌媒体を積極的に宣伝に利用した。とくに最大の銘仙産地だった伊勢崎は他産地に先駆けて一九二三年から「伊勢崎銘仙」と書かれた「美人ポスター」と「美人絵葉書」を作成し、宣伝に用いた。さらに一九二六年には雑誌『主婦之友』との共同企画で伊勢崎銘仙の特集号（一〇月号）を組み、当時の人気女優である水谷八重子、栗島すみ子らをモデルとして新柄写真を掲載し、伊勢崎銘仙の生産工程を詳しく紹介するとともに、現物を主婦之友社で展示し、全国の呉服店および三越、髙島屋、松屋、松坂屋、白木屋で「伊勢崎銘仙新柄陳列」として販売する試みを行っている（東京朝日新聞 一九二六年一〇月三〇日付夕刊、三頁）。こうした取り組みは、八王子など他産地も倣うこととなり、銘仙の人気を牽引した（安蔵 二〇一二）。

このような略服の誕生は、百貨店をさらに発展させることにつながった。手ごろな価格帯の商品を販売することによって、百貨店の顧客層を下方に拡大しただけでなく、取扱商品を拡大したことによって、消費者の様々な用途に応じることができるようになったのである。百貨店は、冠婚葬祭などの時だけ商品を購入するような特別な場所ではなく、観劇に行くための着物の購入や、旅行する際の着物の購入など、日常でも非日常でもない、少し特別な機会の需要にもまた対応できる品揃えが可能になったと言える。

その結果、藤岡（二〇一六）が考察しているような婚礼支度のセットの中にも、礼装用着物だけでなく、銘仙や絣などの略服も含まれるようになり、その実用性と多様な品揃えが訴求されるようになった（一三五―一四〇頁）。一九二八年に発行された三越の『御婚礼御支度目録』には、「式服」として黒一越縮緬紋付振袖島原模様（八卦付一八五円などの高価な着物とともに、「御袷小袖」および「御単衣」の項にそれぞれ模様銘仙が二七円と一五円と記載されている[11]。この目録は、リストアップされた商品から、自身の婚礼支度として必要な商品を選ぶために作られたものなので、果たしてどの程度の三越の顧客がこの目録から実際に振袖を購入し、銘仙を購入したのかといった詳細は不明である。しかし、銘仙が三越の顧客層においても、婚礼支度として準備される商品となり、そのことが三越のさらなる発展に貢献したといえる。

おわりにかえて

日本における百貨店は、明治後期から昭和初期にかけて大きく成長した小売業態であり、百貨店がいかに革新的な小売業であったかは多くの先行研究が指摘しているところである。その中で本章では、百貨店がどのように新しいデザインを創造し、流行を発信してきたのかに焦点を当て考察してきた。その結果、第一に、百貨店が産地とともに呉服デザインの改良に取り組んできたこと、第二に、消費者へと新しいデザインを発信するために広告媒体を積極的に使いながらマーケティング活動してきたこと、そして第三に、流行を発信するための組織づくりを行ってきたことが明らかになった。

なかでもとりわけ呉服デザインの改良は、いくつかの意味で画期的であった。まず、仲買が仲介する従来型の流通を改め、生産者と直接取引することによって、呉服デザインを産地の生産者とともに刷新する仕組みを構築したことである。そのためには、産地の生産者が取り組みたくなるようなデザインが必要であり、また、製造した商品が売れ残らない工夫が必要であった。百貨店は、この課題を克服するため、社内に意匠部を設け、画家を招き入れた。また、新しいデザインで製造した商品の販売不確実性を低減するために、百貨店はすべての商品を仕入れることにした。それによって、生産者が安心して新しいデザインに挑戦することができる環境を整えたのである。こうして、百貨店はたんなる売場面積が大きな小売業でも、また売上規模の大きな小売企業というだけでなく、デザインの創出や新しい着物流通において主導的役割を果たしてきた。

それは、第二次世界大戦前の百貨店の大きな特徴であり、第二次世界大戦後は不明瞭となった百貨店の役割である。つまり、第二次世界大戦前の百貨店は、小売業における唯一の大型店であった。そのため、三越における高橋のような人材を活用できる力が備わっていたということであり、また松坂屋のように銘仙を現金で大量に買い漁るだけの資金力があった。しかしながら、第二次世界大戦後の百貨店は、全小売売上高に占める全百貨店売上高の割合が小さくなってきたことにより百貨店の相対的パワーが弱くなり、新しいデザインを創出し、流行を発信することが次第にできなくなった。そして、次章で分析するような呉服専門店の出現を許すこととなるのである。

（藤岡里圭・二宮麻里）

注

（1）　株式会社三越となったのは一九二八年である。一九〇五年一月の「デパートメントストア宣言」では、百貨店への移行を表明するとともに、一九〇四年一二月に、株式会社三越呉服店を設立し、合名会社三井呉服店（越後屋を合名会社三井呉服店に改組したのは一八九三年）からすべての事業を引き継いだことが報告された。本章では、百貨店とデザインの関係に焦点を絞るため、越後屋、合名会社三井呉服店、株式会社三越呉服店、そして株式会社三越を便宜的にすべて「三越」と表記する。

（2）上州（上野国）は、現在の群馬県のほぼ全域で、藤岡、桐生、高崎、富岡、伊勢崎を含む。武州（武蔵国）は、現在の埼玉県のほぼ全域で、秩父、東京都八王子市も含む。一七五六（宝暦六）年の京都和糸（わいと）絹問屋の地方絹仕入高一四〇万疋の内、関東絹は数量で一八万疋（約一三％）にすぎなかったが、金額（銀高）は全体の三七・六％を占めていたことから、他の産地よりも相対的に高い仕入価格であった。一八世紀後半の上州・武州には四六カ所の絹市が立った（林 二〇〇三 三六―三八頁）。

（3）三越は、他の呉服商に先駆けて、産地仲買を通さず、直接買宿で仕入れる決断をおこなった（武居 二〇一四 五五―五七頁）。

（4）江戸期、一六一五（元和元）年から一八六六（慶応二）年にかけて、幕府から合計一三二回にも及ぶ奢侈禁止令が出された。奢侈禁止令とは、「奢が間敷（おごるがまじく）」「花美（かび）」を禁ずる文言が含まれている禁令を指す。幕府からの禁令を基本に、各藩が禁令を発布した。初期は織物材料（絹、絹紬、木綿）による規制であったが、時代が下るに従って染織方法、色柄、履物、被り物、下着、髪飾り等、身につけるありとあらゆるものに対し、武士、農民、町人といった身分に応じて着用に制限がかけられるようになった（西村 一九八〇）。

（5）江戸時代は、武士や経済力のある町人は、絹や上布（苧麻）の小袖着物を誂える時は、縞柄や模様柄を一つひとつ選んでいた。天明年間（一七八一―一七八九）まで、着物全体の模様構図を図示する「雛型本」（ひながたぼん）が盛んに刊行され、それを参考にして、大名屋敷では白生地を着物や羽織の形に仮縫いしてから、縫合せの部分も模様が続くように染め、仕立て直した（絵羽模様と呼ばれる）。しかし、一八世紀後半から一九世紀前半にかけ、小さな模様を小袖全体に散らすことが多くなり、意匠や技法はパターン化し、停滞が見られた（長崎 二〇一七）。

（6）他にも重要なマスメディアとして新聞広告もあげられるが、白黒刷りであり、紙面も限られているため、百貨店は、基本的に新聞を売り出し日の告知に活用していた。

（7）一八八六（明治一九）年、三越による陳列方法の変更を告知するポスターは、木版多色刷りである。銅板・石版多色刷りの技術が確立した一九〇〇年前後には、引札印刷が最盛期を迎えている。引札は見本帳により注文をとり、商店名を後から印刷して配布された。

（8）百貨店発行の雑誌の詳細については、土屋（一九九九）参照のこと。

（9）ただし、岩淵（二〇一六）によれば、元禄研究会は三越が組織したものではなく、主宰者であった戸川残花の私的サークルであった。第二回元禄研究会のみ三越が積極的に関与したのであり、一時的な関係であったという。本章では、組織の設立意図を明らかにすることが目的ではなく、三越が元禄研究会を一時的にせよ活用しようとしたことを強調したい。

（10）例えば、一九二一年第一七回春の百選会の流行色の一つが、曙霞色であった。与謝野晶子が詠んだ句に、次のようなものがある（高島屋史料館編 二〇一五 二五頁）。

うす茜少女のゆめの色ならん見ればこゝろのゐひもこそすれ
春の衣京の工人色糸にたそがれを織りあけぼのを織る

（11）『御婚礼御支度目録』（三越呉服店 一九二八年）。

参考文献

安蔵裕子「昭和初期の新聞・雑誌にみる『銘仙』について」『学苑・近代文化研究所紀要』八六三号、二〇一二年。

伊勢崎織物同業組合編『伊勢崎織物同業組合史』伊勢崎織物同業組合、一九三一年。

岩淵令治「明治・大正期における『江戸』の商品化」岩淵令治編『国立歴史民俗博物館研究報告 第一九七集［共同研究］歴史表象の形成と消費文化』国立歴史民俗博物館、二〇一六年。

奥田修三・岡本幸雄「室町織物問屋の成立と発展」立命館大学人文科学研究所編『家業——京都室町織物問屋の研究』立命館大学、一九五七年。

商工省商務局「商取引組織及系統ニ関スル調査」商品流通史研究会編集（一九七九 復刻）『日本商品流通史資料 第一三巻』日本経済評論社、一九三〇年。

神野由紀『趣味の誕生——百貨店がつくったテイスト』勁草書房、一九九四年。

髙島屋『百選会百回史』髙島屋、一九七一年。

髙島屋史料館『与謝野晶子と百選会 作品と資料』髙島屋史料館、二〇一五年。

高橋義雄『箒のあと（上）』秋豊園、一九三三年。

武居奈緒子『大規模呉服商の流通革新と進化——三井越後屋における商品仕入体制の変遷』千倉書房、二〇一四年。

田崎宣義・大岡聡「消費社会の展開と百貨店」山本武利・西沢保編『百貨店の文化史——日本の消費革命』世界思想社、一九九九年。

田村正紀『消費者の歴史』千倉書房、二〇一一年。

塚本鉢三郎『百貨店思出話』百貨店思出話刊行会、一九五〇年。

土屋礼子「百貨店発行の逐次刊行物リスト」山本武利・西沢保編『百貨店の文化史――日本の消費革命』世界思想社、一九九九年。

長崎巌「江戸時代における呉服注文の具体的プロセスに関する研究」『共立女子大学家政学部紀要』六三、二〇一七年。

西村綏子「江戸時代における衣服規制――変遷の概要と性格」『日本家政学会誌』三一（六）、一九八〇年。

日本印刷産業連合会ホームページ「プリントピア」(https://www.jfpi.or.jp/printpia/topics_detail21/id=4039、二〇一九年一二月五日閲覧)。

初田亨『百貨店の誕生』三省堂、一九九三年。

林玲子『江戸問屋仲間の研究』お茶の水書房、一九六七年。

林玲子「国内市場成立期における集散地問屋――織物問屋丁吟を中心として」逆井孝仁・保志恂・関口尚志・石井寛治編『日本資本主義――展開と論理』東京大学出版会、一九七八年。

林玲子『歴史文化ライブラリー一四八　江戸店の明け暮れ』吉川弘文館、二〇〇三年。

平井紀子「日本のファッション誌――発祥と変遷」『文化女子大学図書館所蔵服飾関連雑誌解題・目録』、二〇〇五年。

藤岡里圭『百貨店の生成過程』有斐閣、二〇〇六年。

藤岡里圭「大正期の婚礼需要と百貨店の発展」岩淵令治編『国立歴史民俗博物館研究報告　第一九七集［共同研究］歴史表象の形成と消費文化』国立歴史民俗博物館。

三井文庫『史料が語る三井のあゆみ――越後屋から三井財閥』吉川弘文館、二〇一五年。

三越『株式会社三越１００年の記録』三越、二〇〇五年。

山内雄気「１９２０年代の銘仙市場の拡大と流行伝達の仕組み」『経営史学』四四（一）、二〇〇九年。

第八章　戦後～現代のものづくりと市場創造に流通事業者が果たした役割

本章では、戦後から現代にいたるまでのきもの市場の環境変化について、先染め・後染め絹織物の中心的産地である京都の西陣織物業と京染・京友禅の染色加工業の動向とともに整理する。戦後、大衆品を中心に成長したきもの市場は、一九七〇年以降は洋装化の進展により需要が低迷する。しかし、晴れ着を中心とする新たなビジネスモデルへの転換により一九八〇年代まで成長を遂げたこと、その中で室町を中心とする卸売企業（問屋）と全国的規模でチェーン展開した小売企業（呉服店）が中心的な役割を果たしたことを確認する。その後、一九九一年のバブル崩壊と共にそうしたビジネスモデルは持続可能ではなくなるが、今日では、商慣行の見直しや新たな消費者との関係構築が進展し、多様なきものの価値が模索されている現状ついて、株式会社やまとによる改革の事例を通じて検討する。

一　一九六〇年代までの大衆品としてのきもの市場の成長

きもの産業は、戦時中はいったん縮小したが、戦後には不足していた衣料に対する需要を充たす必要から急速に生産高を伸ばし、その後も「高度成長」政策の追い風による市場拡大が続いた。ただし、一九六〇年代までの大衆向け着尺需要を主に支えたのは、従来の絹や綿といった素材ではなく、新素材である化合繊糸・紡毛糸だった。日本化繊協会の調査結果によれば、一九五七年時点では、四〇歳以上の女性の約半数は家庭でも外出時も常に和服を着用し、四〇歳未満でも約四分の一が外出時には積極的に和服を着用していた。戦後には洋裁学校も興隆し、家庭用ミシンも普及したが、一九六〇年代頃まで洋服の供給体制は主に家庭や洋装店での注文仕立に限られ、人々にとっての普段着は依然としてきものだったのである。そうした日常的なきものの素材として当時新たに普及したのが、重化学工業化の中で開発された化合繊糸（アセテートやナイロン、レーヨン）や紡績糸（ウール）だった。化合繊やウールの着尺は、天然繊維と比べると吸湿性が少ない等の課題もあったが、洋服同様にミシンでも縫製できる点や、手入れの際に解いて洗張りをせずとも丸洗いやドライクリーニングが可能な点など、従来のきものにはない多くの利便性が好評を博した。[1] こうして当時のきもの産業は、戦後の大衆の新しいライフスタイルに適した素材や製造技術の導入によって、日常着としての市場をさらに拡大することになる。

吉田（一九八二）によれば、もともと正絹を使用した高級品の中心的産地である京都の西陣織物業でも、一九六〇年代の生糸価格の高騰と相まって、ウールや化合繊糸の使用が浸透していった。西陣での着尺の生産数量は、一九五七年から一九六六年の一〇年間で二二七万反から六一〇万反へ二・七倍に増加したが、とりわけウール着尺は一・五万反から一挙に三九七万反へと、二六五倍の飛躍的な増加を遂げた。また、この時期には帯地生産も三三七万本から六四七万本へと急増するが、生産数量において最も伸長したのは、ほとんどが化合繊に近い交織で作られた「袋なごや帯」であり、一九六六年時点では西陣における帯地生産の四八・三％を占めた。同時に、こうした新素材のきもの生産の拡大は、西陣織物業における生産体制の変化も促した。織機は、職人の手足で操作する「手機《てばた》」と動力を使用する「力織機《りきしょっき》」に大別されるが、大衆向けの製品の成長により、より生産能力が高く一柄当たりの多量生産が可能な力織機への急速な転換が起こったのである。登録織機台数に占める力織機台数は、一九五五年の二三・四％（二〇五四台）から一九六二年に五七・一％（五四二一台）、一九六六年には六六・八％（九五六八台）へと上昇した。

木下（二〇一一）は、この時期の化合織を原料とした衣料品の拡大は、東レや帝人といった合織メーカーが、開発した合成繊維の市場開発のために、商品の開発から、編織・染色加工・縫製にいたる各段階に積極的に関与したマーケティングの結果であると指摘している（木下 二〇一一 三九―四一頁）。実際に様々な織物が開発され、一九六〇年代初めの呉服売り場には、アセテート五〇%・ナイロン五〇%の交織（二五〇〇円）や、アセテート五〇%・レーヨン（スフ）強力糸五〇%の交織（一九〇〇円）、ナイロン一〇〇%（三〇〇〇円）などの着尺が売れ筋として並んだ。(2) ウールの着尺も、一〇〇%ウールの着尺だけでなく、絹の経糸にウールの緯糸を合わせたシルクウールや、アセテート系のラメ糸を織り込んだ着尺などが六〇〇〇〜八〇〇〇円で販売された。(3) こうした中で一九六〇年代後半には、家でくつろぐ普段着としての男物のきものブームも起こっている。普段着としての着尺には結城紬や大島紬といった数十万円近いものもあるが、当時売上の約八割を占めたのは、一万〜二万円程度で購入できる主にアンサンブルのウールのきものだった。(4) こうした男性物の半数以上を生産する八王子織物業では、一九六五年に五八万反、一九六六年に六九万反、一九六七年に八四万反と順調に生産量を伸ばした。(5)

二　染呉服ブームときものの非日常化

しかし一九七〇年代になると、日常着としてのきものは危機的状況に直面する。まず、洋服の供給者として製造卸売業者が台頭し、一九七〇年代にそうした企業がアパレルメーカーとして成長する中で、多様で安価な既成服の大量供給体制が確立された（木下 二〇一一 二五一―二四頁）。結果として洋装化はいっそう加速し、日常着としてのきものの需要は急速に低下していったのである。産地の動向をみても、京染・京友禅では一九七一年、西陣織では一九七二年に生産数量がピークを迎え、以降は減少に転じている。

こうした市場変化に対して、きもの産業は新たな市場機会を捉え、人々の生活におけるきものの位置付けを変化させることで対応した。その市場機会とは、一九六〇年代半ばから急速に高まりを見せた、晴れ着としての絹織物に対する需要であった。きっかけは、一九五九年の皇太子ご成婚における美智子妃の訪問着とも、一九六四年の東京オリンピックでのコンパニオンの中振袖着用とも言われるが、特に成人式や正月、結婚式などで着用される中振袖や訪問着の伸びは大きく、(6)「染呉服ブーム」と呼ばれる様相を呈した。実際に、表地用正絹白生地の総生産数量は、一九六二年から一九七二年の一〇年間で六六七万反から一七五二万反へ二・六倍に増加した（中村　一九八二　五二頁）。

この染呉服ブームで当時の人々がきものに求めたのは、日常着としてのきものに求められた気安さや手入れのしやすさとは大きく異なる、豊かさやステータスの象徴としての価値であった。礼装・後染めの絹織物は、そもそも戦前には富裕層しか購入できない庶民の憧れの対象であり、それが所得上昇により多くの人々の手に届くものとなったことで需要が一挙に拡大したと言える。豊かさやステータスの象徴としての消費であるがゆえに、そうしたきものは「着用」だけではなく、「所有」自体が意味を持っていた。だからこそ、戦中・戦後の衣料不足を経験し、娘には幸せや豊かさを授与したいと考える親世代にとって、それは成人式の祝いに相応しい盛装であり、持たせるべき必須の花嫁道具だったのである（中村　一九八八）。この時期の先染め織物でも、お召やウール着尺などが減退する一方、紬をはじめとする趣味性の高い高級織着尺の需要が逆に伸びたことも、同じ理由から理解できる。

しかし、こうして晴れ着としての染呉服需要が高まる反面、日常着としての性格を失ったきものは、多くの人々にとって一人では着用もままならないものになっていった。一九六〇年代後半のそうした状況は、きものの着方を教える「きものコンサルタント」という新しい職業の登場にも現れている。きものコンサルタントは、デパートの和装売り場やＰＴＡ・婦人サークルの行事などに派遣され、一人で着られるきものの着方や和装のマナーを教える講師であり、当時の新しい女性の職業として注目を集めた。一九六五年には全日本きものコンサルタント協会が設立され、協会付属のコンサルタント養成学校「新装きもの学院」が開講したほか、一九六七年「長沼学園きもの着付け教室」（現：長沼静きもの学院）、一九六九年「ハクビ京都きもの学院」が開講するなど、全国展開により成長を遂げた着付け教室もこの頃に設立されている。これらの着付け教室は、教育を通じて「きもの離れ」を食い止める意義があった反面、もともと日常の一部であったきものの着用に対し、多くの道具やルールを必要とし、茶道や華道のように鍛錬を積まなければならないかのような特別視を生み出した点で、ますます非日常着としてのきものの性格を固定化したとも言える。

三　ものづくりにおける「晴れ着」への集中と高付加価値化

きもの産業における日常着から晴れ着への移行が起こった背景には、需要の変化のみではなく、ものづくりを担う産地の事情も色濃く関わっていた。先に見たように、一九七〇年代になると染呉服ブームの追い風があっても京都の織物業・染色加工業ともに生産数量の減少に歯止めがかからなくなった。一九七〇年代には石油ショックに伴う景気低迷と消費の落ち込みに加えて、第一次ベビーブーム世代に支えられて増加していた婚姻数が一九七二年で頭打ちし、(8) 婚礼にともなう染呉服需要も減少に転じたのである。

さらに産地を苦しめたのは、原料となる生糸価格の高騰だった。染呉服ブームとともに絹織物生産が増加する中で、国内生産では十分賄えない生糸の輸入が急増し、これに対して国内の養蚕農家保護を目的に、一九七四年に生糸の輸入窓口が蚕糸業者と政府の出資による蚕糸事業団に一本化された。結果として国内の生糸価格は高騰し、一九七七年の国内相場は1コーリ（一八一・四K）あたり一万三三三一円と、リヨン相場の約二倍以上に高騰した（栄部一九八七）。

こうした背景から、需要の減退にもかかわらず、その後も産地ではさらなる晴れ着への傾注と高級化路線を強めていくことになる（吉田一九八二）。例えば一九六六年から一九七八年にかけての西陣織物業では、一九六〇年代半ばまでの大衆化とは打って変わって、正絹を原料とする製品比率が帯地で六九・六％から九九・〇％に、着尺でも四四・九％から七九・五％に高まった。帯の種類別に見ても、大衆化需要に対応した「袋なごや帯」の生産数量が三一三万本（構成比四八・三％）から七九万本（同一一・九％）へと大幅に縮小する一方で、ほとんどが正絹によって作られる袋帯は一二九万本（二〇％）から三三五万本（五〇・八％）へと急速に比率を高め、さらに登録織機台数における手機の割合が再び高まった。こうした製品構成の変化は、単位出荷量あたりの出荷額、つまり単価上昇をもたらし、結果として一九七三年に生産数量が減少に転じて以降も、出荷金額では一九八一年の一七〇〇億円に到

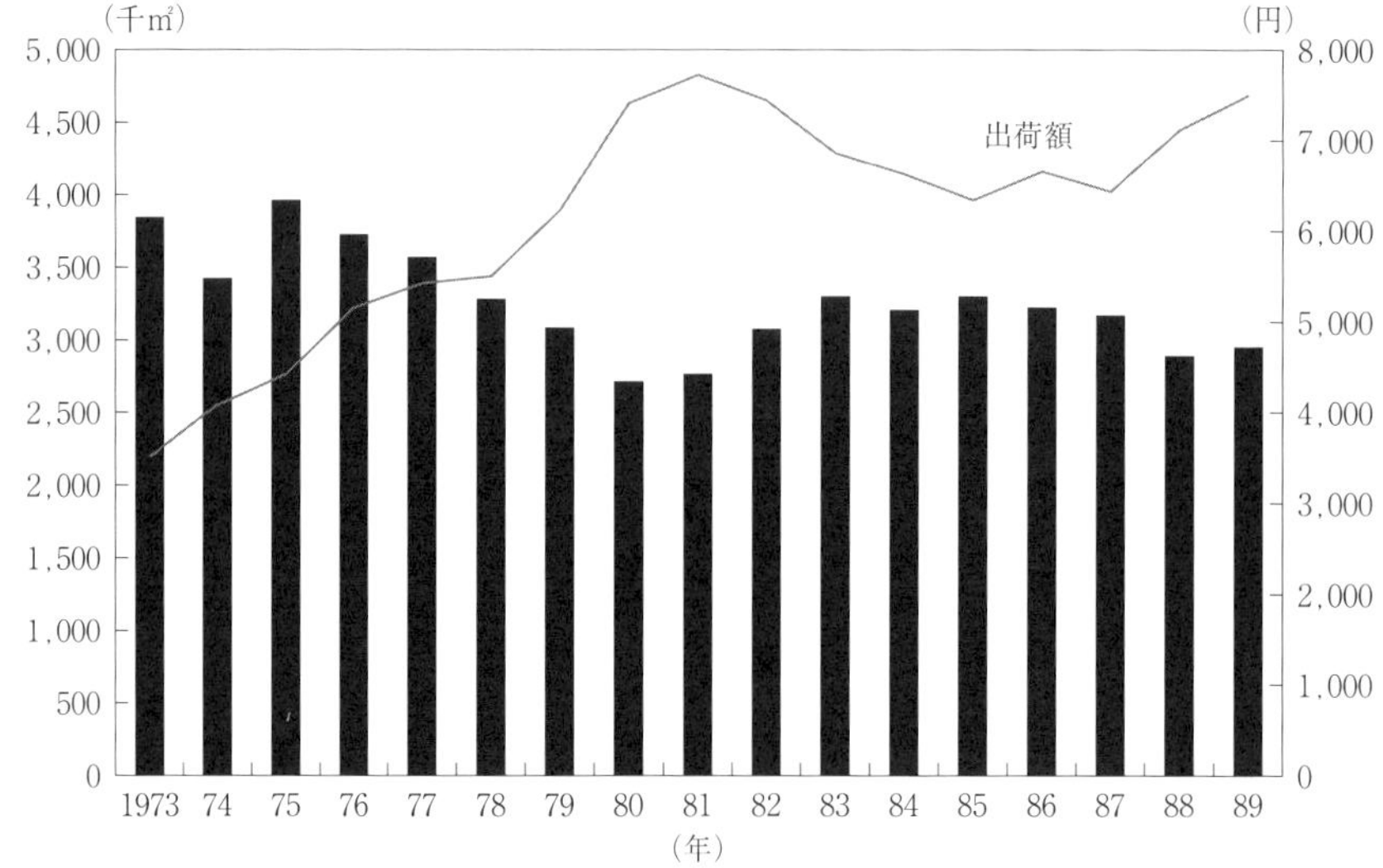

図８－１　西陣織産業の出荷量（単位：千㎡）と単位当たりの出荷額の推移

（出所）　京都府織布生産動態統計調査　1973年～1989年分

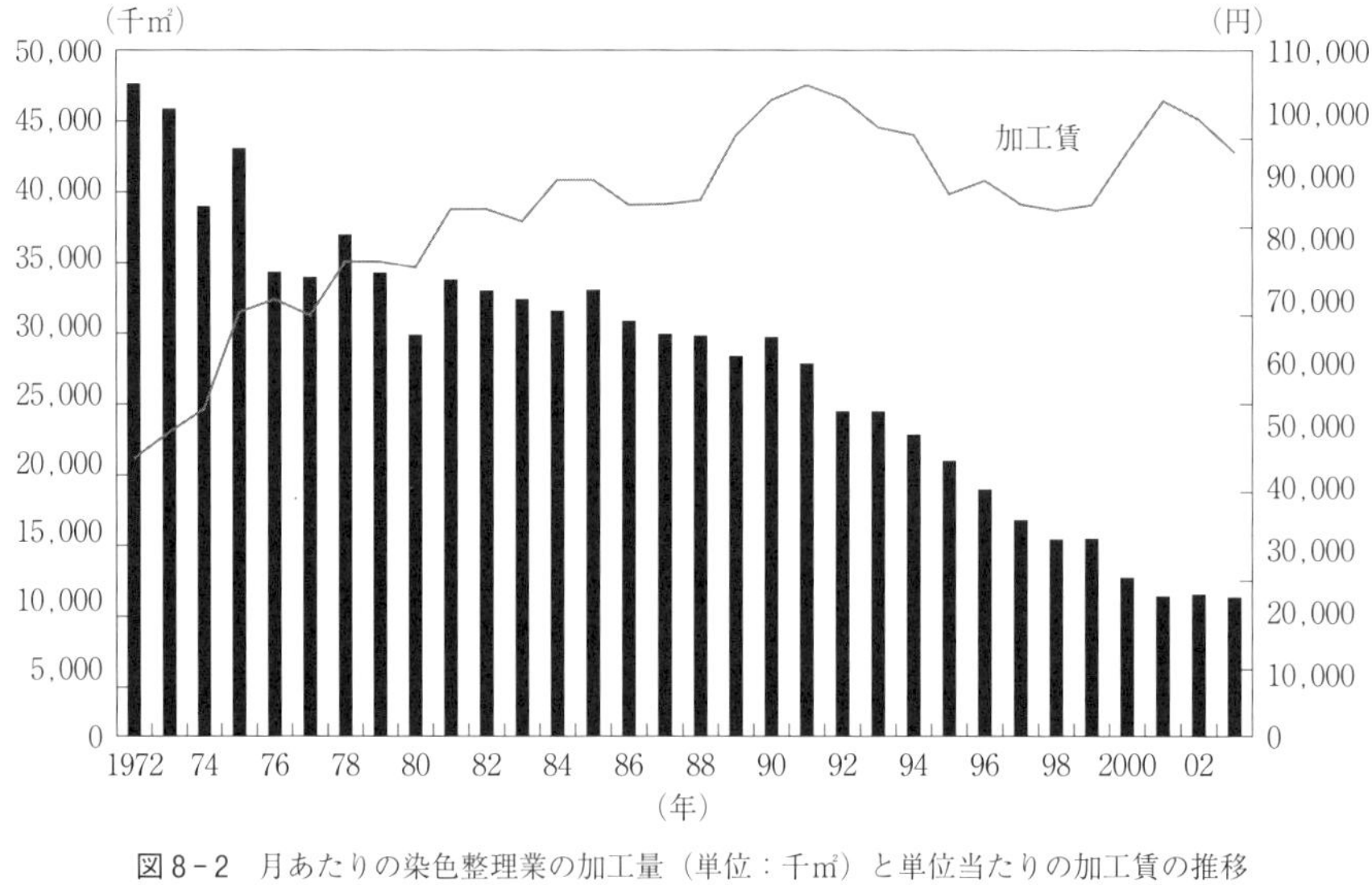

図８－２　月あたりの染色整理業の加工量（単位：千㎡）と単位当たりの加工賃の推移

（出所）　通商産業省生産動態統計調査　1972年11月分～2003年11月分

達するまで伸び続ける状況が生み出された（図8－1参照）。同様の傾向は、京染・京友禅の染色加工業でも確認できる。一九七一年に生産数量が減少に転じて以降、正絹の高級品・フォーマル品の構成比が高まり、さらにそうした製品当たりの加工度を高めることで、生産数量は減少しても加工金額はそれほど減少を見せない状況が起こった。全国の染色整理業（従業員二〇名以上）を対象とした調査でも、加工量が全体として減少する一九七〇年代以降、単位当たりの加工賃は急激に上昇していることがわかる（図8－2参照）。

つまり、産地では一製品あたりのものづくりの高付加価値化によって、需要減少の中でも出荷額を維持しようとしたと言える。だからこそ高級な晴れ着への集中は、染呉服ブームへの一時的な対応にとどまらず、きもの産業にとって不可逆的な変化となったのである。

四　流通主導によるビジネスモデルの転換：見込み生産から受注生産へ

また、染呉服ブームと晴れ着としてのきもの市場の拡大には、流通事業者も大きく関わっている。とりわけ当時のきもの産業で起こった、染呉服における見込み生産への転換には、室町の卸売業者（問屋）と全国的な展開を行う小売業者（呉服店）が中心的な役割を果たした。

染加工業者の受注形態には、消費者からの発注（小売店などを経由する場合を含む）によって新品の白生地あるいは染め替えの生地に染加工を施す「誂《あつらえ》染色」と、問屋から委託された白生地に染加工を施して納品する「仕入染色」の二種類がある。染加工業者にとっては受注形態の違いにすぎず、加工工程は全く同一であるが、誂染色が消費者の要望に応じた受注生産であるのに対し、仕入染色は発注する問屋が在庫を負担し、消費者は既成染呉服を購入する見込み生産である点で、そのビジネスモデルは大きく異なっている。

誂染色は、一九五〇年代半ばには大手の染加工業者で一日に二〇〇反もの注文があったというが[9]、染呉服ブームが本格化する中で、発注から染め上がりまでの加工期間を要する誂染色は次第に優位性を失い、仕入染色の比重が急激に高まった。結果的に一九八三年には、仕入染色が五一六万反（九四％）を占める一方、誂染色は三一万反（六％）に過ぎない水準まで縮小している（井上 一九九一）。こうしたビジネスモデルの転換を主導したのは、白生地を仕入れて見込み生産を行うリスクを負担しつつ、全国市場を見込んで積極的生産を行った、室町の「染加工問屋」（染潰し問屋や仲間問屋とも呼ばれる）や「前売問屋」と呼ばれる卸売業者であった。柿野（一九八二）によれば、室町問屋は、一九七八年時点で正絹の後染呉服では六一・三％、西陣の正絹先織物でも九・四％を仕入れではなく自己リスク負担で生産していた。当時室町集散地には八一社の白生地問屋が存在したが、数量で八〇・七％を同じ室町に立地する染加工問屋前売問屋に販売しており、その販売額は一五三六・五億円に及んだ。こうして問屋がリスクを負担することで実現したきものの見込み生産と既製品化は、消費者の旺盛な染呉服需要に対して迅速で多様な製品供給を可能にし、晴れ着としてのきもの市場を拡大する上で極めて重要な役割を果たしたのだった。

一方、こうした大量の製品供給体制と消費者をつなぐチャネルとして重要度を高めたのは、チェーン展開する小売企業であった。呉服・服地小売業の商店数における単独店の比率は一九六八年から一九七六年にかけて減少しており、逆に多店舗展開・チェーン化する小売企業の本店・支店比率の高まりが見られ、一九七九年には一三・七％を占めるまでに至っている。実際に一九七〇年代は、ナショナルチェーン（NC）と呼ばれる全国に店舗展開する呉服小売企業がチェーン展開を本格化させた時期であり、一九八〇年時点で最大手NCの三社は一〇〇前後まで店舗数を拡大した（柿野 一九八二）。これらの大手チェーンをはじめとする小売企業では、当時普及しつつあった掛売・割賦（クレジット）販売を積極的に取り入れながら、一般消費者にも高額な晴れ着を積極的に販売して成長を遂げた。

五　過度な高価格化路線と「きもの離れ」・「呉服店離れ」

ただし、高級呉服の見込み生産へのシフトにより、生産時点と消費時点との懸隔が拡大したことは、市場変化への対応という点では課題も生み出すことになった。つまり、誂染色のように消費者の実需に対応した生産体制ではなくなったため、消費者ニーズの変化を反映して柔軟にものづくりを調整することはより困難になり、結果として、せっかく作ったきものが消費者に受け入れられず売れ残るリスクは増大することになる。特に一九七〇年代以降、晴れ着の需要減少にも歯止めがかからない状況下では、流通事業者の在庫リスクは肥大化し、そうしたリスクに対処するために、消費者利益を損なう恐れのある非効率な商慣行も生み出されることになった。

まず、抱えきれないほど増大した流通事業者のリスク負担が、より川上の事業者へ、そして最終的には消費者へと転嫁される事態を生んだ。川上へのリスク転嫁は、典型的には商品の委託や返品の拡大に見られる。産地から問屋、あるいは問屋から呉服店への販売方法には、所有権と在庫リスクの移転を伴う「売切」と、所有権と在庫リスクは売り手のままで商品販売を委託するだけの「委託」がある。一九七八年の室町問屋から小売企業への取引では、販売に占める委託の割合が呉服専門店で一三・六％、百貨店で五二・二％に上り、その上、売切商品でも半数以上の小売企業が商品の返品を行っていた（柿野 一九八二）。さらに、この時期には小売企業における呉服販売の五五％が店頭販売ではなく催事販売に依存しており、そうした催事開催の費用も問屋が負担する状況が増えていた。こうして高まった問屋のリスクや費用は、さらに川上のメーカーが商品の委託や歩引[10]といった形で負担せざるを得ない構図が生まれた。西陣織産地と問屋との取引関係では、一九六九年に一四％だった委託比率が一九八七年には二七％とほぼ倍増しており、さらに九割近い企業では、歩引が「頻繁に」（六八％）あるいは「ときどき」（二九％）あったという（栄部 一九八九）。

こうした流通過程における在庫リスクや販売管理費の増大は、最終的には消費者への販売価格に転嫁される以外になかった。一九七〇年代の終わりに高級な晴れ着は五〇万円ほどで販売されていたが、高額な価格は必ずしも高度な技術や意匠性のみに起因する訳ではなく、多段階の流通過程で発生する流通事業者のマージンも理由であった。しかも売り手側は、増大する委託販売・返品のリスクや催事費用もマージンとして上乗せすることになるため、きものの販売数量が減少し、流通全体が過剰在庫を抱えるほど、マージン比率は拡大傾向にあり、それを最終的な買い手である消費者が負担するという関係があった。一九八五年の新聞には、こうした業界の構造的な問題に起因する価格上昇を憂慮する次のような投書があった。「民族衣装が分割払いで何回もかけなくては買えない国というのは、どこかおかしいと思います。（中略）……着物はみんな着たいと思っているのです。それを着させてくれない人たちに考え直してほしいのです」（『朝日新聞』一九八五年二月二〇日、東京、夕刊、三ページ）。

また急速な成長を遂げた小売企業における売上低迷と在庫リスクの拡大は、やがて消費者に対する無理のある販売手法を引き起こすことにも繋がった。一九七〇年代後半には、大規模にチェーン展開をする呉服専門店で、アンケート調査などを口実に強引に店内へ誘い込み、四〇～五〇万円もする晴れ着の購入契約書にサインするまで囲まれて帰してもらえない、といった強引な呉服店の商法が目立ち、消費者センターへの苦情が相次いだ(11)。

それでも、晴れ着への特化と高額化を特徴とした一九七〇年代型のきもの産業のビジネスモデルは、顧客基盤を脆弱化させながらもバブル景気に支えられて一九九一年まで伸び続けた。総務省統計局の家計調査のデータから、世帯あたりの婦人用きものに対する年間支出の推移を見ると、数量では右肩下がりの減少を続ける一方、支出金額で見るとバブルが崩壊する一九九一年までは上昇を続けたことがわかる。しかし、一九九一年に一万三一〇一円を記録した世帯あたりの年間支出金額は、五年後の一九九六年は七六四七円に急激に下落し、その後二〇〇九年には二二六一円にまで減少している。

六　きもの業界革新の取り組みと新たな市場機会

今日では、かつて二兆円に届く規模であったきものの小売市場は、二七一〇億円規模と推計されている（二〇一七年度、矢野経済研究所調べ）。ここまでの内容から市場衰退は、生活の洋装化や消費者ニーズの変化といった単純な原因によるものではなく、一九七〇年代に隆盛したビジネスモデルが引き金となった複数の構造的変化が絡み合って生じていることを確認してきた。いくつかの変化の断面を捉えると、第一に、「晴れ着」への集中により素材や使用シーンを含むきものの多様性が失われたこと、第二に、過大な在庫リスクを他の事業者に転嫁する取引慣行が流通経路全体の効率性を損ねたこと、第三に、そうした非効率な流通経路のしわ寄せは安易な高額化として消費者負担の増加に反映されたこと、である。

こうした課題を業界内部から打開するために、いくつかの取り組みもなされてきた。一九八〇年代には、染加工問屋の株式会社新装大橋（京都市）によるきものブランド「撫松庵」の人気をきっかけに、「ニューきもの」と呼ばれる、新しいカテゴリのきものが提案された。ニューきものは、手頃な価格で購入できる合繊素材の仕立て上がり（プレタ）のきもので、デザインも伝統や格式に縛られず、洋服感覚で着ることができる。結果的には、販路が一部の百貨店等に限定され一過性のブームにとどまったものの、消費者の支持を得て各社が新商品を展開した[12]。

また、非効率な商慣行にもメスを入れる動きが見られる。室町問屋の経営破綻が相次いだ二〇〇〇年には、商品の委託や支払の長期化ゆえに資金回収ができなくなった川上の企業も連鎖倒産に巻き込まれたことから、京都の和装関連団体を中心に構成する京都和装産業振興財団が、取引内容の明文化や支払手形の決済期間を一二〇日以内にすることなどを含む七項目の「商取引の改革に関する宣言」を発表した[13]。近年では、初めて業界全体を巻き込んだ商慣行改善の取り組みも見られる。経済産業省が主導する和装振興協議会は、二〇一七年五月に、事業者間取引ならびに消費者との取引に関する一七項目からなる指針「和装の持続的発展のための商慣行のあり方について」を取りまとめた。これに対して、川上から川下までの幅広いステークホルダーが賛同を示し、その後さらにわかりやすく、かつ現実的に表現した「きもの安全・安心宣言」の推進体制が構築され、実質化に向けた努力が始められている。

こうした改革の進展に加え、近年特に若い女性の間できものの着用意向が高まりを見せることも、業界の追い風となっている。二〇一五年の経済産業省の報告書では、きものを年に数回以上着る人の割合は二〇代女性が一五・八％と最多であり、さらに年代が若いほど今後の着用意向も高いこと（二〇代ではきものの着用経験者の七九・九％、未経験者でも四三・六％が「今後きものを着用したい」と回答）が示された。着用したいシーンを尋ねると、儀式・冠婚葬祭以外に、「自分磨きのファッションとして（デートや女子会）」「パーティへの参加」「普段着として」が多く挙げられ、晴れ着ではなくより日常的なファッションとしてのきものに関心が寄せられていることが見て取れる[14]。

こうした新たな市場機会を踏まえて、今日のきもの産業の各事業者には、高額な晴れ着を中心としたかつてのビジネスモデルに代わる、新たな仕組みづくりの模索こそが求められている。ただし、その試みはまだ緒に就いたばかりであり、様々な試行錯誤が続けられている。そこで以下では、流通事業者が主導する市場創造の取り組みとして、株式会社やまとの実践を確認し、今後きもの産業が進むべき方向を考えたい。

七　株式会社やまと――小売企業と多様なパートナーによる新市場創造の試み

株式会社やまと（本社：東京都渋谷区）は、一九四七年に設立され、現在は全国三八都道府県に一二一店舗を展開、一七八億円を売り上げる大手呉服小売企業である（二〇一九年三月期）[15]。初代社長の矢嶋榮二氏は、一九五九年のアメリカ視察で小売チェーンとショッピングセンターの成長を目の当たりにし、当時ほとんどの呉服店が単独大型店を目指す中、他社に先駆けたチェーン政策を展開した。もともと多品種少量生産のきものは、消費者も他人と同じものを着たがらないため量産による生産効率化は不可能と考えられてきたが、新宿一号店に続く店舗出店を郊外、そして地方へとして進め、商圏を分散させることで、個性的であるきものの価値と、量産による価格の引き下げを両立したのである。加えて、複雑な流通経路の短縮を中心とした経営体質の合理化により、やまとは、「店先に一〇〇万円のきものを飾って、尊大な商売をする」旧来の呉服屋とは異なる、低価格のオリジナル商品の製造販売を行う新業態として、二〇代の若い女性をターゲットに成長を遂げた（『日経ビジネス』一九七七年一月三日号、四九―五二頁）。

一九八〇年代後半にはすでにきもの産業に斜陽が叫ばれ、やまとの業績も悪化したが、一九八八年に二代目の矢嶋孝敏氏が社長に就任すると、価格帯や商品構成などの大幅な見直しを行い、一九九一年三月期には売上高は前期比一二％増（四三四億八三〇〇万円）、経常利益も同一九％増に改善した[16]。社長就任以前は子供服のＳＰＡ（アパレル製造小売）を成功させた経営者であった孝敏氏がやまとで注力したのは、先述のようなきもの産業全体の構造的問題に対する改革の取り組みだった。

第一に、業界が依然として「資産としてのきもの」を売り込んでいた当時から、洋服同様に着て楽しむ「ファッションとしてのきもの」の提案を重視してきた。例えば店頭では、アパレルのＶＭＤ（ビジュアルマーチャンダイジング）の手法を取り入れてきものに詳しくない消費者でも気軽に買えるようディスプレイを工夫し、とりわけ商品及びコーディネートの説明、仕立て代を含む最終価格のわかりやすい表示を徹底した[17]。一九九〇年には、従来白か紺だった浴衣にカラフルな色柄を導入した「エイトカラーゆかた」を発売してヒットさせ、「浴衣ブーム」の火付け役となった[18]。その後の浴衣市場には、アパレルメーカーを含む各社の新規参入が相次ぎ、多様な色柄や素材や、重ね襟や帯締め等と組み合わせた新たなコーディネートの提案がなされるなど、個性的な着こなしが生まれて活況を呈している。

二〇〇四年には新たな業態として、リサイクル品やポリエステル素材などの低単価の商品も取扱い、きものをファッションの選択肢の一つとして提案する「なでしこ」（二〇一六年に「KIMONO by NADESHIKO」としてリニューアル）を、若者の集まる商業施設に展開した[19]。近年では、洋服のスタイリストやデザイナーとも積極的に連携し、伝統的な枠組みにとらわれないきもののあり方を提案している。例えば、人気スタイリストの大森伃佑子氏をディレクターに迎えて二〇一二年に立ち上げた「DOUBLE MAISON（ドゥーブルメゾン）」は、「和装と洋装の融合」をテーマに、豪華なレース地やギンガムチェックの絹地などの素材で作られた新しいきものブランドとして人気を集めている。

二〇一九年に新社長に就任した矢嶋孝行氏は、かねてより事業創造本部長としてこうした新業態開発を社内で推進してきた。二〇一五年には、「きものテーラー」をコンセプトに、帽子や革靴、財布といった洋品と組み合わせたきもののコーディネートを提案する男性ブランド「Y. & SONS（ワイ・アンド・サンズ）」、ならびに、「白シャツのように着るきもの」をテーマに、現代のライフスタイルに溶け込んだ日常的なきものを提案する「THE YARD（ザ・ヤード）」を立て続けに立ち上げた。Y. & SONSでは、ノルウェー人デザイナーのT－マイケル氏とのコラボレーションによる、洋服との組み合わせが可能な「T-KIMONO」や、ファッションディレクターの山口壮大氏と共同開発した、撥水性と伸縮性に優れた「ハイブリッドきもの」を開発するなど、新素材を積極的に採用し、きものの着用シーンを拡大するような試みを進めている。

こうした近年の取り組みにも繋がるが、やまとが主導した第二の改革は、他の呉服店にはない自社企画商品を通じて、消費者により高い価値を提供することであった。一九八九年時点、きものの小売業全体では自ら在庫リスクを負わねばならない自社企画商品の比率は五％程度に過ぎなかったが、やまとの自社企画商品比率は当時から五〇％程度を占めていた。[20]それを背景に、先述のエイトカラー浴衣も標準的価格よりも三～五割安い六八〇〇円で発売された他、一三万円前後の振袖や、一〇万円以下の小紋や大島紬地の着尺、[21]ポリエステル素材の三万円台からのプレタのきものなど、[22]こうした商品の多くには自社企画商品ならではの購入しやすい価格が設定された。[23]

また、小売企業のやまと自らが商品企画を主導することは、買いやすい価格の実現にとどまらず、消費者に対する商品の品質保証にも貢献した。きものの場合、刺繍や絞りなどの各工程は実際には人件費が安い海外に移管される場合も少なくない。しかし、完成商品を仕入れる小売企業にとって、多段階の分業で作られた工程をさかのぼって産地・加工地を把握することは非常に困難となる。結果、多くの商品では、品質管理に不可欠なトレーサビリティが確立されていない現状があった。一方、自社企画商品によって生産工程を管理するやまとでは、二〇〇三年八月から、全商品の見積書に工程ごとの加工国や産地を表記することが可能となっている。[24]そうして、商品の高い国産比率を伝えることで、消費者の安心を実現した。

第三に、手頃な価格を実現し、独自の商品供給体制を確立する上でも不可欠だったのは、産地や卸、小売といった各立場で個別に利益追求をする関係性を改め、立場の違いを超えて流通経路全体での最適化を模索する、サプライチェーン・マネジメントを実現することであった。自社企画商品の場合、やまとが色柄などのデザインを企画し、全国産地のメーカーに生産を委託するが、それを低価格で消費者に提供できる理由は、たんに仲間問屋・前売問屋といった中間業者を排除しているからではない。やまとがメーカーと共に製作工程から工夫してまとまった数の計画的発注を行い、買い取り比率を上げることで、メーカーでは在庫リスク負担が軽減され、たとえ低いマージン比率でも利益を生むことができる。それが結果として仕入れコストの削減に繋がり、消費者に対する価格の引き下げを可能にしている。(25)

さらに産地のものづくりへの積極的支援にも取り組んでおり、二〇〇一年からはやまとの取引先の全国産地に呼びかけ、相互交流・研鑽・協同商品開発を目的とした全国横断機関「全国つくりべの会」（二〇一一年京都府よりNPO法人として認可）が結成された。二〇一九年現在では、全国一六産地・会員数二〇〇名を超える組織となり、二〇〇四年以降、毎年各産地で全国大会が運営・開催されている。例えば、二〇一八年に桐生で開催された全国大会では、産地の優れた新商品開発に対する「ものづくり大賞」の顕彰がなされたほか、純国産絹を使用した高品質の加賀友禅のきものづくりを、従来の中国絹糸の加賀友禅と同じ販売価格で、かつ生産者への配分を増やしながら実現した、前年の実践事例の共有がなされた。養蚕、製糸、撚糸、製織、染め、販売の各工程に携わる事業者が連携して一貫したものづくりを行うことで、全体のロス率を一％以下にすることに成功し、それが最終価格を抑えつつも各工程が十分な利益を確保することを可能にしたという。

また、各産地では従業者の高齢化に伴い、手織・手染をはじめとする高度な手仕事の継承が危機的状況にあることを受け、やまとでは一般社団法人きものの森を通じて、加賀友禅の友禅作家、大島紬の織工、結城紬の技術者の育成のための支援にも積極的に関わっている。

こうしたやまとの取り組みは、需要縮小の中で、仕入元や消費者といったより立場の弱い相手に負担を強いることで、限られた市場のパイから自社利益を確保しようとした、かつてのきもの業界における多くの事業者とは大きく異なる考えにもとづくことが理解できる。対照的に、ものづくりを担う産地やきものを初めて着る消費者を、共に新市場を創造するパートナーととらえ、相手を支援することで市場のパイ全体を拡大しようとする取り組みである。孝敏氏は、こうした多様な主体が混じり合い、相互に影響することで、全体として拡大・維持される生態系のようなきもの市場のビジョンを、「きものの森」と表現している（伊藤・矢嶋 二〇一六）。

二〇一九年四月、孝行氏が社長を引き継いだやまとでは、企業ビジョン「KIMONO DREAM MAKERS（キモノドリームメーカーズ）」を発表した。〝きものには夢がある〟ことを前面に打ち出したビジョンだが、夢を描く主体には、流通事業者としてのやまとだけではなく、ものづくりに関わる人々や消費者、そして今後新たに出会うだろうパートナーなど、きものにそれぞれの思いを託す多様な人々が想定されている。(26) 象徴的な取り組みの一つは、前年二〇一八年に「日本らしいアウトドアの雛型を創りたい」という想いを持つアウトドアメーカー Snow Peak（スノーピーク）とのコラボレーションによって誕生した、「OUTDOOR＊KIMONO（アウトドア・キモノ）」の発売である。様々な天候に対応する機能性の高い素材で作られ、帯をしなくても着られるきものは、アウトドアシーンでも気軽に着用でき、きものを楽しむライフスタイルシーンの拡大に貢献している。

おわりに

縮小しつづけてきたきもの小売市場規模は、今日下げ止まりと見られている。同時に、業界全体の規模を押し上げるにはまだ至っていないものの、本章で取り上げた株式会社やまとの実践以外にも様々な事業者が、新たな素材や技術・デザインで作られた商品や、インターネットを含む新たな顧客接点を提供しており、新規事業者の参入も見られる。消費者にとってのきものの価値も、もはや経済的な豊かさの象徴などではなく、より現代的なファッション、日本文化の表現、自由な自己表現など、着る人それぞれに定義され、かつて晴れ着一辺倒だったきもの市場は今日変化の途上にある。

このように消費者ニーズが多様化し、個人がそれぞれのライフスタイルで商品選択をする時代には、過去の染呉服ブームのように、あらゆる世帯がきものに同一の価値を求める状況を再び期待することはできない。それでも一九六〇年代後半に洋装化の危機に直面したきもの業界が、その時代を生きる人々の思いに対応して晴れ着としてのきものの価値を再定義し、業界としてのさらなる成長を遂げたように、時代や社会の変化に応じて変化する人々の思いに応えるような、新たな位置づけをきものに与えることは今日強く求められている。ものづくり、流通事業者、消費者といった立場にかかわらず、そうした思いに共感する人々が多様なパートナーとしてきものと関わり合うことで、そこに新たな市場が生まれていくことが期待される。

（吉田満梨）

注

（1）「化繊の和服地　安い、丈夫が魅力」『朝日新聞』一九五八年三月三〇日、東京、夕刊、二頁。
（2）「化繊の和服地　安い、丈夫が魅力」『朝日新聞』一九五八年三月三〇日、東京、夕刊、二頁。
（3）「このごろのウールの着物」『朝日新聞』一九六二年四月六日、東京、夕刊、五頁。
（4）「見直された男のきもの」『朝日新聞』一九六六年一一月七日、東京、夕刊、九頁。
（5）「男物和服ブーム　産地大忙し」『朝日新聞』一九六八年一二月六日、東京、朝刊、一六頁。
（6）「天井知らず晴れ着ブーム」『朝日新聞』一九六七年一一月一七日、東京、夕刊、一一頁。
（7）「きものの着方教えます『コンサルタント』多忙」『朝日新聞』一九六八年一二月二五日、東京、朝刊、一六頁。
（8）厚生労働省平成三〇年人口動態統計（統計数）
（9）「着物〝染め替え〟時代」『朝日新聞』一九五四年一一月七日、東京、朝刊、四頁。
（10）仕入れや売上の総額に対して行われる一定の歩合の値引きのこと。
（11）「強引な押し売り商法の呉服業界　あなたも消費者」『朝日新聞』一九七八年一月二七日、東京、朝刊、一五頁。
（12）「呉服（三）ニュー着物に気乗り薄、顧客開拓の意欲乏しく（まちの専門店昨日今日明日）」『日経流通新聞』一九八八年一二月八日、一五頁。
（13）「支払い明細を通史、やまと、取引透明化へ改革」『日経流通新聞』二〇〇一年一月二五日、九頁。
（14）経済産業省　和装振興研究会報告書、二〇一五年六月一六日　https://www.meti.go.jp/committee/kenkyukai/seizou/wasou_shinkou/pdf/report01_01_00.pdf
（15）株式会社やまと、ホームページより　https://www.kimono-yamato.co.jp/about-us/profile/

(16)「矢嶋孝敏〔やまと、アイドル社長〕――妥協を排し『きもの再生』親も切ったニュー2世」『日経ビジネス』一九九一年九月三〇日号、七〇―七三頁。
(17)「呉服のやまと、全店でVMDを導入――店頭を活性化、ファン育成へ」『日経流通新聞』一九八九年一月一二日、一一頁。
(18)「全商品を自社企画に、呉服のやまとが価格下げ積極経営」『日経流通新聞』一九九〇年五月一日、五頁。
(19)「やまと、若者向け呉服新業態、来年1号店――平均単価抑える」『日経MJ（流通新聞）』二〇〇四年一月一五日、一八頁。
(20)「業界の流れに逆行　リスクも大きい、でも自社開発商品を拡充――呉服のやまと」『日経流通新聞』一九八九年二月二八日、一三頁。
(21)「やまと、10万円切る大島紬――若い女性向けにパステル色使う」『日経流通新聞』一九八九年八月一七日、九頁。
(22)「やまと商品部バイヤー大峰恵介氏――リバーシブル着物『美日（びび）』」『日経MJ（流通新聞）』二〇〇四年一〇月二一日、三頁。
(23)「やまと、帯や長じゅばんなど、着物をセット販売」『日本経済新聞』朝刊、一九九二年一〇月二六日、一三頁。
(24)「やまと、ホームページで『国産』アピール」『日経MJ（流通新聞）』二〇〇四年一月八日、一四頁。
(25)「全商品を自社企画に、呉服のやまとが価格下げ積極経営」『日経流通新聞』一九九〇年五月一日、五頁。
(26)「KEY PERSON INTERVIEW　第1部　矢嶋孝行　株式会社やまと社長」『KyoWave』二〇一九年秋号、二六―二七頁。

参考文献

伊藤元重・矢嶋孝敏『きもの文化と日本』日本経済新聞出版社、二〇一六年。

井上修一「伝統的工芸品と京都市の産業」『京都商工情報』No.一四六、一九九一年、六五―八六頁。

柿野欽吾「和装染織製品流通業の構造と流通状況」同志社大学人文科学研究所編『和装織物業の研究』ミネルヴァ書房、一九八二年、四四七―四九七頁。

木下明浩『アパレル産業のマーケティング史――ブランド構築と小売機能の包摂』同文舘出版、二〇一一年。

栄部智宙「生糸一元輸入制度とネクタイ訴訟」『京都商工情報』No.一三三、一九八七年、三一―三八頁。

栄部智宙「西陣帯地の流通問題に関する一私考」『京都商工情報』No.一四一、一九八九年、五九―六九頁。

中村宏治「京染・友禅業の産地構造分析」同志社大学人文科学研究所編『和装織物業の研究』ミネルヴァ書房、一九八二年、三三六―三六三頁。

中村宏治「和装需要の基本的趨勢と今後の課題」『京都商工情報』No.一三八、一九八八年、三―一六頁。

吉田敬一「西陣先染織物業の産地構造分析」同志社大学人文科学研究所編『和装織物業の研究』ミネルヴァ書房、一九八二年、一七四―二〇三頁。

あとがきにかえて――着物市場のイノベーションの歴史とデザイン

着物の「デザイン」の範囲の変化

第Ⅰ部および第Ⅱ部を通じて、生産者、消費者と流通それぞれの視点で見た明治中期以降から現代までの着物市場の変遷を検証してきた。これらの過程全体を通じて気づかされるのは、着物の生産技術や価格だけではなく、デザインもまた市場形成の重要なファクターであったということである。同時に、時代の変化に沿って、「デザイン」という要素が指す範囲もまた大きく変化してきたことが確認される。

明治中期以前の段階では、着物の「デザイン」という言葉（当時はデザインという言葉は使われていなかったが）が意味する内容は、「染・織の柄の原画」という意味であった。つまりそこでは、物体としての織物の色やカタチと、それを作成した原画師（職人）が着物の「デザイン」を構成するほぼすべての要素であったからである。

ところが、明治中期以降になると、百貨店をハブにして、それらが流動化しはじめた。生地の生産方法と寸法がほぼ固定されており、裁断のバリエーションが限られる中で、「染・織の柄の原画」はほぼ唯一にして最大のマーケティング差別点であったからだ。新興流通勢力としての百貨店がこのマーケティングの武器に着目したのは、ある意味で自然なことであったと言えよう。この頃はまだ着物の購買層もまたほぼ固定的、流通経路もほぼ固定的であったから、この新たなマーケティングの武器は、きわめて大きな効果を発揮した。個々の柄のデザイン自体の良し悪しについては様々な視点からの評価や好みもあるだろうが、ここでの議論の主眼は、新しいデザインが供給されることでそれまで長らく固定的であった市場環境に大きな変動が起こり始めたという事実である。また、デザインを触媒にして遠く離れた別の産地間で技術の伝搬が発生したことも重要な視点である。元々は京都から流れてきた絵師の人材を、産地全体で原画作家として保護育成する動きも見られた。この動きは、結果的に生地と産地によるブランド化を推進することになり、京都以外の産地の地位向上に大きく貢献したと分析できる。

時代が進み、大正から昭和初期になると、生産方法や素材の多様化が進み、それらを含んだカタチで、着物の「デザイン」の幅がかなり拡大した。それによって、この頃になると、着物の「デザイン」とはつまり、「価格帯、用途、ターゲット」の掛け算として理解すべきものになってきた。それはつまり、「モノ」としての着物の生産・消費ということを超えて、「コトと戦略」としての生産・消費へと大きくシフトしたことを意味する。そして、それにあわせて中間層市場の成長による「略服」市場の出現・成長も実現した。この頃の百貨店の動向を、現代の経営学やマーケティング理論の視点で見つめなおしてみると、百貨店による川上への垂直統合力は限定的だった（ゆえに卸と共存した）が、市場拡大と技術革新による水平統合と川下への垂直統合はきわめて強力な市場支配力を発揮したと分析できそうだ。それによって、昭和に入るころには、生地素材や産地による差別化が結果的に弱まり、百貨店による、前述のような広義の「デザイン」起点でのマーケティング提案が大きな効果を発揮した時代といえる。これは、現代ふうにいえば、まさにイノベーションの普及過程だと解釈できる。シュンペーターもほぼ同じ時代に百貨店の出現は典型的なイノベーションの事例だと述べている（Schumpeter 1942）が、まさに日本の着物市場で起こっていた大きな変動は、リアルタイムのイノベーションだったと言えそうだ。

戦後の劇的な衰退を考える

しかし、時代がさらに進むと、着物市場にはさらなる激震が起こった。戦争を経て、日本経済は壊滅的な打撃を受けたものの、一九五〇年代から一九六〇年代には驚異的な回復と成長を実現した。しかし着物市場には、高度経済成長期に不可逆的な変化時期を迎えた。本格的な洋装の普及である。これは、ポーターの5フォース理論（Porter 1985）でいえば、強力な代替財の出現・普及といえる。この危機にあたって、着物市場に関わる企業は、生き残りのために大きな戦略転換を行った。つまりせっかく拡大してきた中間層市場を切り捨て、高級品市場のみに集中する転換を行ったのである。この転換は急激なものというよりは、一九七〇年代から一九九〇年代の約二〇年間という長い時間をかけた緩やかなものであった。また高度経済成長とその後のバブル景気の中で、一見すると正しい戦略転換に見えた。しかし緩やかで正しく見える転換であったがために、かえってその流れから脱却しようとする企業の勢いを削ぎ、結果的にはバブル崩壊後の劇的な市場変化に対する、産業としての対応力のほとんどを失っていってしまったと言えよう。

第七章で詳述されたように、バブル崩壊によって和装市場は壊滅的な縮小を経験してしまった。中低価格帯市場はほぼ全滅というべき状況に至り、他の多くの伝統工芸品と同じく、通常の産業というよりも、文化財として保護すべき対象へと転落してしまった（鷲田 二〇一五）。劇的な市場変化に対応できなかった理由を供給側、流通・消費側の双方から見てみると、以下のことが言えそうだ。まず供給側の理由としては、繊維アパレル市場のグローバル化に乗り遅れたことが最大のポイントであろう。高度経済成長後、日本の産業構造は人件費の高騰などから繊維アパレル産業などの軽工業主体から、重化学工業や機械産業などが主体へと完全に変貌していた。そのため、和装に限らず、繊維アパレル産業全体に対して、安い生地の海外からの流入、輸出停滞による産業としての弱体化、中国への生産移管などが一気に押し寄せた。しかし和装産業は、これらの変化に全くついて行けず、たんに衰退を続けるという結果になってしまった。次に、流通・消費側の理由としては、「和服を見る目」自体の消失という点が挙げられる。つまり、戦略を高級品市場のみに絞ってしまった結果、関係者のほとんどが振袖や晴れ着などという特殊ニーズだけに依存した知識しか持たなくなってしまったということである。このようになってしまったことで、せっかく昭和初期までの間で広義に拡大されてきた和装の「デザイン」が、再び特定の生地や絵柄だけを指す狭義なものになってしまった。現代の消費者の中で、着物の生地や織り方やかたちなど、表面的な柄以外の要素をきちんと理解している割合は極めて低い。もはや着物にとって「デザイン」は、再び重要な争点ではなくなってしまったというべきであろう。

強力な代替財の出現によって劇的な衰退を経験した産業は他にもある。例えばハガキの年賀状、米飯食、写真フィルムなどである。これら産業と和装産業に共通な点は、代替は仕方ない運命と諦め、衰退が始まっているにもかかわらず、自身の魅力を高める策をほとんどとらず、むしろ支持してくれるユーザーセグメントに絞ってしまうという策に出たことである。そのような策をとると客単価は上がるものの、市場の変化に脆くなり、潜在的な危機は一層高まってしまうということだ。

今後の「デザイン」視点での展望

急激な衰退に苦しんでいる和装産業であるが、最後に今後の展望を考えてみたい。ここまで述べてきたとおり、和装産業は戦後の高級品市場への絞り込み戦略があだになって、戦前までに培った産業としての変化への対応力を著しく損ねてしまっている状況にある。その痛手を何とか回復して未来に向けて産業競争力を高めるためのビジョンをどう持つかが重要な局面にある。

ここで、意外にも重要だと思われるのが、いわゆる「クール・ジャパン」戦略と思われる。政府系ファンドの失敗などですっかりイメージが悪くなってしまった「クール・ジャパン」戦略であるが、そもそもの意図するところは外国人の視点で見た日本文化の再発見というものであり、その考え自体が間違っているわけではない。例えば訪日客によるコスプレ市場の急出現は、停滞していた着物の消費に勢いをつけているのは間違いない。訪日客向けの着物は、最初のころは品質の低い浴衣をかなりいい加減に着付けするような業者が目立ったが、最近では例えば京都市内で見かける若い訪日客女性の多くは、かなり質の良い着物をしっかり着付けし、メイクも髪型もばっちりで楽しそうに闊歩している。中国からの訪日客女性がコスプレしている姿は、話をしなければ、日本人女性と全く区別がつかない。それだけレンタル料金や着付け料金も高くなっているわけで、和服の新たな産業として無視できない規模に拡大していることが伺われる。しかも、このような訪日客による着物コスプレの市場は京都だけではなく、全国に広がりつつある。東京の下町は無論のこと、日本各地の温泉街や、夏の花火会場などでも、和服を楽しむ訪日客が本当に目立つようになってきている。過去ここまで多くの外国人が着物を楽しむようになった時代はなかった。

「クール・ジャパン」の動きは、和服コスプレだけではなく、その他の伝統工芸品の成功も、和装市場にとって追い風になるものがある。例えば西陣織がルイ・ヴィトンとのコラボレーションで、服地を使った様々なインテリアなどを展開している試みは注目に値する。帯のために作られた美しい織物をインテリアとして配した高級ホテルの一室は、訪日客にとっては日本文化を感じられる最高の空間演出になっている。高級服地を用いたインテリアや建材の開発という視点は、これまでほとんど見られなかったものである。まさに外国人の視点が日本文化の隠された魅力を見出し、新しい市場を作り出した好例と言えよう。

これらの新しい現象は、着物の「デザイン」の範囲を再び拡大する動きという解釈もできる。高級品市場のみに縮小してしまった時代には、着物の「デザイン」といわれても、柄の違いぐらいしかデザイン要素がなくピンとこなかった人でも、訪日客のある意味で自由奔放な姿を見ていれば、和装はもっと自由気ままに楽しめば良いんだ、と気づかされ、通常のファッションアパレルの一ジャンルとして、日常着に着物の要素を取り入れようという動きも復活しつつある。きものやまとが提案する様々なコラボレーションや洋装との新しい組み合わせなどは、まさに「デザイン」としての着物の可能性を大きく拡大しようとする意気込みであろう。

「クール・ジャパン」に限らず、今後の和装市場は、産地ブランド化、ショップブランド化、新商品開発など、いわば「現代マーケティングの定石」の試みをもっと積極的に推進するべきと思われる。「着物は伝統工芸品なので、現代マーケティングなんて関係ない」という発想は、たんなる思い込みに過ぎない。逆に言えば、たかがその程度の努力をしたところで、着物に関する分厚い文化の蓄積が失われることなどありえない。もはやここまで縮小してしまった和装市場に失うものはないというべきだろう。飽和気味な晴れ着市場に頼る体制をいち早く脱皮し、一年中、そして若者から高齢者まで、そして世界中の着物ファンに向けて、安定的に商品が提供され、多様なかたちの着物が消費される構造をつくりだすことが重要であろう。着物を「デザイン」という視点で見つめることで、そんなビジョンが明確化されることが強く期待される。

（鷲田祐一）

参考文献

Schumpeter, J. (1942). *Creative destruction. Capitalism, socialism and democracy*, 825, pp. 82-85.
Porter EM. 1985. *Competitive Advantage*. The FreePress/Macmillan: New York.
鷲田祐一「デザインがイノベーションを伝える――デザインの力を活かす新しい経営戦略の模索」有斐閣、二〇一五年。

な・は　行

ま　行

や・ら　行

さ　行

た　行

索　引

（＊は人名）

あ　行

か　行

二宮麻里（にのみや・まり）第７章

1968年　生まれ。
1999年　大阪市立大学大学院経営学研究科後期博士課程単位取得退学。
　　　　博士（商学，大阪市立大学）
現　在　福岡大学商学部准教授。
主　著　『酒類流通のダイナミズム』有斐閣，2016年。

吉田満梨（よしだ・まり）第８章

1980年　生まれ。
2009年　神戸大学大学院経営学研究科後期博士課程修了。
　　　　博士（商学，神戸大学）
現　在　立命館大学経営学部准教授。
主　著　『デジタルワークシフト――マーケティングを変えるキーワード30』（共著）産学社，2018年。
　　　　『エフェクチュエーション――市場創造の実効理論』（訳書）サラス・サラスバシー著，碩学舎，2015年。
　　　　『マーケティング・リフレーミング――視点が変わると価値が生まれる』（共著）有斐閣，2012年。

杉山里枝（すぎやま・りえ）**第4章**

1977年　生まれ。
2009年　東京大学大学院経済学研究科経済史専攻博士課程修了。
　　　　博士（経済学，東京大学）。
現　在　國學院大學経済学部経済学科教授。
主　著　『日本経済史』（共編著）ミネルヴァ書房，2017年。
　　　　『戦時期三菱財閥の経営組織に関する研究』愛知大学経営総合科学研究所叢書44，2014年。
　　　　『戦前期日本の地方企業——地域における産業化と近代経営』日本経済評論社，2013年。

鈴木桂子（すずき・けいこ）**第5章**

2006年　ウィスコンシン大学マディソン校大学院人類学部文化人類学専攻後期博士課程修了。
　　　　博士（人類学，ウィスコンシン大学マディソン校）。
現　在　立命館大学衣笠総合研究機構　教授，立命館大学アート・リサーチセンター　副センター長。
主　著　"Kimono Culture in Twentieth-Century Global Circulation: Kimonos, Aloha Shirts, Suka-jan, and Happy Coats," *Linking Cloth/Clothing Globally: The Transformations of Use and Value, c. 1700-2000* (*ICES Series of Studies in International Economy*, vol. 1), Institute of Comparative Economic Studies, Hosei University, 2019, pp. 272-298.
　　　　「染色デザインの世界的連環の研究——「アフリカン・プリント」，型紙を中心に」『第8回横幹連合コンファレンス』2017年，https://www.jstage.jst.go.jp/article/oukan/2017/0/2017_E-4-4/_article/-char/ja/

鷲田祐一（わしだ・ゆういち）**はしがき・第6章・あとがきにかえて**

1968年　生まれ。
2008年　東京大学大学院総合文化研究科広域科学専攻博士課程修了。
　　　　博士（学術，東京大学）
現　在　一橋大学大学院経営管理研究科教授。
主　著　『未来洞察のための思考法——シナリオによる問題解決』（共編著）勁草書房，2016年。
　　　　『イノベーションの誤解』日本経済新聞出版社，2015年。
　　　　『デザインがイノベーションを伝える——デザインの力を活かす新しい経営戦略の模索』有斐閣，2014年。

藤岡里圭（ふじおか・りか）**第7章**

2000年　大阪市立大学大学院経営学研究科後期博士課程単位取得退学。
現　在　関西大学商学部教授。
　　　　博士（商学，大阪市立大学）
主　著　*Global Luxury: Organizational Change and Emerging Markets since the 1970s*,（共編著）Palgrave Macmillan, 2018.
　　　　Comparative Responses to Globalization: Experiences of British and Japanese Enterprises,（共編著）Palgrave Macmillan, 2013.
　　　　『百貨店の生成過程』有斐閣，2006年。

《執筆者紹介》

島田昌和（しまだ・まさかず）**編著者　はしがき・序章**

編著者紹介欄参照。

加茂瑞穂（かも・みずほ）**第1章**

1983年　生まれ。
2012年　立命館大学大学院文学研究科後期博士課程修了　博士（文学，立命館大学）。
現　在　日本学術振興会特別研究員。
主　著　『近代京都の美術工芸　制作・流通・鑑賞』（共著）思文閣出版，2019年。
『女・おんな・オンナ〜浮世絵にみる女のくらし』展図録（共著），渋谷区立松濤美術館，2019年。
「型紙コレクションのデジタル・アーカイブとその効用」『アート・ドキュメンテーション研究』第22号，2015年。

田村　均（たむら・ひとし）**第2章**

1957年　生まれ。
1987年　明治大学大学院文学研究科地理学専攻後期博士課程単位取得満期退学。
2005年　博士（経済学，立教大学）。
現　在　埼玉大学教育学部社会講座教授。
主　著　『海を渡った福井の羽二重——ヨーロッパ・アメリカの新しいファッションへ』（共著）はたや記念館ゆめおーれ勝山，2019年。
『商都 川越の木綿遺産』（監修・共著）川越織物市場の会（さきたま出版会），2013年。
『ファッションの社会経済史』日本経済評論社，2004年。

川越仁恵（かわごえ・あきえ）**第3章**

1967年　生まれ。
神奈川大学大学院歴史民俗資料学研究科後期博士課程単位取得満期退学。
現　在　文京学院大学経営学部経営コミュニケーション学科准教授。
主　著　「後藤織物所蔵の下絵と桐生織物の図案業界」『文京学院大学総合研究所紀要』第19号，文京学院大学，2019年。
「渋沢敬三の社会経済思想——実業史博物館構想に見る経営史アプローチと資料42・1512の調査」『文京学院大学総合研究所紀要』第18号，文京学院大学総合研究所，2018年。
「第一部　東京における伝統工芸産業」『伝統工芸産業の「不易流行」』東京商工会議所，2016年。

《編著者紹介》

島田昌和（しまだ・まさかず）

1961年　生まれ。
1993年　明治大学大学院経営学研究科博士課程単位取得満期退学。
2005年　博士（経営学，明治大学）
現　在　学校法人文京学園理事長，文京学院大学経営学部教授。
　　　　渋沢栄一研究の第一人者。
主　著　『渋沢栄一と人づくり』（共編著）有斐閣，2013年。
　　　　『渋沢栄一――社会企業家の先駆者』岩波書店，2011年。
　　　　『進化の経営史――人と組織のフレキシビリティ』（共編著）有斐閣，2008年。

きものとデザイン
――つくり手・売り手の150年――

2020年５月15日　初版第１刷発行　〈検印省略〉

定価はカバーに
表示しています

編著者　島　田　昌　和
発行者　杉　田　啓　三
印刷者　坂　本　喜　杏

発行所　株式会社　ミネルヴァ書房
607-8494　京都市山科区日ノ岡堤谷町１
電話代表　(075)581-5191
振替口座　01020-0-8076

冨山房インターナショナル

ISBN 978-4-623-08874-4
Printed in Japan